BIM技术系列岗位人才培养项目辅导教材

BIM应用与项目管理

（第二版）

人力资源和社会保障部职业技能鉴定中心
工业和信息化部电子通信行业职业技能鉴定指导中心
国家职业资格培训鉴定实验基地
北京绿色建筑产业联盟BIM技术研究与应用委员会
组织编写

BIM技术人才培养项目辅导教材编委会 编

陆泽荣 刘占省 主编

中国建筑工业出版社

图书在版编目（CIP）数据

BIM应用与项目管理/陆泽荣，刘占省主编；BIM技术人才培养项目辅导教材编委会编．—2版．—北京：中国建筑工业出版社，2018.4（2021.3重印）

BIM技术系列岗位人才培养项目辅导教材

ISBN 978-7-112-22028-1

Ⅰ．①B…　Ⅱ．①陆…②刘…③B…　Ⅲ．①建筑设计-计算机辅助设计-应用软件-技术培训-教材　Ⅳ．①TU201.4

中国版本图书馆CIP数据核字（2018）第056240号

本书为BIM技术系列岗位人才培养项目辅导教材，共分为六个章节。第一、二章主要分别从项目管理基础知识和BIM在项目管理中的应用与协同两个方面对BIM技术与项目管理做了简单介绍。第三、四、五章在前两章的基础上结合BIM技术目前在国内的应用现状进一步从项目管理的设计阶段、施工阶段和运维阶段对BIM技术在项目中的应用和管理做了详细具体的介绍。第六章介绍了通过BIM平台，如何促使项目各参与方协同管理。

本次修订结合初版的使用情况以及读者的反馈，更新了项目各参与方BIM的应用，补充介绍了新的项目管理模式，增加了通过BIM平台，如何促使项目各参与方协同管理的内容，使全书内容更加充实完整，适应广大读者的需求，给读者更好的参考。希望本书能为考生提供帮助，也希望能够为从事BIM工作的技术人员提供参考。

责任编辑：封　毅　范业庶　毕凤鸣
责任校对：王　瑞

BIM技术系列岗位人才培养项目辅导教材
BIM应用与项目管理
（第二版）

人力资源和社会保障部职业技能鉴定中心
工业和信息化部电子通信行业职业技能鉴定指导中心
国家职业资格培训鉴定实验基地
北京绿色建筑产业联盟BIM技术研究与应用委员会
组织编写

BIM技术人才培养项目辅导教材编委会　编
陆泽荣　刘占省　主编

*

中国建筑工业出版社出版、发行（北京海淀三里河路9号）
各地新华书店、建筑书店经销
北京红光制版公司制版
廊坊市海涛印刷有限公司印刷

*

开本：787×1092毫米　1/16　印张：14¾　字数：368千字
2018年5月第二版　2021年3月第十一次印刷
定价：**58.00**元（含增值服务）
ISBN 978-7-112-22028-1
（31853）

丛书编委会

《BIM应用与项目管理》
编审人员名单

主　　编： 陆泽荣　北京绿色建筑产业联盟执行主席
刘占省　北京工业大学

副 主 编： 向　敏　天津市建筑设计院
杜慧鹏　中电建建筑集团有限公司
赵雪锋　北京工业大学
赵　欣　中建三局北京分公司

主　　审：

编写人员：

北京工业大学	王宇波　栾忻雨　王竞超
甘肃建投钢结构有限公司	马张永
中建一局五公司	林　岩　王欢欢　崔　巍
天津广昊工程技术有限公司	马东全　董　皓　闫风毅
北京顺鑫建设科技有限公司	王啸波
北京住总集团工程总承包部	张宝龙
北京城乡建设集团	赵立民
北京立群建筑科学研究院	张治国
天津大学	李　静
中建二局	王香鹏
一砖一瓦教育科技有限公司	刘　哲

丛书总序

中共中央办公厅、国务院办公厅印发《关于促进建筑业持续健康发展的意见》（国发办［2017］19号）、住建部印发《2016—2020年建筑业信息化发展纲要》（建质函［2016］183号）、《关于推进建筑信息模型应用的指导意见》（建质函［2015］159号），国务院印发《国家中长期人才发展规划纲要（2010—2020年）》《国家中长期教育改革和发展规划纲要（2010—2020年）》，教育部等六部委联合印发的《关于进一步加强职业教育工作的若干意见》等文件，以及全国各地方政府相继出台多项政策措施，为我国建筑信息化BIM技术广泛应用和人才培养创造了良好的发展环境。

当前，我国的建筑业面临着转型升级，BIM技术将会在这场变革中起到关键作用；也必定成为建筑领域实现技术创新、转型升级的突破口。围绕住房和城乡建设部印发的《推进建筑信息模型应用指导意见》，在建设工程项目规划设计、施工项目管理、绿色建筑等方面，更是把推动建筑信息化建设作为行业发展总目标之一。国内各省市行业行政主管部门已相继出台关于推进BIM技术推广应用的指导意见，标志着我国工程项目建设、绿色节能环保、装配式建筑、3D打印、建筑工业化生产等要全面进入信息化时代。

如何高效利用网络化、信息化为建筑业服务，是我们面临的重要问题；尽管BIM技术进入我国已经有很长时间，所创造的经济效益和社会效益只是星星之火。不少具有前瞻性与战略眼光的企业领导者，开始思考如何应用BIM技术来提升项目管理水平与企业核心竞争力，却面临诸如专业技术人才、数据共享、协同管理、战略分析决策等难以解决的问题。

在“政府有要求，市场有需求”的背景下，如何顺应BIM技术在我国运用的发展趋势，是建筑人应该积极参与和认真思考的问题。推进建筑信息模型（BIM）等信息技术在工程设计、施工和运行维护全过程的应用，提高综合效益，是当前建筑人的首要工作任务之一，也是促进绿色建筑发展、提高建筑产业信息化水平、推进智慧城市建设和实现建筑业转型升级的基础性技术。普及和掌握BIM技术（建筑信息化技术）在建筑工程技术领域应用的专业技术与技能，实现建筑技术利用信息技术转型升级，同样是现代建筑人职业生涯可持续发展的重要节点。

为此，北京绿色建筑产业联盟应工业和信息化部教育与考试中心（电子通信行业职业技能鉴定指导中心）的要求，特邀请国际国内BIM技术研究、教学、开发、应用等方面的专家，组成BIM技术应用型人才培养丛书编写委员会；针对BIM技术应用领域，组织编写了这套BIM工程师专业技能培训与考试指导用书，为我国建筑业培养和输送优秀的建筑信息化BIM技术实用性人才，为各高等院校、企事业单位、职业教育、行业从业人员等机构和个人，提供BIM专业技能培训与考试的技术支持。这套丛书阐述了BIM技术在建筑全生命周期中相关工作的操作标准、流程、技巧、方法；介绍了相关BIM建模软件工具的使用功能和工程项目各阶段、各环节、各系统建模的关键技术。说明了BIM技术在项目管理各阶段协同应用关键要素、数据分析、战略决策依据和解决方案。提出了推动BIM在设计、施工等阶段应用的关键技术的发展和整体应用策略。

我们将努力使本套丛书成为现代建筑人在日常工作中较为系统、深入、贴近实践的工具型丛书，促进建筑业的施工技术和管理人员、BIM技术中心的实操建模人员，战略规划和项目管理人员，以及参加BIM工程师专业技能考评认证的备考人员等理论知识升级和专业技能提升。本丛书还可以作为高等院校的建筑工程、土木工程、工程管理、建筑信息化等专业教学课程用书。

本套丛书包括四本基础分册，分别为《BIM技术概论》、《BIM应用与项目管理》、《BIM建模应用技术》、《BIM应用案例分析》，为学员培训和考试指导用书。另外，应广大设计院、施工企业的要求，我们还出版了《BIM设计施工综合技能与实务》、《BIM快速标准化建模》等应用型图书，并且方便学员掌握知识点的《BIM技术知识点练习题及详解（基础知识篇）》《BIM技术知识点练习题及详解（操作实务篇）》。2018年我们还将陆续推出面向BIM造价工程师、BIM装饰工程师、BIM电力工程师、BIM机电工程师、BIM路桥工程师、BIM成本管控、装配式BIM技术人员等专业方向的培训与考试指导用书，覆盖专业基础和操作实务全知识领域，进一步完善BIM专业类岗位能力培训与考试指导用书体系。

为了适应BIM技术应用新知识快速更新迭代的要求，充分发挥建筑业新技术的经济价值和社会价值，本套丛书原则上每两年修订一次；根据《教学大纲》和《考评体系》的知识结构，在丛书各章节中的关键知识点、难点、考点后面植入了讲解视频和实例视频等增值服务内容，让读者更加直观易懂，以扫二维码的方式进入观看，从而满足广大读者的学习需求。

感谢本丛书参加编写的各位编委们在极其繁忙的日常工作中抽出时间撰写书稿。感谢清华大学、北京建筑大学、北京工业大学、华北电力大学、云南农业大学、四川建筑职业技术学院、黄河科技学院、中国建筑科学研究院、中国建筑设计研究院、中国智慧科学技术研究院、中国铁建电气化局集团、中国建筑西北设计研究院、北京城建集团、北京建工集团、上海建工集团、北京百高教育集团、北京中智时代信息技术公司、天津市建筑设计院、上海BIM工程中心、鸿业科技公司、广联达软件、橄榄山软件、麦格天宝集团、海航地产集团有限公司、T-Solutions、上海开艺设计集团、江苏国泰新点软件、文凯职业教育学校等单位，对本套丛书编写的大力支持和帮助，感谢中国建筑工业出版社为这套丛书的出版所做出的大量的工作。

北京绿色建筑产业联盟执行主席　陆泽荣

2018年4月

前　言

BIM技术引入国内建筑工程领域后，被视为建筑行业“甩图板”之后的又一次革命，引起了社会各界的高度关注，在短短的时间内被应用于大量的工程项目中进行技术实践，应用阶段涵盖了设计、施工和运维。通过应用，行业内积累了大量的应用经验，但是也发现现阶段存在对BIM技术的认识不统一、BIM技术人员储备不足、BIM技术流程和成果不规范等因素，以至于很多项目出现BIM技术与项目管理结合度不够的现象。

BIM作为一种更利于建筑工程信息化全生命期管理的技术，其未来在建筑领域的普遍应用已不容置疑。住房城乡建设部于2015年6月16日发布了《关于印发推进建筑信息模型应用指导意见的通知》（建质函［2015］159号），要求到2020年末，建筑行业甲级勘察、设计单位以及特级、一级房屋建筑工程施工企业应掌握并实现BIM与企业管理系统和其他信息技术的一体化集成应用；到2020年末，以下新立项项目勘察设计、施工、运营维护中，集成应用BIM的项目比率达到90%：以国有资金投资为主的大中型建筑；申报绿色建筑的公共建筑和绿色生态示范小区。各地市也出台了相关推动和规范BIM技术应用的相关文件。

本书共分为六个章节，第一、二章主要分别从项目管理基础知识和BIM在项目管理中的应用与协同两个方面对BIM技术与项目管理做了简单介绍。第三、四、五章在前两章的基础上结合BIM技术目前在国内的应用现状进一步从项目管理的设计阶段、施工阶段和运维阶段对BIM技术在项目中的应用和管理做了详细具体的介绍。第六章介绍了通过BIM平台，如何促使项目各参与方协同管理。

在这次修订中，我们结合初版的使用情况以及读者的反馈，更新了项目各参与方BIM的应用，补充介绍了新的项目管理模式，增加了通过BIM平台，如何促使项目各参与方协同管理的内容，使全书内容更加充实完整，适应广大读者的需求，给读者更好的参考。希望本书能为考生提供帮助，也希望能够为从事BIM工作的技术人员提供参考。

本书在编写的过程中参考了大量专业文献，汲取了行业专家的经验，参考和借鉴了有关专业书籍内容，以及BIM中国网、筑龙BIM网、中国BIM门户等论坛上相关网友的BIM应用心得体会。在此，向这部分文献的作者表示衷心的感谢！

由于本书编者水平有限，时间紧张，不妥之处在所难免，恳请广大读者批评指正。

《BIM应用与项目管理》编写组
2018年3月

目　录

第一章　项目管理的基础知识

本章导读

本章主要介绍了项目管理的基础知识、建筑全生命周期的概念以及 BIM 在项目管理中的价值。首先，从项目管理的定义、特点以及具体内容来阐述了项目管理；接下来讲述了建筑全寿命周期的相关知识，包括概念、常用术语以及全生命周期一体化管理模式；最后介绍了传统项目管理模式和基于 BIM 的项目管理模式的特点，BIM 的发展现状及趋势，从而得出 BIM 在项目管理中应用的必然性。

本章二维码

1. BIM 项目管理基础知识

1.1　项目管理的基本介绍

1.1.1　项目管理概述

1. 定义

项目是指一系列独特的、复杂的并相互关联的活动，这些活动有着一个明确的目标或目的，必须在特定的时间、预算、资源限定内，依据规范完成。

项目管理就是项目的管理者，在有限的资源约束下，运用系统的观点、方法和理论，对项目涉及的全部工作进行有效地管理。包括运用各种相关技能、方法与工具，为满足或超越项目有关各方对项目的要求与期望，所开展的各种计划、组织、领导、控制等方面的活动。

2. 发展及现状

近代项目管理学科起源于20世纪50年代，在美国出现了CPM和PERT技术，60年代在阿波罗登月计划中取得巨大成功，由此风靡全球。从60年代起，国际上许多人对于项目管理产生了浓厚的兴趣。目前有两大项目管理的研究体系，即：以欧洲为首的体系——国际项目管理协会（IPMA）和以美国为首的体系——美国项目管理协会（PMI）。在过去的30多年中，他们都做了卓有成效的工作，为推动国际项目管理现代化发挥了积极的作用。

我国对项目管理系统研究和行业实践起步较晚。真正称得上项目管理的第一个项目是鲁布革水电站，1984年在国内首先采用国际招标，实行项目管理，缩短了工期，降低了造价，取得了明显的经济效益。此后，我国的许多大中型工程相继实行项目管理体制，包括项目资本金制度、法人负责制、合同承包制、建设监理制等。2000年1月1日开始，我国正式实施全国人大通过的《招标投标法》。这个法律涉及项目管理的诸多方面，为我国项目管理的健康发展提供了法律保障。应该说多年来我国的项目管理取得的成绩是显著的，但目前质量事故、工期拖延、费用超支等问题仍然不少。

1.1.2　项目管理的特点

1. 普遍性

项目作为一种一次性和独特性的社会活动而普遍存在于我们人类社会的各项活动之中，甚至可以说是人类现有的各种物质文化成果最初都是通过项目的方式实现的，因为现有各种运营所依靠的设施与条件最初都是靠项目活动建设或开发的。

2. 目的性

项目管理的目的性要通过开展项目管理活动去保证满足或超越项目有关各方面明确提出的项目目标或指标和满足项目有关各方未明确规定的潜在需求和追求。一切项目管理活动都是为实现“满足或超越项目有关各方对项目的要求和期望”这一目的服务的。

3. 独特性

项目管理的独特性是项目管理不同于一般生产、服务运营管理，也不同于常规的政府和独特的行政管理内容，它有自己独特的管理对象、独特管理活动和独特管理方法与工具，是一种完全不同的管理活动。

4. 集成性

项目管理的集成性是项目的管理中必须根据具体项目各要素或各专业之间的配置关系做好集成性的管理，而不能孤立地开展项目各个专业或专业的独立管理。

5. 创新性

项目管理的创新性包括两层含义：其一是指项目管理是对于创新（项目所包含的创新之处）的管理；其二是指任何一个项目的管理都没有一成不变的模式和方法，都需要通过管理创新去实现对于具体项目的有效管理。

6. 组织的临时性和开放性

项目组织没有严格的边界，是临时性的、开放性的。这一点与一般企、事业单位和政府机构组织很不一样。项目班子在项目的全过程中，其人数，成员，职责是在不断变化的。某些项目班子的成员是借调来的，项目终结时班子要解散，人员要转移。参与项目的项目组织往往有多个，他们通过协议或合同以及其他的社会关系组织到一起，在项目的不同时段不同程度地介入项目活动。

7. 成果的不可挽回性

项目的一次性属性决定了项目不同于其他事情可以试做，做砸了可以重来；也不同于生产批量产品，合格率达99.99％是很好的了。项目在一定条件下启动，一旦失败就永远失去了重新进行原项目的机会，项目相对于运营有较大的不确定性和风险。

1.1.3 项目管理的内容

1. 项目范围管理

是为了实现项目的目标，对项目的工作内容进行控制的管理过程。它包括范围的界定、范围的规划、范围的调整等。

2. 项目时间管理

是为了确保项目最终按时完成的一系列管理过程。它包括具体活动界定、活动排序、时间估计、进度安排及时间控制等各项工作。

3. 项目成本管理

是为了保证完成项目的实际成本、费用不超过预算成本、费用的管理过程。它包括资源的配置，成本、费用的预算以及费用的控制等项工作。

4. 项目质量控制

是为了确保项目达到客户所规定的质量要求所实施的一系列管理过程。它包括项目质量规划，项目质量控制和项目质量保证等。

5. 项目采购管理

是为了从项目实施组织之外获得所需资源或服务所采取的一系列管理措施。它包括采购计划，采购与征购，资源的选择以及合同的管理，产品需求和鉴定潜在的来源，依据报价招标等方式选择潜在的卖方，管理与卖方的关系等项目工作。

6. 其他管理

包括项目人力资源管理，项目风险管理，项目集成管理等。

1.1.4 项目管理的模式

1. DBB 模式

即设计—招标—建造（Design-Bid-Build）模式，这是最传统的一种工程项目管理模式。该管理模式在国际上最为通用，世行、亚行贷款项目及以国际咨询工程师联合会（FIDIC）合同条件为依据的项目多采用这种模式。其最突出的特点是强调工程项目的实施必须按照设计—招标—建造的顺序方式进行，只有一个阶段结束后另一个阶段才能开始。我国第一个利用世行贷款项目——鲁布革水电站工程实行的就是这种模式。

该模式的优点是通用性强，可自由选择咨询、设计、监理方，各方均熟悉使用标准的合同文本，有利于合同管理、风险管理和减少投资。缺点是工程项目要经过规划、设计、施工三个环节之后才移交给业主，项目周期长；业主管理费用较高，前期投入大；变更时容易引起较多索赔。

2. CM 模式

即建设—管理（Construction-Management）模式，又称阶段发包方式，就是在采用快速路径法进行施工时，从开始阶段就雇用具有施工经验的 CM 单位参与到建设工程实施过程中来，以便为设计人员提供施工方面的建议且随后负责管理施工过程。这种模式改变了过去那种设计完成后才进行招标的传统模式，采取分阶段发包，由业主、CM 单位和设计单位组成一个联合小组，共同负责组织和管理工程的规划、设计和施工，CM 单位负责工程的监督、协调及管理工作，在施工阶段定期与承包商会晤，对成本、质量和进度进行监督，并预测和监控成本和进度的变化。CM 模式，于 20 世纪 60 年代发源于美国，进入 80 年代以来，在国外广泛流行，它的最大优点就是可以缩短工程从规划、设计到竣工的周期，节约建设投资，减少投资风险，可以比较早地取得收益。

3. DBM 模式

即设计—建造模式（Design-BuildMethod），就是在项目原则确定后，业主只选定唯一的实体负责项目的设计与施工，设计—建造承包商不但对设计阶段的成本负责，而且可用竞争性招标的方式选择分包商或使用本公司的专业人员自行完成工程，包括设计和施工等。唯一的实体负责项目的设计与施工，设计—建造承包商不但对设计阶段的成本负责，而且可用竞争性招标的方式选择分包商或使用本公司的专业人员自行完成工程，包括设计和施工等。在这种方式下，业主首先选择一家专业咨询机构代替业主研究、拟定拟建项目的基本要求，授权一个具有足够专业知识和管理能力的人作为业主代表，与设计—建造承包商联系。

4. BOT 模式

即建造—运营—移交（Build-Operate-Transfer）模式。BOT 模式是 20 世纪 80 年代在国外兴起的一种将政府基础设施建设项目依靠私人资本的一种融资、建造的项目管理方式，或者说是基础设施国有项目民营化。政府开放本国基础设施建设和运营市场，授权项目公司负责筹资和组织建设，建成后负责运营及偿还贷款，协议期满后，再无偿移交给政府。BOT 方式不增加东道主国家外债负担，又可解决基础设施不足和建设资金不足的问题。项目发起人必须具备很强的经济实力（大财团），资格预审及招投标程序复杂。

5. PMC模式

即项目承包（ProjectManagementContractor）模式，就是业主聘请专业的项目管理公司，代表业主对工程项目的组织实施进行全过程或若干阶段的管理和服务。由于PMC承包商在项目的设计、采购、施工、调试等阶段的参与程度和职责范围不同，因此PMC模式具有较大的灵活性。总体而言，PMC有三种基本应用模式：

（1）业主选择设计单位、施工承包商、供货商，并与之签订设计合同、施工合同和供货合同，委托PMC承包商进行工程项目管理。

（2）业主与PMC承包商签订项目管理合同，业主通过指定或招标方式选择设计单位、施工承包商、供货商（或其中的部分），但不签合同，由PMC承包商与之分别签订设计合同、施工合同和供货合同。

（3）业主与PMC承包商签订项目管理合同，由PMC承包商自主选择施工承包商和供货商并签订施工合同和供货合同，但不负责设计工作。

6. EPC模式

即设计—采购—建造（Engineering-Procurement-Construction）模式，在我国又称之为“工程总承包”模式。在EPC模式中，Engineering不仅包括具体的设计工作，而且可能包括整个建设工程内容的总体策划以及整个建设工程实施组织管理的策划和具体工作。在EPC模式下，业主只要大致说明一下投资意图和要求，其余工作均由EPC承包单位来完成；业主不聘请监理工程师来管理工程，而是自己或委派业主代表来管理工程；承包商承担设计风险、自然力风险、不可预见的困难等大部分风险；一般采用总价合同。传统承包模式中，材料与工程设备通常是由项目总承包单位采购，但业主可保留对部分重要工程设备和特殊材料的采购在工程实施过程中的风险。在EPC标准合同条件中规定由承包商负责全部设计，并承担工程全部责任，故业主不能过多地干预承包商的工作。EPC合同条件的基本出发点是业主参与工程管理工作很少，因承包商已承担了工程建设的大部分风险，业主重点进行竣工验收。

7. Partnering模式

即合伙（Partnering）模式，是在充分考虑建设各方利益的基础上确定建设工程共同目标的一种工程项目管理模式。它一般要求业主与参建各方在相互信任、资源共享的基础上达成一种短期或长期的协议，通过建立工作小组相互合作，及时沟通以避免争议和诉讼的产生，共同解决建设工程实施过程中出现的问题，共同分担工程风险和有关费用，以保证参与各方目标和利益的实现。合伙协议并不仅仅是业主与施工单位双方之间的协议，而需要建设工程参与各方共同签署，包括业主、总包商、分包商、设计单位、咨询单位、主要的材料设备供应单位等。合伙协议一般都是围绕建设工程的三大目标以及工程变更管理、争议和索赔管理、安全管理、信息沟通和管理、公共关系等问题做出相应的规定。

1.2 BIM在项目管理中的作用与价值

1.2.1 BIM的含义

在《建筑信息模型应用统一标准》GB/T 51212—2016中，将BIM定义如下：建筑信息模型 buiding information modeling，buiding information model（BIM），是指在建设工程及设施全生命期内，对其物理和功能特性进行数字化表达，并依此设计、施工、运营的过程和结果的总称。简称模型。

BIM 技术是一种多维（三维空间、四维时间、五维成本、N 维更多应用）模型信息集成技术，可以使建设项目的所有参与方（包括政府主管部门、业主、设计、施工、监理、造价、运营管理、项目用户等）在项目从概念产生到完全拆除的整个生命周期内都能够在模型中操作信息和在信息中操作模型，从而从根本上改变从业人员依靠符号、文字、形式、图纸进行项目建设和运营管理的工作方式，实现在建设项目全生命周期内提高工作效率和质量以及减少错误和风险的目标。

BIM 的含义总结为以下三点：

（1）BIM 是以三维数字技术为基础，集成了建筑工程项目各种相关信息的工程数据模型，是对工程项目设施实体与功能特性的数字化表达。

（2）BIM 是一个完善的信息模型，能够连接建筑项目生命期不同阶段的数据、过程和资源，是对工程对象的完整描述，提供可自动计算、查询、组合拆分的实时工程数据，可被建设项目各参与方普遍使用。

（3）BIM 具有单一工程数据源，可解决分布式、异构工程数据之间的一致性和全局共享问题，支持建设项目生命期中动态的工程信息创建、管理和共享，是项目实时的共享数据平台。

1.2.2　BIM 在项目管理中的优势

1. 传统项目管理存在的不足

传统的项目管理模式，管理方法成熟、业主可控制设计要求、施工阶段比较容易提出设计变更、有利于合同管理和风险管理。但存在的不足在于：

（1）业主方在建设工程不同的阶段可自行或委托进行项目前期的开发管理、项目管理和设施管理，但是缺少必要的相互沟通；

（2）我国设计方和供货方的项目管理还相当弱，工程项目管理只局限于施工领域；

（3）监理项目管理服务的发展相当缓慢，监理工程师对项目的工期不易控制、管理和协调工作较复杂、对工程总投资不易控制、容易互相推诿责任；

（4）我国项目管理还停留在较粗放的水平，与国际水平相当的工程项目管理咨询公司还很少；

（5）前期的开发管理、项目管理和设施管理的分离造成的弊病，如仅从各自的工作目标出发，而忽视了项目全寿命的整体利益；

（6）由多个不同的组织实施，会影响相互间的信息交流，也就影响项目全寿命的信息管理等；

（7）二维 CAD 设计图形象性差，二维图纸不方便各专业之间的协调沟通，传统方法不利于规范化和精细化管理；

（8）造价分析数据细度不够，功能弱，企业级管理能力不强，精细化成本管理需要细化到不同时间、构件、工序等，难以实现过程管理；

（9）施工人员专业技能不足、材料的使用不规范、不按设计或规范进行施工、不能准确预知完工后的质量效果、各个专业工种相互影响；

（10）施工方对效益过分地追求，质量管理方法很难充分发挥其作用对环境因素的估计不足，重检查，轻积累。

因此我国的项目管理需要信息化技术弥补现有项目管理的不足，而BIM技术正符合目前的应用潮流。

2. 基于BIM技术的项目管理的优势

《2016—2020年建筑业信息化发展纲要》指出，“十三五”期间：全面提高建筑业信息化水平，着力增强BIM、大数据、智能化、移动通信、云计算、物联网等信息技术集成应用能力，建筑业数字化、网络化、智能化取得突破性进展；初步建成一体化行业监管和服务平台，数据资源利用水平和信息服务能力明显提升；形成一批具有较强信息技术创新能力和信息化达到国际先进水平的建筑企业及具有关键自主知识产权的建筑信息技术企业。

“十二五”规划中提出，全面提高行业信息化水平，重点推进建筑企业管理与核心业务信息化建设和专项信息技术的应用，可见BIM技术与项目管理的结合不仅符合政策的导向，也是发展的必然趋势。

基于BIM的管理模式是创建信息、管理信息、共享信息的数字化方式，其具有很多的优势，具体如下：

（1）基于BIM的项目管理，工程基础数据如量、价等，数据准确、数据透明、数据共享，能完全实现短周期、全过程地对资金风险、盈利目标的控制；

（2）基于BIM技术，可对投标书、进度审核预算书、结算书进行统一管理，并形成数据对比；

（3）可以提供施工合同、支付凭证、施工变更等工程附件管理，并为成本测算、招投标、签证管理、支付等全过程造价进行管理；

（4）BIM数据模型保证了各项目的数据动态调整，可以方便统计，追溯各个项目的现金流和资金状况；

（5）根据各项目的形象进度进行筛选汇总，可为领导层更充分的调配资源、进行决策创造条件；

（6）基于BIM的4D虚拟建造技术能提前发现在施工阶段可能出现的问题，并逐一修改，提前制定应对措施；

（7）使进度计划和施工方案最优，在短时间内说明问题并提出相应的方案，再用来指导实际的项目施工；

（8）BIM技术的引入可以充分发掘传统技术的潜在能量，使其更充分、更有效地为工程项目质量管理工作服务；

（9）除了可以使标准操作流程“可视化”外，也能够做到对用到的物料，以及构建需求的产品质量等信息随时查询；

（10）采用BIM技术，可实现虚拟现实和资产、空间等管理、建筑系统分析等技术内容，从而便于运营维护阶段的管理应用；

（11）运用BIM技术，可以对火灾等安全隐患进行及时处理，从而减少不必要的损失，对突发事件进行快速应变和处理，快速准确掌握建筑物的运营情况。

总体上讲，采用 BIM 技术可使整个工程项目在设计、施工和运营维护等阶段都能够有效地实现建立资源计划、控制资金风险、节省能源、节约成本、降低污染和提高效率。应用 BIM 技术，能改变传统的项目管理理念，引领建筑信息技术走向更高层次，从而大大提高建筑管理的集成化程度。

BIM 集成了所有的几何模型信息功能要求及构件性能，利用独立的建筑信息模型涵盖建筑项目全寿命周期内的所有信息，如规划设计、施工进度、建造及维护管理过程等。它的应用已经覆盖建筑全生命周期的各个阶段，美国 bSa（building SMART alliance）对 BIM 在建筑全生期中的应用现状做了详细的归纳，如图 1.2 所示。

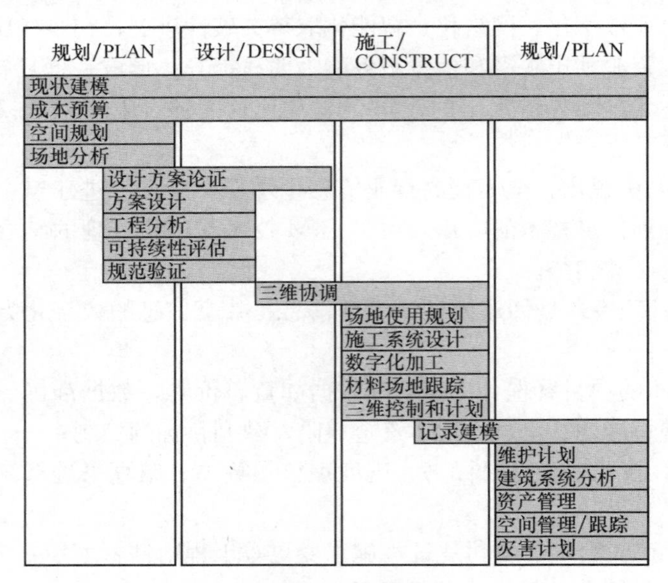

图 1.2　BIM 在建筑全寿命周期各阶段的应用

3. 项目管理中 BIM 应用的必然性

虽然我国房地产业新增建设速度已经放缓，但因为疆域辽阔、人口众多、东西部发展不均衡，我国基础建设工程量仍然巨大。在建筑业快速发展的同时，建筑产品质量越来越受到行业内外关注，使用方越来越精细、越来越理性的产品要求，使得建设管理方、设计方、施工企业等参建单位也面临更严峻的竞争。

在这样的背景下，我们看到了国内 BIM 技术在项目管理中应用的必然性：

第一，巨大的建设量同时也带来了大量因沟通和实施环节信息流失而造成的损失，BIM 信息整合重新定义了信息沟通流程，很大程度上能够改善这一状况。

第二，社会可持续发展的需求带来更高的建筑生命期管理要求，以及对建筑节能设计、施工、运维的系统性要求。

第三，国家资源规划、城市管理信息化的需求。

BIM 技术在建筑行业的发展，也得到了政府高度重视和支持，2015 年 6 月 16 日，中华人民共和国住房和城乡建设部印发《关于推进建筑信息模型应用的指导意见》，确定 BIM 技术应用发展目标为：

到 2020 年末，建筑行业甲级勘察、设计单位以及特级、一级房屋建筑工程施工企业应掌握并实现BIM与企业管理系统和其他信息技术的一体化集成应用。

到2020年末，以下新立项项目勘察设计、施工、运营维护中，集成应用BIM的项目比率达到90%：以国有资金投资为主的大中型建筑；申报绿色建筑的公共建筑和绿色生态示范小区。

各地方政府也相继出台了相关文件和指导意见，在这样的背景下，BIM技术在项目管理中的应用将越来越普遍，全生命期的普及应用将是必然趋势。

1.2.3 BIM应用的常见模式

在《BIM概论》一书中，详细介绍了BIM技术的特点。在具体的项目管理中，根据应用范围、应用阶段、参与单位等的不同，BIM技术的应用又可大致分为以下几种模式。

1. 单业务应用

基于BIM模型，有很多具体的应用是解决单点的业务问题，如复杂曲面设计、日照分析、风环境模拟、管线综合碰撞、4D施工进度模拟、工程量计算、施工交底、3维放线、物料追踪等等，如果BIM应用是通过使用单独的BIM软件解决类似上述的单点业务问题，一般就称为单业务应用。

单业务应用需求明确、任务简单，是目前最为常见的一种应用形式，但如果没有模型交付和协同，如果为了单业务应用而从零开始搭建BIM模型，往往费效比较低。

2. 多业务集成应用

在单业务应用的基础上，根据业务需要，通过协同平台、软件接口、数据标准集成不同模型，使用不同的软件，并配合硬件，进行多种单业务应用，就称为多业务集成应用。例如，将建筑专业模型协同供结构专业、机电专业设计使用，将设计模型传递给算量软件进行算量使用等等。

多业务集成应用充分体现了BIM技术本质，是未来BIM技术应用发展方向。它的业务表现形式如表1.2所示。

多业务集成应用的表现形式 **表1.2**

类别	内容举例
(1) 不同专业模型的集成应用	如建筑专业模型、结构专业模型、机电专业模型、绿建专业模型的集成应用
(2) 不同业务模型的集成应用	如算量模型和4D进度计划模型、放线模型、3维扫描验收模型的集成应用
(3) 不同阶段模型的集成应用	如设计模型和合约模型、施工准备模型、施工管理模型、竣工运维模型的集成应用
(4) 与其他业务或新技术的集成应用	这包括两个方面内容：一是与非现场业务的集成应用，例如幕墙、钢结构的装配式施工，将设计BIM模型和数据，经过施工深化，直接传到工厂，通过数控机床对构件进行数字化加工。二是与其他非传统建筑专业的软硬件技术集成应用，如3D打印、3D扫描、3D放线、GIS等技术

3. 与项目管理的集成应用

随着BIM技术的单业务应用、多业务集成应用案例逐渐增多，BIM技术信息协同可有效解决项目管理中生产协同和数据协同这两个难题的特点，越来越成为使用者的共识。目前，BIM技术已经不再是单出的技术应用，正在与项目管理紧密结合应用，包括文件管理、信息协同、设计管理、成本管理、进度管理、质量管理、安全管理等等，越来越多的协同平台、项目管理集成应用在项目建设中体现，这已成为BIM技术应用的一个主要趋势。

从项目管理的角度，BIM技术与项目管理的集成应用在现阶段主要有以下两种模式：

(1) IPD模式

集成产品开发（Integrated Product Development，简称IPD）是一套产品开发的模式、理念与方法。IPD的思想来源于美国PRTM公司出版的《产品及生命周期优化法》一书，该书中详细描述了这种新的产品开发模式所包含的各个方面。

IPD模式在建设领域的应用体现为，开始动工前，业主就召集设计方、施工方、材料供应商、监理方等各参建方一起做出一个BIM模型，这个模型是竣工模型，即所见即所得，最后做出来就是现在模型呈现的样子。然后各方就按照这个模型来做自己的工作。

采用IPD模式后，施工过程中不需要再返回设计院改图，材料供应商也不会随便更改材料进行方案变更。这种模式虽然前期投入时间精力多，但是一旦开工就基本不会再浪费人、财、物、时在方案变更上。最终结果是可以节约相当长的工期和不小的成本。

(2) VDC模式

美国发明者协会于1996年首先提出了虚拟建设的概念。虚拟建设的概念是从虚拟企业引申而来的，只是虚拟企业针对的是所有的企业，而虚拟建设针对的是工程项目，是虚拟企业理论在工程项目管理中的具体应用。

虚拟设计建设模式（Virtual Design Construction，简称VDC)，是指在项目初期，即用BIM技术进行整个项目的虚拟设计、体验和建设模拟，甚至是运维，通过前期反复的体验和演练，发现项目存在的不足，优化项目实施组织，提高项目整体的品质和建设速度、投资效率。

1.3 建筑全生命周期管理的基本介绍

1.3.1 建筑全生命周期管理的概念

建筑全生命周期是指从材料与构件生产、规划与设计、建造与运输、运行与维护直到拆除与处理（废弃、再循环和再利用等）的全循环过程。如图1.3-1所示。

建筑工程项目具有技术含量高、施工周期长、风险高、涉及单位众多等特点，因此建筑全生命周期的划分就显得十分重要。一般我们将建筑全生命周期划分为四个阶段，即规划阶段、设计阶段、施工阶段、运维阶段。

建筑全生命周期管理就是对建筑工程项目的生命周期各阶段进行全过程管理，涉及范围、进度、成本、质量、采购、沟通等职能领域的内容。

1.3.2 建筑全生命周期管理的常用术语

关于建筑全生命周期管理的常用术语如表1.3所示。

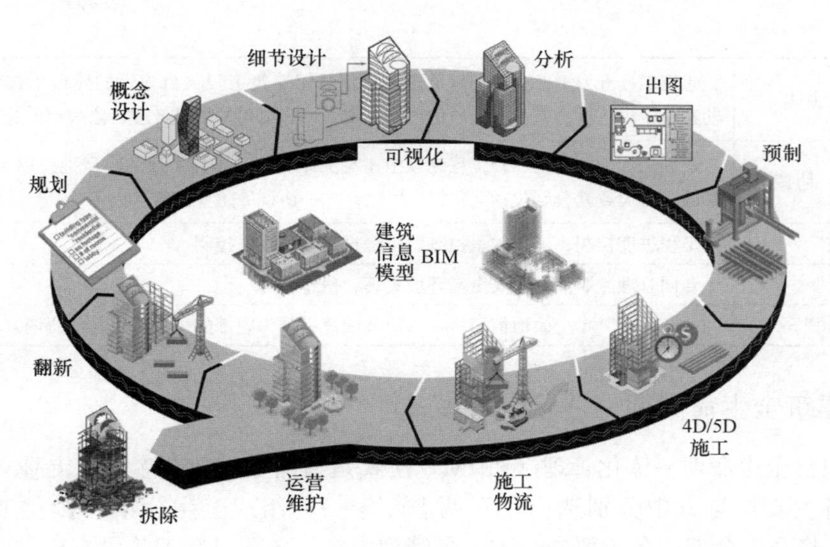

图 1.3-1 建筑全生命周期

建筑全生命周期管理的常用术语 **表 1.3**

利益相关方	在组织的决策或活动中有重要利益的个人或团体。建筑工程利益相关方一般包含：政府部门、业主单位、勘察设计单位、施工单位、监理咨询单位、供货单位、物业公司等
政府部门	政府部门是指建设过程中涉及的计划、规划、环保、建设、城管、水利、园林绿化、交警、环境、防疫、消防、人防、质量监督、安全监督等部门
业主单位	是指建筑工程的投资方，一般对该工程拥有产权。业主单位也称为建设单位或项目业主，指建设工程项目的投资主体或投资者，它也是建设项目管理的主体
勘察设计单位	勘察单位受业主单位委托，提供地质勘察服务，包括确定地基承载力，并建议采取合适的基础形式和施工方法。 设计单位包括方案设计、扩初设计和施工图设计、精装修设计、钢结构深化设计、机电深化设计、幕墙深化设计、园林景观设计等。本书中没有特别注明的设计单位是指业主单位在项目实施前所委托的为建设项目进行总体设计的单位，一般负责工程的扩初设计、施工图设计等
施工单位	施工单位是指承担具体施工工作的，由专业人员组成的、有相应资质、进行生产活动的企业，一般包括总承包单位、专业承包单位及劳务分包
监理咨询单位	监理单位，是指取得监理资质证书，具有法人资格的监理公司、监理事务所和兼承监理业务的工程设计、科学研究及工程建设咨询的单位。 工程咨询单位是指遵循独立、科学、公正的原则，运用工程技术、科学技术、经济管理和法律法规等多学科方面的知识和经验，为政府部门、项目业主及其他各类客户的工程建设项目决策和管理提供咨询活动的单位
供货单位	供货单位是指在建筑生产环节，提供建筑材料、成品和半成品设备生产供应的单位，根据合同关系的不同，又分为施工单位自行采购、甲指乙供等常见合同形式
运维单位	常见的运维单位为物业管理公司，简称物业公司。物业公司是专门从事地上永久性建筑物、附属设备、各项设施及相关场地和周围环境的专业化管理的，为业主和非业主使用人提供良好的生活或工作环境的，具有独立法人资格的经济实体

续表

五方责任主体	建筑工程五方责任主体项目负责人是指承担建筑工程项目建设的建设单位项目负责人、勘察单位项目负责人、设计单位项目负责人、施工单位项目经理、监理单位总监理工程师
三控三管一协调	三控三管一协调是一种工程建设中建筑主体各方的工作，建筑、房地产以及建设监理的基础工作大致就分别包括“三控”“三管”“一协调”主要内容
“三控”	工程进度控制、工程质量控制、工程投资（成本）控制
“三管”	合同管理、职业健康安全与环境管理、信息管理
“一协调”	“一协调”指全面地组织协调（协调的范围分为内部的协调和外部的协调）

1.3.3 建筑全生命周期一体化管理模式

建设项目全生命期一体化管理（PLIM）模式是指由业主单位牵头，专业咨询方全面负责，从各主要参与方中分别选出一至两名专家一起组成全生命期一体化项目管理组（PLMT），将全生命期中各主要参与方、各管理内容、各项目管理阶段有机结合起来，实现组织、资源、目标、责任和利益等一体化，相关参与方之间有效沟通和信息共享，以向业主单位和其他利益相关方提供价值最大化的项目产品。建设项目全生命期一体化管理模式主要涵盖了三个方面：参与方一体化、管理要素一体化、管理过程一体化。图 1.3-2 所示的是霍尔的关于一体化管理模式的三维结构模型。

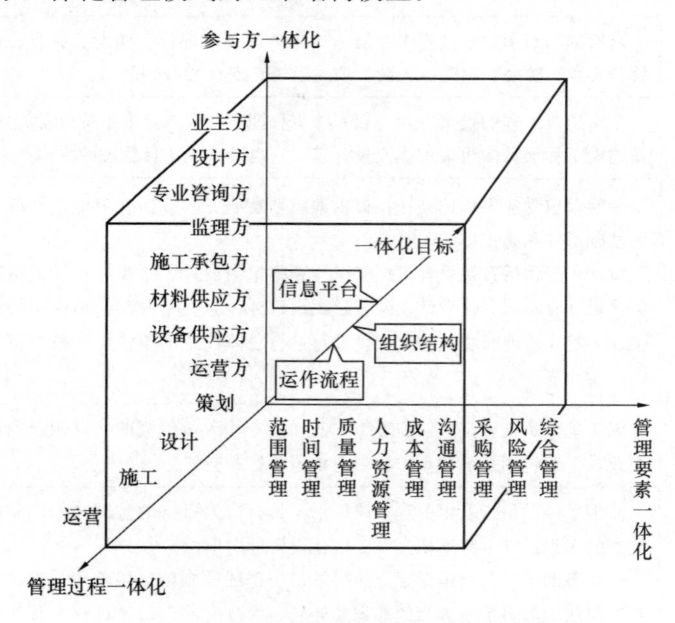

图 1.3-2 项目全生命期的一体化管理模式

参与方一体化的实现，有利于各方打破服务时间、服务范围和服务内容上的界限，促进管理过程一体化和管理要素一体化；管理过程一体化的实现，又要求打破管理阶段界面，对管理要素一体化的实施起了一定的促进管理作用；而管理要素一体化的实施同时反过来促进过程的一体化。在这个基础上，运作流程、组织结构和信息平台是实现 PLIM 模式的三个基本要素。同时，BIM 技术协同、信息平台的特点，是 PLIM 模式下建设项目全生命期一体化项目管理的主要技术手段，BIM 技术与 PLIM 模式的结合造就了最佳项目管理模式。

1. PLIM 模式运作流程

建设项目全生命周期一体化管理模式下的项目运作流程与传统项目运作流程有一定的相似之处，但是建设项目全生命周期一体化管理模式相对于传统项目管理模式更加注重项目参与方目标的平衡、信息有效流通和并行工程的应用。

2. 建设项目决策阶段

建设项目决策阶段的运作流程如图 1.3-3 所示，PLMT 为主要责任和协调方，负责收集来自各方的信息，确定初步方案并反馈给业主单位。业主单位综合考虑自身资金实力、核心竞争力等情况，确定最优方案后，项目管理组对最优方案进行细化和论证，征求设计方意见，同时及时对各种信息进行分析和整理，最后提出项目建议书和项目可行性研究报告及项目评估报告。

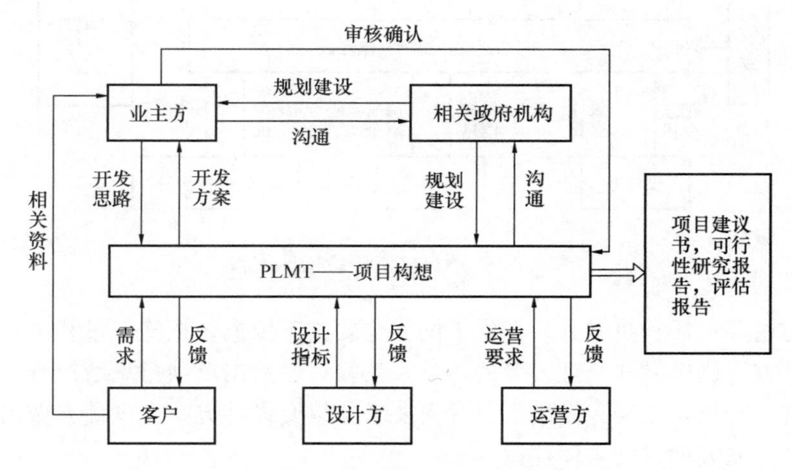

图 1.3-3 项目决策阶段运作流程

3. 建设项目设计阶段

建设项目涉及阶段的运作流程如图 1.3-4 所示。

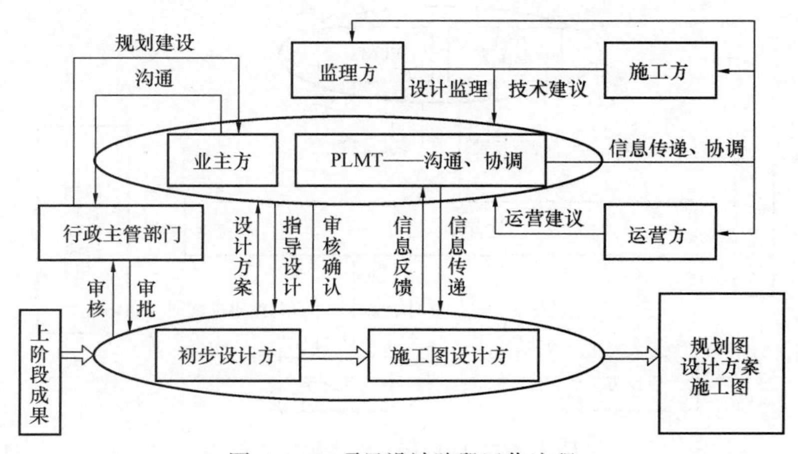

图 1.3-4 项目设计阶段运作流程

初步设计方和施工图设计方为主要责任方，初步设计方以可行性研究报告、概念设计、规划要求为主要设计依据，通过 PLMT 与其他各方就设计方案进行反复讨论，确定符合规划的设计方案和规划图，获得业主单位的认可后，将规划图与设计方案交予施工图设计方，施工图设计方同样综合考虑各方意见后形成施工图。

4. 建设项目实施阶段

建设项目实施阶段的运作流程如图 1.3-5 所示。

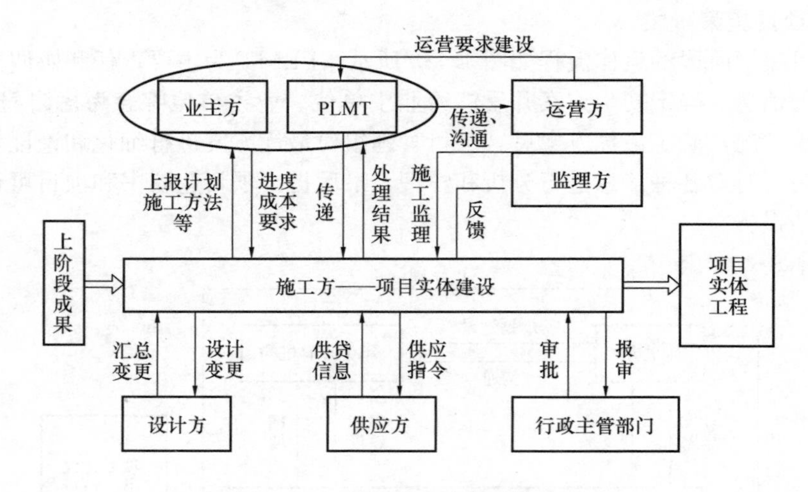

图 1.3-5　项目施工阶段运作流程

施工方为主要责任和协调方，以施工图为主要施工依据，在施工过程中，综合考虑业主单位、运营方、供应方和监理方等的意见，反复讨论给出反馈意见后执行；同时若在施工过程中需进行变更，则需先做出汇总变更要求并提交设计方，在设计方做出设计变更后执行变更，最后完成项目的实体建设。

5. 建设项目运营阶段

建设项目运营阶段的运作流程如图 1.3-6 所示，运营方为主要负责人，在收集前几个阶段项目资料的基础上，根据项目运营情况，结合物业管理以及维修情况对项目进行综合

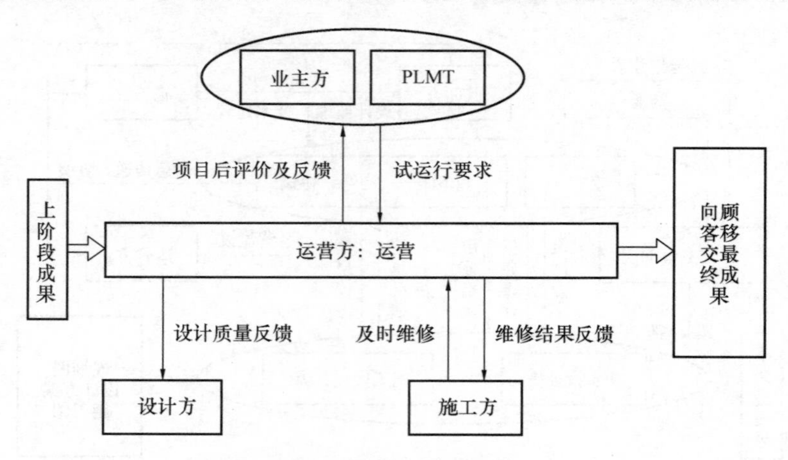

图 1.3-6　项目运营阶段运作流程

后评价，并将评价结果反馈给设计方；同时对于不符合要求的，通过施工单位协调之后，由施工单位整改，最后向顾客移交最终成果。

建设项目全生命周期一体化管理模式以上四个阶段的运作都体现了一体化的管理思想，PLMT 的实现为参与方一体化管理创造了条件，同时在各个阶段其他参与方通过 PLMT 渗透进项目的实施，在这种情况下打破了项目管理过程界面，实现了管理过程一体化。

6. PLIM 的组织

项目管理组织是参与项目管理工作，并且职责、权限分工和相互关系得到安排的一组人员及设施，包括业主单位、咨询方、承包方和其他参与项目管理的单位针对项目管理工作而建立的管理组织。建设项目中常见的项目管理组织类型包括直线制、职能制和矩阵制等。PLIM 除了具有一般项目管理的共性之外，还具有其特性，决定了其特殊组织结构。

PLIM 模式可采用如图 1.3-7 所示的组织结构，业主作为项目的最高决策者，负责监督和管理 PLMT，对项目负有最终的决策控制权，最终决定项目实施方并签订合同，同时组织、领导和监管各项工作。

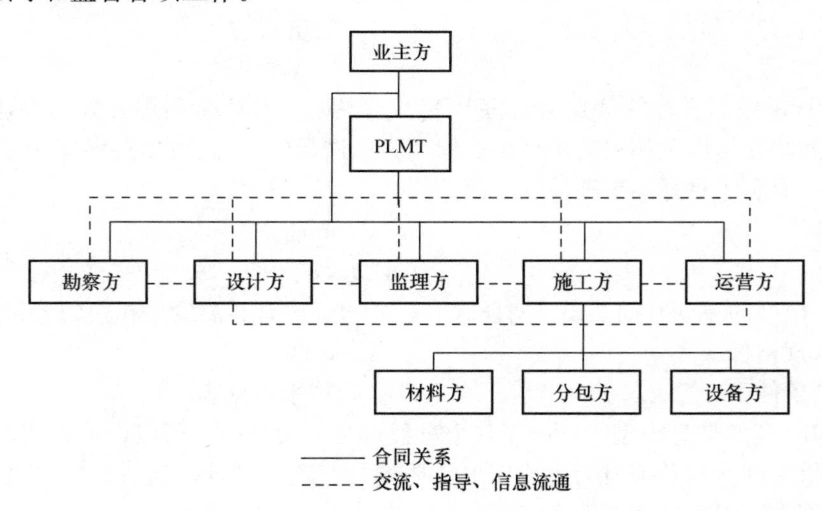

图 1.3-7　PLIM 模式下的项目组织结构

7. 一体化管理特点

（1）强调合作理念。各参与方不把对方视为对手，把工作重点放在如何保证和扩大共同利益。

（2）强调各方提前参与。各参与方均提前参与至项目中，设计阶段向决策阶段渗透，施工阶段向设计阶段渗透，运营阶段向施工阶段渗透。

（3）以 PLMT 为主要管理方。PLMT 承担项目全生命周期目标、费用、进度管理，同时在各阶段沟通各方达到一体化管理目标。

（4）信息一体化为基础。一体化管理要求各方、各阶段信息透明、共享。各方能以非常小的信息成本获得足够的、透明的所需信息。

课　后　习　题

一、单项选择题

1. 工程项目管理难度最大的阶段是工程项目的(　　)。

A. 实施阶段　　B. 策划阶段

C. 竣工验收阶段　　D. 准备阶段

2. 项目管理是第二次世界大战后期发展起来的重大新管理技术之一，最早起源于(　　)。

A. 中国　　B. 美国

C. 英国　　D. 日本

3. (　　)又叫横道图、条状图（Bar chart)。它是在第一次世界大战时期发明的，以图示的方式通过活动列表和时间刻度形象地表示出任何特定项目的活动顺序与持续时间。

A. 概念图　　B. 鱼骨图

C. 甘特图　　D. 排列图

4. 项目管理方法的核心是风险管理与(　　)相结合。

A. 目标管理　　B. 质量管理

C. 投资管理　　D. 技术管理

5. 国际标准组织设施信息委员会将 BIM 定义为："BIM 是利用开放的行业标准，对设施的物理和功能特性及相关的项目生命周期信息进行(　　)形式的表现，从而为项目决策提供支持，有利于更好实现项目的价值。"

A. 复合　　B. 职能

C. 矩阵　　D. 数字化

6. BIM 模型的建立有助于设计对防火、(　　)、声音、温度等相关的分析研究。

A. 技术规格偏离表　　B. 疏散

C. 合同条件　　D. 技术数据表

7. 在 BIM 建筑信息模型中，由于整个过程都是可视化的，所以，可视化的结果不仅可以用来效果图的展示及报表的生成，更重要的是，项目设计、建造、(　　)中的沟通、讨论、决策都在可视化的状态下进行。

A. 计划　　B. 执行

C. 运营过程　　D. 评价

8. BIM 是近十年在原有 CAD 技术基础上发展起来的一种多维模型信息集成技术，其中多维是指三维空间、四维时间、五维(　　)、N 维更多应用。

A. 设计　　B. 成本

C. 实施阶段　　D. 运营过程

9. 在工程项目进度管理中，安排工作顺序常用的方法是(　　)。

A. 进度曲线法　　B. 网络图法

C. 直方图法　　D. 相关图法

10. 根据项目专业特点，将项目直接安排到公司某一部门内进行，这属于(　　)组织形式。

A. 复合式　　B. 项目式
C. 职能式　　D. 矩阵式

11. VDC 模式指的是(　　)。
A. 建筑全生命周期一体化管理模式　　B. 虚拟设计建设模式
C. 建筑虚拟建造模式　　D. 虚拟设计管理模式

12. 下列选项不属于一体化管理的特点的是(　　)。
A. 各参与方信息独立　　B. 强调合作理念
C. 强调各方提前参与　　D. 信息一体化为基础

13. 项目管理的特点不包括(　　)。
A. 集成性　　B. 随意性
C. 独特性　　D. 目的性

14. 基于 BIM 技术的(　　)功能可对技术标的表现带来很大的提升，能够更好地实现对方案的展示。
A. 信息化　　B. 集成
C. 3D　　D. 协同

15. 下列哪个选项不属于设计单位对 BIM 项目管理的需求(　　)。
A. 安全管理　　B. 提高设计效率
C. 提高设计质量　　D. 可视化的设计会审

参考答案：

1. A　2. B　3. C　4. A　5. D　6. B　7. A　8. B　9. B　10. C　11. B　12. A　13. B　14. C　15. A

二、多项选择题

1. 项目管理本身属于项目管理工程的大类，项目管理工程包括(　　)。
A. 开发管理（DM）　　B. 项目管理（PM）
C. 设施管理（FM）　　D. 建筑信息模型（BIM）
E. 其他

2. 项目管理的特性有(　　)：
A. 普遍性　　B. 成果的不可挽回性
C. 随意性（FM）　　D. 独特性（BIM）
E. 创新性

3. 工程项目进度管理中常用的实际进度与计划进度的对比分析方法包括(　　)比较法。
A. 里程碑　　B. 横道图
C. S 形曲线　　D. 网络样板
E. 关键线路

4. 项目管理（Project Management）：运用各种相关技能、方法与工具，为满足或超越项目有关各方对项目的要求与期望，所开展的各种(　　)等方面的活动。
A. 效益　　B. 计划
C. 组织　　D. 领导

E. 控制

5. 项目管理的内容包括（　　）。

A. 成本　　B. 质量

C. 时间　　D. 采购

6. 风险管理措施主要包括（　　）。

A. 风险识别　　B. 风险量化

C. 风险控制　　D. 投资管理

E. 制定应对措施

7. BIM 技术与项目管理的集成应用在现阶段主要有哪下面哪几种模式（　　）：

A. IPD 模式　　B. DBB 模式

C. CM 模式　　D. VDC 模式

E. BOT 模式

8. 一般我们将建筑的全生命周期分为（　　）。

A. 规划阶段　　B. 设计阶段

C. 施工阶段　　D. 运维阶段

E. 清理阶段

参考答案：

1. ABCD　2. ABDE　3. BC　4. BCDE　5. ABCD　6. ABCE　7. AD　8. ABCE

第二章 BIM在项目管理中的应用与策划

本章导读

BIM技术的出现是建筑行业的一次工具革命，BIM将建设单位、设计单位、施工单位、监理单位等项目参建方协同于同一个平台上，共享统一的BIM模型，用于项目的可视化、精细化建造。所以，了解BIM技术与项目管理必须先了解BIM在项目管理中各参建方的应用，以及在各参建方应用基础上的BIM总体策划要点。

本章首先从BIM技术在项目各参建方的应用开始，解释在项目管理中各参建方可实施的BIM应用点、应用BIM技术的优势、能为项目管理创造什么价值，以及如何开展项目管理中的BIM技术应用等；然后讲述如何发挥BIM在项目管理中的优势；最后简要说明了BIM在项目管理中总体实施策划的步骤和内容。

本章二维码

2. BIM在项目各方管理中的应用

3. BIM应用的总体策划

2.1　BIM在项目各方管理中的应用

在项目实施过程中，各利益相关方既是项目管理的主体，同时也是BIM技术的应用主体。不同的利益相关方，因为在项目管理过程中的责任、权利、职责的不同，针对同一个项目的BIM技术应用，各自的关注点和职责也不尽相同。例如，业主单位更多的关注如何应用BIM技术辅助自己的决策并为后期运营提供保障，设计单位则更多关注如何应用BIM技术提升设计效率与水准，施工单位则更多关注如何应用BIM技术提高整体施工管理水平。以最为常见的管线综合BIM技术应用为例，建设单位、设计单位、施工单位、运维单位的关注点就相差甚远，建设单位关注净高和造价，设计单位关注宏观控制和系统合理性，施工单位关注成本和施工工序、施工便利，运维单位关注信息查阅及维保的便利性。不同的关注点，就意味着不同的BIM技术，作为不同的实施主体，一定会有不同的组织方案、实施步骤和控制点。

虽然不同利益相关的BIM需求并不相同，但BIM模型和信息根据项目建设的需要，只有在各利益相关方之间进行传递和使用，才能发挥BIM技术的最大价值。所以，实施一个项目的BIM技术应用，一定要清楚BIM技术应用首先为哪个利益相关方服务，BIM技术应用必须纳入各利益相关方的项目管理内容。各利益相关方必须结合企业特点和BIM技术的特点，优化、完善项目管理体系和工作流程，建立基于BIM技术的项目管理体系，进行高效的项目管理。在此基础上，兼顾各利益相关方的需求，建立更利于协同的共同工作流程和标准。

BIM技术应用与传统的项目管理是密不可分的，因此，各利益相关方在进行BIM技术应用时，还要从对传统项目管理的梳理、BIM应用需求、形式、流程和控制节点等几个方面，进行管理体系、流程的丰富和完善，实现有效、有序管理。

2.1.1　业主单位与BIM应用

1. 业主单位的项目管理

业主单位是建设工程生产过程的总集成者——人力资源、物质资源和知识的集成，也是建设工程生产过程的总组织者。业主单位也是建设项目的发起者及项目建设的最终责任者，业主单位的项目管理是建设项目管理的核心。作为建设项目的总组织者、总集成者，业主单位的项目管理任务繁重、涉及面广且责任重大，其管理水平与管理效率直接影响建设项目的增值。

业主单位的项目管理是所有各利益相关方中唯一涵盖建筑全生命周期各阶段的项目管理，业主单位的项目管理在建筑全生命周期项目管理各阶段均有体现。作为项目发起方，业主单位应将建设工程的全寿命过程以及建设工程的各参与单位集成对建设工程进行管理，应站在全方位的角度来设定各参与方的权责利的分工。

2. 业主单位BIM项目管理的应用需求

业主单位首先需要明确利用BIM技术实现什么目的、解决什么问题，才能更好地应用BIM技术辅助项目管理。业主往往希望通过BIM技术应用来控制投资、提高建设效率，同时积累真实有效的竣工运维模型和信息，为竣工运维服务，在实现上述需求的前提下，也希望通过积累实现项目的信息化管理、数字化管理。常见的具体应用需求见表2.1-1。

业主单位BIM项目管理的应用需求 表2.1-1

业主单位BIM项目管理的应用需求	(1) 可视化的投资方案 能反映项目的功能，满足业主的需求，实现投资目标
	(2) 可视化的项目管理 支持设计、施工阶段的动态管理，及时消除差错，控制建设周期及项目投资
	(3) 可视化的物业管理 通过BIM与施工过程记录信息的关联，不仅为后续的物业管理带来便利，并且可以在未来进行的翻新、改造、扩建过程中为业主及项目团队提供有效的历史信息

3. 业主单位BIM项目管理的应用点

根据项目管理的全过程，业主单位BIM项目管理的应用点可包含投资决策阶段、设计管控阶段、招标管理阶段、施工阶段、运营维护管理阶段。各阶段的BIM应用点如下：

(1) 投资决策阶段

① 初步规划；

② 数据分析。

(2) 设计管控阶段

在业主单位设计管理阶段，BIM技术应用主要体现在以下几个方面：

① 协同工作。

基于BIM的协同设计平台，能够让业主与各参与方实时观测设计数据更新、施工进度和施工偏差查询，实现图纸、模型的协同。

② 基于精细化设计理念的数字化模拟与评估。

基于BIM数字模型，可以利用更广泛的计算机仿真技术对拟建造工程进行性能分析，如日照分析、绿色建筑运营、风环境、空气流动性、噪声云图等指标；也可以将拟建工程纳入城市整体环境，将对周边既有建筑等环境的影响进行数字化分析评估，如日照分析、交通流量分析等指标，这些对于城市规划及项目规划意义重大。

③ 复杂空间表达。

在面对建筑物内部复杂空间和外部复杂曲面时，利用BIM软件可视化、有理化的特点，能够更好地表达设计和建筑曲面，为建筑设计创新提供了更好的技术工具。

④ 图纸快速检查。

利用BIM技术的可视化功能，可以大幅度提高图纸阅读和检查的效率，同时，利用BIM软件的自动碰撞检测功能，也可以帮助图纸审查人员快速发现复杂困难节点。

⑤ 工程量快速统计。

目前主流的工程造价算量模式有几个明显的缺点：图形不够逼真；对设计意图的理解容易存在偏差，容易产生错项和漏项；需要重新输入工程图纸搭建模型，算量工作周期长；模型不能进行后续使用，没有传递，建模投入很大但仅供算量使用。

利用BIM技术辅助工程计算，能大大减轻工程造价工作中算量阶段的工作强度。首先，利用计算机软件的自动统计功能，即可快速实现BIM算量。其次，由于是设计模型的传递，完整表达了设计意图，可以有效减少错项、漏项。同时，根据模型能够自动生成快速统计和查询各专业工程量，对材料计划、使用做精细化控制，避免材料浪费。利用BIM技术提供的参数更改技术，能够将更改自动反映到其他位置，从而可以帮助工程师们提高工作效率、协同效率以及工作质量。

⑥ 销售推广。

利用BIM技术和虚拟现实技术、增强虚拟现实技术、3D眼镜、体验馆等，还可以将BIM模型转化为具有很强交互性的三维体验式模型，结合场地环境和相关信息，从而组成沉浸式场景体验。在沉浸式场景体验中，客户可以定义第一视角的人物，以第一人称视角，身临其境，浏览建筑内部，增强客户体验。利用BIM模型，可以轻松出具房间渲染效果图和漫游视频，减少了二次重复建模的时间和成本，提高了销售推广系统的响应效率，对销售回笼资金将起到极大的促进作用。同时，竣工交付时可为客户提供真实的三维竣工BIM模型，有助于销售和交付的一致性，减少法务纠纷，更重要的是能避免客户二次装修时对隐蔽机电管道的破坏，降低安全和经济风险。

BIM辅助业主单位进行销售推广主要体现在以下几个方面：①面积准确。BIM模型可自动生成户型面积和建筑面积、公摊面积，结合面积计算规则适当调整，可以快速进行面积测算、统计和核对，确保销售系统数据真实、快捷。②虚拟数字沙盘。通过虚拟现实技术为客户提供三维可视化沉浸式场景，体会身临其境的感觉。某工程推广房屋三维模型如图2.1-1所示。③减少法务风险。因为所有的数字模型成果均从设计阶段交付至施工阶段、销售阶段，所有信息真实可靠，销售系统提供客户的销售模型与真实竣工交付成果一致，将大幅减少不必要的法务风险。

图2.1-1 某房屋三维模型

(3) 招标管理

在业主单位招标管理阶段，BIM技术应用主要体现在以下几个方面：

① 数据共享。

BIM模型的直观、可视化能够让投标方快速地深入了解招标方所提出的条件、预期目标，保证数据的共通共享及追溯。

② 经济指标精确控制。

控制经济指标的精确性与准确性，避免建筑面积、限高以及工程量的不确定性。

③ 无纸化招标。

能增加信息透明度，还能而节约大量纸张，实现绿色低碳环保。

④ 削减招标成本。

基于BIM技术的可视化和信息化，可采用互联网平台低成本、高效率地实现招投标的跨区域、跨地域进行，使招投标过程更透明、更现代化，同时能降低成本。

⑤ 数字评标管理。

基于 BIM 技术能够记录评标过程并生成数据库，对操作员的操作进行实时的监督，有利于规范市场秩序，有效推动招标投标工作的公开化、法制化，使得招投标工作更加公正、透明。

（4）施工管理

在施工管理阶段，业主单位更多的是施工阶段的风险控制，包含安全风险、进度风险、质量风险和投资风险等。其中安全风险包含施工中的安全风险和竣工交付后运营阶段的安全风险。同时，考虑不可避免的沟通噪音，业主单位还要考虑变更风险。在这一阶段，基于各种风险的控制，业主单位需要对现场目标的控制、承包商的管理、设计者的管理、合同管理、手续办理、项目内部及周边管理协调等问题进行重点管控。为了有效管控，急需专业的平台来提供各个方面庞大的信息和各个方面人员的管理。

BIM 技术正是为解决此类工程问题的首选技术。BIM 技术辅助业主单位在施工管理阶段进行项目管理的优势主要体现在以下几个方面：①验证施工单位施工组织的合理性，优化施工工序和进度计划；②使用 3D 和 4D 模型明确分包商的工作范围，管理协调交叉，施工过程监控，可视化报表进度；③对项目中所需的土建、机电、幕墙和精装修所需要的重大材料，或对甲指甲控材料进行监控，对工程进度进行精确计量，保证业主项目中的成本控制风险；④工程验收时，用 3D 扫描仪进行三维扫描测量，对表观质量进行快速、真实、可追溯的测量，与模型参照对比来检验工程质量，防止人工测量验收的随意性和误差。

（5）运维维护管理

① 信息管理。

根据我国《城镇国有土地使用权出让和转让暂行条例》第 12 条规定，土地使用权出让最高年限按下列用途确定：居住用地 70 年；工业用地 50 年；教育、科技、文化、卫生、体育用地年限为 50 年；商业、旅游、娱乐用地 40 年；仓储用地 50 年；综合或者其他用地 50 年。

与动辄几十年的土地使用权年限相比，施工建设期一般仅仅数年，高达 127 层的上海中心也仅仅用了不到 6 年的施工建设时间。与较长的运营维护期相比，施工建设期则要短很多。在漫长的建筑物运营维护期间内，建筑物结构设施（如墙、楼板、屋顶等）和设备设施（如设备、管道等）都需要不断得到维护。一个成功的维护方案将提高建筑物性能，降低能耗和修理费用，进而降低总体维护成本。

BIM 模型结合运营维护管理系统可以充分发挥空间定位和数据记录的优势，合理制订维护计划，分配专人专项维护工作，以提高建筑物在使用过程中出现突发状况后的应急处理能力。BIM 辅助业主单位进行运维管理主要体现在以下几个方面：a. 设备信息的三维标注，可在设备管道上直接标注名称规格、型号，三维标注跟随模型移动、旋转；b. 属性查询，在设备上右击鼠标，可以显示设备部具体规格、参数、厂家等信息；c. 外部链接，在设备上点击，可一调出有关设备设施的其他格式文件，如图片、维修状况，仪表数值等；d. 隐蔽工程，工程结束后，各种管道可视性降低，给设备维护，工程维修或二次装饰工程带来一定难度，BIM 清晰记录各种隐蔽工程，避免错误施工的发生；e. 模拟监控，物业对一些净空高度，结构有特殊要求，BIM 提前解决各种要求，并能生成 VR

文件，可以让客户互动阅览。

② 空间管理。

空间管理是业主单位为节省空间成本、有效利用空间、为最终用户提供良好工作、生活环境而对建筑空间所做的管理。BIM 可以帮助管理团队记录空间的使用情况，处理最终用户要求空间变更的请求，分析现有空间的使用情况合理分配建筑物空间，确保空间资源的最大利用率。

某工程基于 BIM 的房间管理如图 2.1-2 所示。

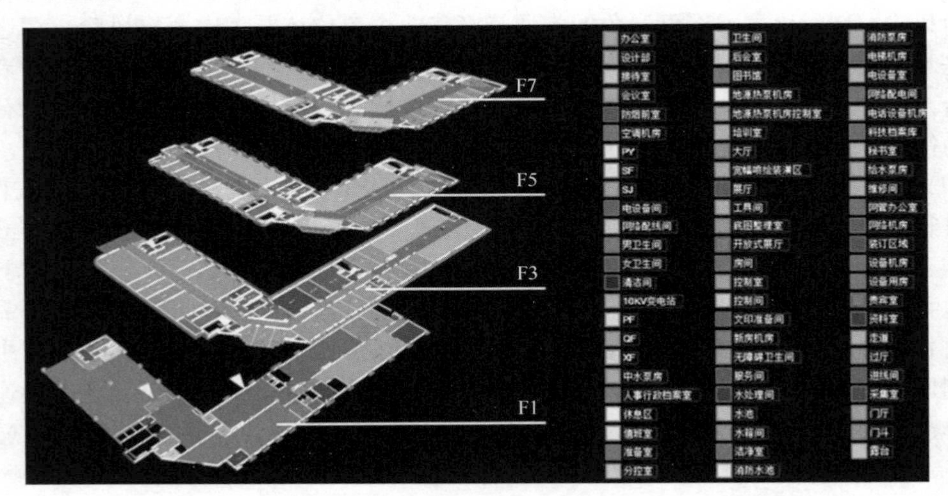

图 2.1-2　基于 BIM 的房间管理

（6）决策数据库

决策是对若干可行方案进行决策，即是对若干可行方案进行分析、比较、判断、选优的过程。决策过程一般可分为四个阶段：①信息收集。对决策问题和环境进行分析，收集信息，寻求决策条件。②方案设计。根据决策目标条件，分析制定若干行动方案。③方案评价。进行评价，分析优缺点，对方案排序。④方案选择。综合方案的优劣，择优选择。

建设项目投资决策在全生命期中处于十分重要的地位。传统的投资决策环节，决策主要根据经验获得。但由于项目管理水平差异较大，信息反馈的及时性、系统性不一，经验数据水平差异较大；同时由于运维阶段信息化反馈不足，传统的投资决策主要依据很难覆盖到项目运维阶段。

BIM 技术在建筑全生命周期的系统、持续运用，将提高业主单位项目管理水平，将提高信息反馈的及时性和系统性，决策主要依据将由经验，或者自发的积累，逐渐被科学决策数据库所代替，同时，决策主要依据将延伸到运维阶段。

4. 业主单位项目管理中 BIM 技术的应用形式

鉴于 BIM 技术尚未普及，目前主流的业主单位项目管理 BIM 技术应用有这样几种形式：①咨询方做独立的 BIM 技术应用，由咨询方交付 BIM 竣工模型。②设计方、施工单位各做各的 BIM 技术应用，由施工单位交付 BIM 竣工模型。③设计方做设计阶段的 BIM 技术应用，并覆盖到施工阶段，由设计方交付 BIM 竣工模型。④业主单位成立 BIM 研究中心或BIM研究院，由咨询方协助，组织设计、施工单位做BIM咨询运用，逐渐形成以业主为主导的BIM技术应用。各种应用形式优缺点如表2.1-2所示。

设计方各BIM应用形式的优缺点 **表2.1-2**

序号	优点	缺点
①	BIM工作界面清晰	基本BIM就是翻模型，仅作为初次接触体验，对工程实际意义不大，业主单位投入较小；真BIM全过程应用，对BIM咨询方要求极高，且需要驻场，由于没有其他业态支撑，所有投入均需业主单位承担，业主单位投入极大
②	成本可由设计方、施工单位自行分担，业主单位投入小。业主单位逐渐掌握BIM技术后，这将是最合理的BIM应用范式	缺乏完整的BIM衔接，对建设方的BIM技术能力、协同能力要求较高。现阶段实现有价值的成果难度较大
③	能更好地从设计统筹的角度发起，有助于把各专项设计进行统筹，帮助建设方解决建设目标不清晰的诉求	施工过程需要驻场，成本较高
④	有助于培养业主自身的BIM能力	成本最高

（1）业主单位BIM项目管理的应用流程

业主单位作为项目的集成者、发起者，一定要承担项目管理组织者的责任，BIM技术应用也是如此。业主单位不应承担具体的BIM技术应用，而应该从组织管理者的角度去参与BIM项目管理。

一般来说，业主单位的BIM项目管理应用流程如图2.1-3所示。

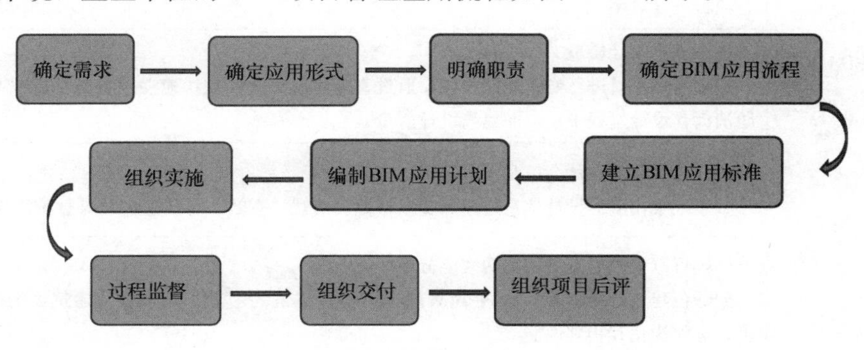

图2.1-3 业主单位的BIM项目管理流程图

（2）业主单位BIM项目管理的节点控制

BIM项目管理的节点控制就是要紧紧围绕BIM技术在项目管理中进行运用这条主线，从各环节的关键点入手，实现关键节点的可控，从而使整体项目管理BIM技术运用的质量得到提高，从而实现项目建设的整体目标。节点的选择，一般选择各利益相关方之间的协同点，选择BIM技术应用的阶段性成果，或选择与实体建筑相关的阶段性成果，将上述的交付关键点作为节点。针对关键节点，考核交付成果，对交付成果进行验收，通过针对节点的有效管控，实现整体项目的风险控制。

2.1.2 勘察设计单位与BIM应用

1. 设计方的项目管理

作为项目建设的一个参与方，设计方的项目管理是主要服务于项目的整体利益和设计方本身的利益。设计方项目管理的目标包括设计的成本目标、进度目标、质量目标和项目建设的投资目标。项目建设的投资目标能否实现与设计工作密切相关。设计方的项目管理工作主要在设计阶段进行，但它也会向前延伸到设计前的准备阶段，向后延伸至设计后的施工阶段、动用前准备阶段和保修期等。

设计方项目管理的内容包括：

①与设计有关的安全管理（提供的设计文件需符合安全法规）；②设计本身的成本控制和与设计工作有关的项目建设投资成本控制；③设计进度控制；④设计质量控制；⑤设计合同管理；⑥设计信息管理；⑦与设计工作有关的组织和协调。

2. 设计方BIM项目管理的应用需求

在设计方BIM项目管理工作中，一般来说，设计方对于BIM技术应用有如下主要需求，见表2.1-3。

设计单位BIM项目管理的应用需求 **表2.1-3**

设计单位BIM项目管理的应用需求	（1）增强沟通 通过创建模型，更好地表达设计意图，满足业主单位需求，减少因双方理解不同带来的重复工作和项目品质下降
	（2）提高设计效率 通过BIM三维空间设计技术，将设计和制图完全分开，提高设计质量和制图效率，整体提升项目设计效率
	（3）提高设计质量 利用模型及时进行专业协同设计，通过直观可视化协同和快速碰撞检查，把错漏碰缺等问题消灭在设计过程中，从而提高设计质量
	（4）可视化的设计会审和参数协同 基于三维模型的设计信息传递和交换将更加直观、有效，有利于各方沟通和理解
	（5）可以提供更多更便捷的性能分析 如绿色建筑分析应用，通过BIM模型，模拟建筑的声学、光学以及建筑物的能耗、舒适度，进而优化其物理性能

应用BIM技术可以实现的设计方需求如下：

（1）三维设计

BIM技术是由三维立体模型表述，从初始就是可视化的、协调的，基于BIM的三维设计能够精确表达建筑的几何特征。在传统的设计模式中，方案设计和扩初设计、施工图设计之间是相对独立。而应用BIM技术之后，模型创建完成后自动生成平立剖面及大样详图，许多工作在模型的创建过程中已经完成。相对于二维绘图，三维设计不存在几何表达障碍，对任意复杂的建筑造型均能准确表现。某工程BIM三维立体模型表述如图2.1-4所示。

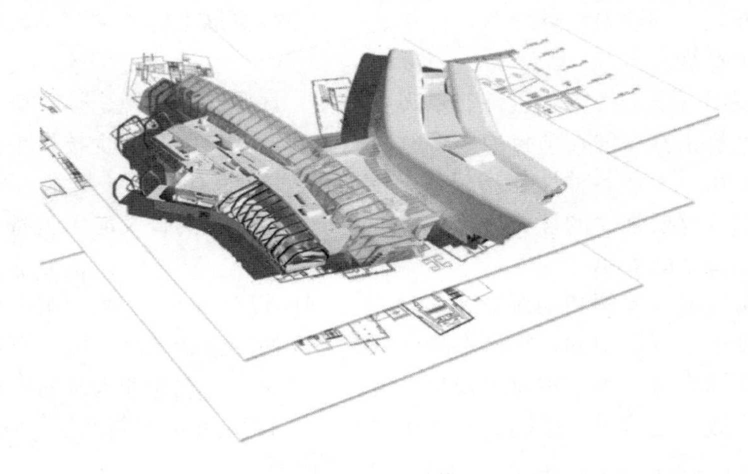

图 2.1-4　三维模型

（2）协同设计

协同设计是设计方技术更新的重要方向。通过协同技术建立一个交互式协同平台。在该平台上，所有专业设计人员协同设计，不仅能看到和分享本专业的设计成果，还能及时查阅其他专业的设计进程，从而减少目前较为常见的各专业之间（以及专业内部）由于沟通不畅或沟通不及时从而导致的错、漏、碰、缺，真正实现所有图纸信息元的单一性，实现一处修改其他自动修改，提升设计效率和设计质量。同时，协同设计也可以对设计项目的规范化管理起到重要作用，包括进度管理、文件管理、人员管理、流程管理、批量打印、分类归档等。

BIM技术与协同技术是互相依赖、密不可分的整体，BIM的核心就是协同。BIM技术将与协同技术完美融合，共同成为设计手段和工具的一部分，大幅提升协同设计的技术含量。某工程多专业管线协同设计局部展示如图 2.1-5。

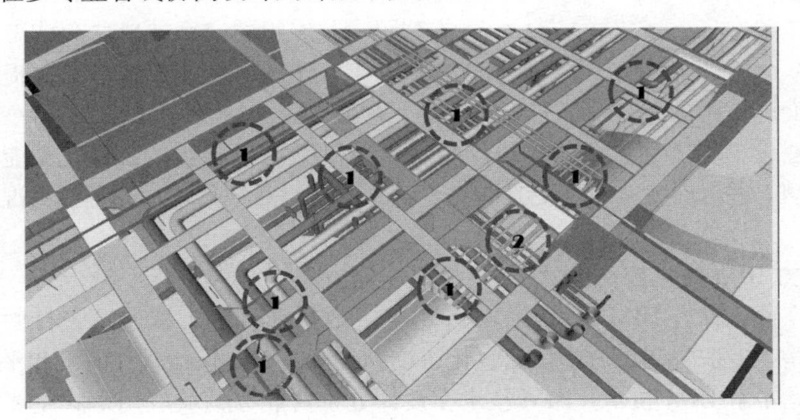

图 2.1-5　多专业管线协同设计

（3）建筑性能化设计

随着信息技术和互联网思维的发展，促使现阶段的业主和居住者对建筑的使用及维护会表现出更多的期望。在这样的环境下，西方发达国家已经逐渐开始推行基于对象的、新式的"基于性能化"的建筑设计理念，使建筑行业变得更加由客户端驱动，提供更好的工程价值及客户满意度。

目前，已逐渐开展的性能化设计有景观可视度、日照、风环境、热环境、声环境等性能指标。这些性能指标一般在项目前期就已经基本确定，但由于缺少技术手段，一般项目很难有时间和费用对上述各种性能指标进行多方案分析模拟。BIM 技术对建筑进行了数字化改造，借助计算机强大的计算功能，使得建筑性能分析的普及应用具备了可能。

（4）效果图及动画展示

设计方常常需要效果图和动画等工具来进行辅助设计成果表达。BIM 系列软件的工作方式是完全基于三维模型的，软件本身已具有强大的渲染和动画功能，可以将专业、抽象的二维建筑表达直接三维直观化可视化呈现，使得业主等非专业人员对项目功能性的判断更为明确、高效，决策更为准确。某文化中心方案 BIM 展示如图 2.1-6 所示。

图 2.1-6 某文化中心设计 BIM 模型

（5）碰撞检测

BIM 技术在三维碰撞检查中的应用已经比较成熟，国内外也都有相关软件可以实现，如 Navisworks 软件，这些软件都是应用 BIM 可视化技术，在建造之前就可以对项目的土建、管线、工艺设备等进行管线综合及碰撞检查，不但能够彻底消除硬碰撞、软碰撞，优化工程设计，减少在建筑施工阶段可能存在的错误损失和返工的可能性，而且能够优化净空和管线排布方案。

（6）设计变更

设计变更是指设计单位依据建设单位要求调整，或对原设计内容进行修改、完善、优化。设计变更应以图纸或设计变更通知单的形式发出。

在建设单位组织的有设计单位和施工企业参加的设计交底会上，经施工企业和建设单位提出，各方研究同意而改变施工图的做法，都属于设计变更，为此而增加新的图纸或设计变更说明都由设计单位或建设单位负责。而引入 BIM 技术后，利用 BIM 技术的参数化功能，可以直接修改原始模型，并可时实查看变更是否合理，减少变更后还得再次变更的情况，提高变更的质量。

3. 设计方 BIM 技术应用形式

目前，全国设计方 BIM 技术发展水平并不一致，有的设计方 BIM 设计中心已发展为数字服务机构，专职为建设方提供信息化咨询和技术服务，包括软件研发和平台研发，有的才刚刚开始了解 BIM 技术。BIM 技术在设计方主营业务领域应用形式主要是：①已成立 BIM 设计中心多年，基本具备设计人直接使用 BIM 技术进行设计的能力；②成立了 BIM 设计中心，由 BIM 设计中心与设计所结合，二维设计与 BIM 设计阶段应用同步进行；③刚开始接触 BIM 技术，由咨询公司提供 BIM 技术培训、提供二维设计完成后的 BIM 翻模和咨询工作。上述三种形式分别称为 BIM 设计（设计 BIM2.0）、BIM 同步建模（设计 BIM1.5）和 BIM 翻模（设计 BIM1.0）。各种应用形式优缺点如表 2.1-4 所示。

设计方各 BIM 应用形式的优缺点 表 2.1-4

序号	优点	缺点
①	设计师直接用 BIM 进行设计，模型和设计意图一致，设计质量高，效果好，项目成本低	企业前期需要大量积累，积累应用经验和技术人员，建立流程、制度和标准，前期投入大
②	二维出图流程、时间不受影响，BIM 能为二维设计及时提供意见和建议，设计质量较高	二维设计成本没有降低，同时增加 BIM 设计人员投入，成本较高
③	二维出图流程、时间不受影响，投入低	模型和设计意图容易出现偏差

上述三种形式是现阶段设计方 BIM 技术应用的必经之路，待软件将流程、制度和标准固化到软件模块内，软件成熟以后，设计方有可能直接进入 BIM 设计的环节。

4. 设计方的 BIM 技术的应用流程

与其他行业相比，建筑物的生产是基于项目协作的，通常由多个平行的利益相关方在较长的生命周期中协作完成。因此，建筑信息模型尤其依赖于在不同阶段、不同专业之间的信息传递标准，就是要建立一个在整个行业中通用的语义和信息交换标准，使不同工种的信息资源在建筑全生命周期中各个阶段都能得到很好地利用，保证业务协作可以顺利地进行。

BIM 技术的提出给设计流程带来了很大的改变。在传统的设计过程中各个设计阶段的设计沟通都是以图纸为介质，不同的设计阶段的不同内容都分别体现在不同的图纸中，经常会出现信息不流通、设计不统一的问题。如图 2.1-7 所示的是传统的设计流程，各个阶段各个专业之间信息是有限共享的，无法实时更新。而通过 BIM 技术，从设计初期就将不同专业的信息模型整合到一起，改变了传统的设计流程，通过 BIM 模型这个载体，实现了设计过程中信息的实时共享（如图 2.1-8）。

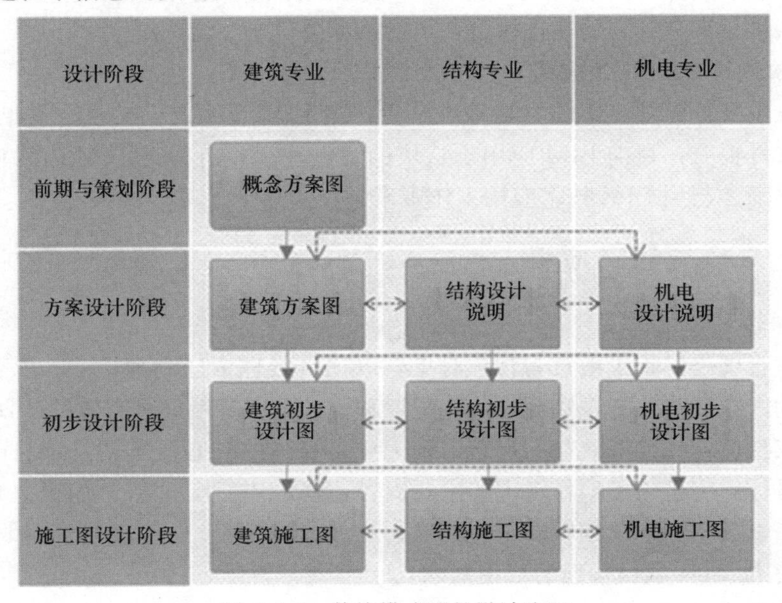

图 2.1-7 传统模式下的设计流程

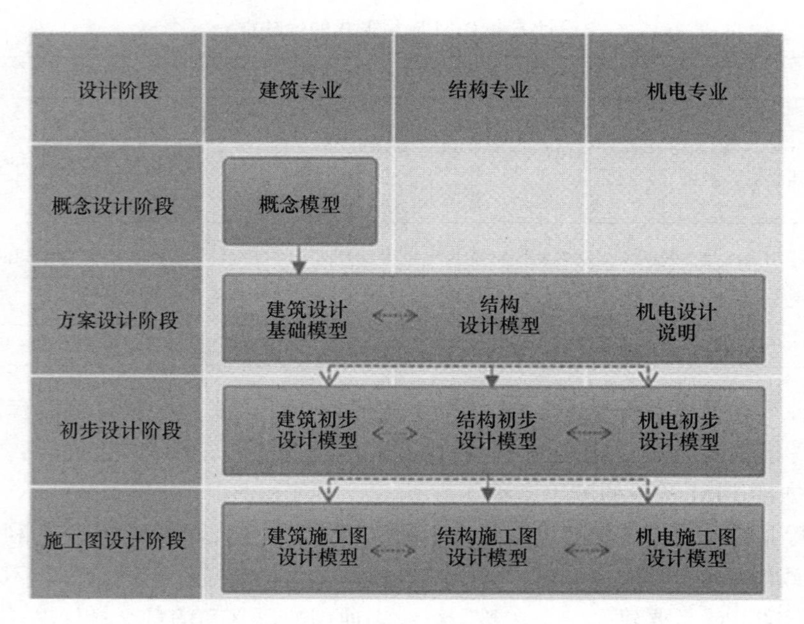

图 2.1-8　BIM模式下的设计流程

BIM技术促使设计过程从各专业点对点的滞后协同改变为通过同一个平台实时互动的信息协同方式。这种方式带来的改变不仅仅在交互方式上有着巨大优势，也同样带来了专业间配合的前置，使更多问题在设计前期得到更多的关注，从而大幅提高设计质量。

5. 设计方的BIM技术应用的核心

设计方无论采用何种BIM技术应用形式和技术手段、技术工具，应用的核心在于用BIM技术提高设计质量，完成BIM设计或辅助设计表达，为业主单位整体的项目管理提供有力有效的技术支撑。所以，设计方BIM技术应用的核心是模型完整表达设计意图，与图纸内容一致，部分细节的表达深度，可能模型要优于二维图纸。

6. 勘察单位与BIM技术应用

勘察单位主要是野外土工作业与室内试验，与BIM技术的衔接主要是勘察基础资料和勘察成果文件提交，目前BIM应用于这块的案例较少，有待于BIM技术应用普及后，勘察单位将逐渐参与到BIM技术应用工作中来。

2.1.3　施工单位与BIM应用

1. 施工单位的项目管理

施工项目管理是以施工项目为管理对象，以项目经理责任制为中心，以合同为依据，按施工项目的内在规律，实现资源的优化配置和对各生产要素进行有效的计划、组织、指导、控制，取得最佳的经济效益的过程。施工项目管理的核心任务就是项目的目标控制，施工项目的目标界定了施工项目管理的主要内容，就是“三控三管一协调”，即成本控制、进度控制、质量控制、职业健康安全与环境管理、合同管理、信息管理和组织协调。

2. 施工单位BIM项目管理的应用需求

施工单位是项目的最终实现者，是竣工模型的创建者，施工企业的关注点是现场实施，关心BIM如何与项目结合，如何提高效率和降低成本。在项目BIM应用过程中，BIM应作为项目部管理人员日常工作的工具。施工单位综合协调及管理各部门及专业分包单位BIM工程成果，并进行施工中的深入应用，解决现场问题，指导施工，最后形成满足运维信息管理的竣工模型。因此，施工单位BIM项目管理的需求见表2.1-5。

施工单位BIM项目管理的应用需求 **表2.1-5**

施工单位BIM项目管理的应用需求	(1) 理解设计意图 可视化的设计图纸会审能帮助施工人员更快更好地解读工程信息，并尽早发现设计错误，及时进行设计联络
	(2) 降低施工风险 利用模型进行直观的“预施工”，预知施工难点，更大程度地消除施工的不确定性和不可预见性，保证施工技术措施的可行、安全、合理和优化
	(3) 把握施工细节 在设计方提供的模型基础上进行施工深化设计，解决设计信息中没有体现的细节问题和施工细部做法，更直观更切合实际地对现场施工工人进行技术交底
	(4) 更多的工厂预制 为构件加工提供最详细的加工详图，减少现场作业、保证质量
	(5) 提供便捷的管理手段 利用模型进行施工过程荷载验算、进度物料控制、施工质量检查等

施工单位BIM技术具体应用内容详见第四章，本小节仅针对施工阶段常用应用点进行简要介绍，见表2.1-6。

施工单位BIM项目管理的应用点 **表2.1-6**

序号	应用点	应用概述
1	施工图BIM模型建立及图纸审核	基于设计单位所提交的施工图纸，搭建建筑、结构、机电专业的施工图BIM模型。建模过程中同时对施工图纸进行审核，利用BIM的可视化优势，发现图纸中的问题
2	碰撞检测	在施工图BIM模型的基础上，进行各专业模型间的碰撞检测，发现专业间的图纸问题，编制碰撞检测报告
3	深化设计及模型综合协调	在施工图BIM模型的基础上，组织各专业及分包使用BIM技术作为工具进行深化设计工作。同时整合各专业深化设计BIM成果进行综合协调碰撞调整，达到模型零碰撞，形成施工模型及深化设计综合图纸，指导现场施工
4	设计变更及洽商预检	通过施工图BIM模型的建立、深化设计、综合协调及碰撞检测等BIM应用，减少设计变更。对每一项洽商或变更，均使用BIM模型提前进行验证及预检，确保现场的顺利实施
5	施工方案辅助及工艺模拟	利用BIM辅助施工方案的编制工作，建立施工方案模型，并用BIM施工方案模拟来展示在重要施工区域或部位施工方案的合理性，检查方案的不足，协助施工人员充分理解和执行方案的要求
6	BIM辅助进度管理	依托BIM进度管理技术，对重要节点及工序穿插配合复杂的节点进行复核及验证。在项目实际施工过中，实时跟踪及录入实际生产工效及工程进度，利用实际生产工效、资源配置和工程进展对项目进行动态管控，预测进度走势，同时分析进度差异原因，协助控制现场进度

续表

序号	应用点	应用概述
7	BIM 5D 及辅助造价管理和管控应用	利用 BIM 模型提取构件工程量，与项目商务进行对量与符合，提高工程量计算的精确度，并与商务信息挂接，辅助项目进行资源及整体造价的控制
8	现场及施工过程管理	在施工过程中，利用深化设计综合 BIM 模型和施工方案和工艺 BIM 模型指导现场施工。对比并及时发现现场施工实物及工艺的错误，要求现场工作人员进行整改。依托 BIM 平台，及时记录并反馈现场的质量安全问题
9	BIM 数字加工及 RFID 技术应用	基于 BIM 深化设计模型进行分段分节、预制加工，并对每个构件赋予 ID。利用 RFID 技术（无线射频识别）对构件的下料、运输、安装进行全过程追踪管理。施工管理过程中通过无线射频识别，实时更新材料精确位置，优化排版取料顺序，减少材料浪费，加快施工进度
10	BIM 三维激光扫描辅助实测实量及深化设计管理应用	利用激光测距的原理，扫描施工现场形成的三维点云数据，经与深化设计模型进行精度对比后，将误差修正到 BIM 模型中，并及时通知相关专业调整深化设计模型或整改施工现场，避免出现因现场与图纸、模型不一致而导致的返工、洽商问题
11	BIM 放样机器人辅助现场测量工作应用	从设计模型中提取放样点，使用 BIM 放样机器人在现场进行自动测量放样，将模型点位与现场对应，提高测量效率和精确度，确保安装工程的顺利实施
12	安全管理及绿色文明施工辅助	项目部综合各专业的模型成果，建立漫游模拟功能，查找工程现场可能存在的安全隐患，做出安全防护部署，并建立防护体系；建立 BIM 标准化安全防护及绿色文明施工模型，做到现场安全防护搭设井然有序；建立现场 VR（虚拟现实）安全体验馆
13	模型维护	对模型及时进行更新，保证施工 BIM 模型与现场实物的一致，综合各专业及分包在施工阶段的专业模型。在项目竣工阶段，提供与现场实物相一致的 BIM 竣工模型
14	协同平台管理	协同平台用于 BIM 实施过程中的各参与方协作过程，所有 BIM 成果及项目信息通过平台进行传输与共享。确保项目信息安全及时有效地传递
15	数字楼宇交付	及时更新施工 BIM 模型，将相关建造信息录入至 BIM 模型中，在工程竣工阶段，向业主交付集成建设全过程相关建筑信息的“数字楼宇”及相关成果

3. 施工单位的 BIM 技术应用形式

目前，全国施工单位的 BIM 技术发展水平并不一致，有的施工单位经过多年多个项目的 BIM 技术应用，已经找到了 BIM 技术在施工单位的应用方向，将 BIM 中心升级为施工深化设计中心，具体的项目管理应用由中心配合项目管理部组织，各分包分别应用，最终集成的服务方式，但还有的企业才刚刚开始了解 BIM 技术。这里，就 BIM 技术在施工这一环节常见的应用形式见表 2.1-7。

BIM 技术在施工中常见的应用形式　　表 2.1-7

BIM 技术在施工中常见的应用形式	（1）成立施工深化设计中心，由中心负责承建设计 BIM 模型或搭建 BIM 设计模型，基于 BIM 技术进行深化设计，由中心配合项目部组织具体施工过程 BIM 技术实施
	（2）成立集团协同平台，对下属项目提供软、硬件及云技术协同支持
	（3）委托 BIM 技术咨询公司，同步培训并咨询，在项目建设过程中摸索 BIM 技术对于项目管理的支持
	（4）完全委托 BIM 技术咨询公司，进行投标阶段 BIM 技术应用，被动解决建设方 BIM 技术要求
	（5）提供便捷的管理手段，利用模型进行施工过程荷载验算、进度物料控制、施工质量检查等

上述几种形式都是现阶段施工单位BIM技术应用的常见形式，具体采用何种形式，可根据施工单位企业规模、人员规模、市场规模等因素，综合判定确定。

4. 施工单位的BIM技术常见应用内容

根据不同的应用深度，可分为A、B、C三个等级，如图2.1-9所示，其中C级主要集中于模型应用，从深化设计、施工策划、施工组织，从完善、明确施工标的物的角度进行各业务点BIM技术应用。B级在C级基础上，增加了基于模型进行技术管理的内容，如进度管理、安全管理等项目管理内容。A级则基本包含了目前的施工阶段BIM技术应用，既包含了B、C级应用深度，也包含了三维扫描、放线、协同平台等更广泛的BIM技术应用。

序号	应用点	不同应用深度		
		A	B	C
一	施工准备阶段			
1.1	补充施工组织模型、场地布置	●	●	●
1.2	BIM审图、碰撞检查	●	●	●
1.3	根据分包合同拆分设计模型	●	●	●
1.4	管线排布、净空优化、深化设计	●	●	●
1.5	三维交底	●	●	●
1.6	重要节点施工模拟、虚拟样板	●	●	●
1.7	工程量统计并与进度计划关联	●	●	
1.8	进度模拟(4D)	●	●	
1.9	进度、资金模拟 (5D)	●		
1.10	构件编码体系建立	●		
1.11	信息平台部署	●		
二	建造实施阶段			
2.1	月形象进度报表	●	●	●
2.2	月工程量统计报表(设备与材料管理)	●	●	●
2.3	施工前图模会审、工程量分析	●	●	●
2.4	施工后模型更新、信息添加	●	●	●
2.5	分包单位模型管理	●	●	●
2.6	专项深化设计模型协同	●	●	●
2.7	阶段性模型交付	●	●	●
2.8	移动应用	●	●	●
2.9	进度跟踪管理 (4D)	●	●	
2.10	安全可视化管理	●	●	
2.11	进度、资金跟踪管理 (5D)	●		
2.12	三维放线、定位	●		
2.13	三维扫描	●		
2.14	信息化协同	●		
2.15	信息化施工管理	●		
三	竣工交付阶段			
3.1	竣工模型交付	●	●	●
3.2	竣工数据提取	●	●	
3.3	竣工运维平台	●		
四	其他			

图2.1-9 施工单位的BIM应用形式

2.1.4 监理咨询单位与BIM应用

项目管理过程中常见的监理咨询单位有监理单位和造价咨询单位、招标代理单位等，也有新兴的 BIM 咨询单位，这里仅以与 BIM 技术应用更为紧密的监理单位、造价咨询、BIM 咨询单位进行介绍。

1. 项目管理中的监理单位工作特征

工程监理的委托权由建设单位拥有，建设单位为了选取有资格和能力并且与施工现状相匹配的工程监理单位，一般以招标的形式进行选择，通过有偿的方式委托这些机构对施工进行监管。工程监理工作涉及范围大，监理单位除了工程质量之外，还需要对工程投资、工程进度、工程安全等诸多方面进行严格监督和管理；监理范围由工程监理合同、相关的法律规定、相对应的技术标准、承发包合同决定。工程监理单位在建立过程中具有相对独立性，维护的其不仅仅是建设单位的利益，还需要公正地考虑施工单位的利益。工程监理是施工单位和建设单位之间的桥梁，各个相关单位之间的协调沟通离不开工程监理单位。

2. 监理方 BIM 项目管理的应用需求

从监理单位的工作特征可以看出，监理单位是受业主方委托的专业技术机构，在项目管理工作中执行建设过程监督和管理的职责。如果按照理论的监理业务范围，监理业务包含了设计阶段、施工阶段和运维阶段，甚至包含了投资咨询和全过程造价咨询，但通常的监理服务内容往往仅包含了建造实施阶段的监督和管理，本书中对于监理方 BIM 项目管理的介绍局限于通常的监理服务内容，将监理单位和造价咨询单位分开介绍，如监理单位也承担造价咨询业务，结合造价咨询单位部分的 BIM 介绍，共同理解。

正因为监理单位不是实施方，而 BIM 技术目前尚在实践、探索阶段，还未进入规范化应用、标准化应用的环节，所以，目前 BIM 技术在监理单位的应用还不普遍。但如果按照项目管理的职责要求，一旦 BIM 技术规范应用，监理单位仍将代表建设方监督和管理各参建单位的 BIM 技术应用。

鉴于目前已有大量项目开始应用 BIM 技术，监理单位目前在 BIM 技术应用领域应从两个方向开展技术储备工作：

(1) 大量接触和了解 BIM 应用技术，储备 BIM 技术人才，具备 BIM 技术应用监督和管理的能力；

(2) 作为业主方的咨询服务单位，能为业主方提供公平公正的 BIM 实施建议，具备编制 BIM 应用规划的能力。

3. 造价咨询单位的 BIM 技术应用

造价咨询单位在工程造价咨询是指面向社会接受委托，承担工程项目的投资估算和经济评价、工程概算和设计审核、标底和报价的编制和审核、工程结算和竣工决算等业务工作。

造价咨询单位的服务内容，总体而言，包含两部分：一是具体编制工作，二是审核工作。这两部分内容的核心都是工程量与价格（价格包含清单价、市场价等）。其中工程量包含设计工程量和施工现场实际实施动态工程量。

BIM 技术的引入，将对造价咨询单位在整个建设全生命期项目管理工作中对工程量的管控发挥质的提升。

(1) 算量建模工作量将大幅度减少。因为承接了设计模型，传统的算量建模工作将变为模型检查、补充建模（如钢筋、电缆等），传统建模体力劳动将转变为对基于算量模型规则的模型检查和模型完善。

（2）大幅度提高算量效率。传统的造价咨询模式是待设计完成后，根据施工图纸进行算量建模，根据项目的大小，少则一周，多则数周，然后计价出件。算量建模工作量减少后，将直接减少造价咨询时间，同时，算量成果还能在软件中与模型构件一一对应，便于快捷的直观检验成果。

（3）将减轻企业负担，形成以核心技术人员和服务经理组成的企业竞争模式。传统造价咨询行业，算量建模人员数量占据了企业主要人员规模。BIM技术应用推广以后，算量建模将不再是造价咨询企业的人力资源重要支出，丰富的数据资源库、项目经验积累、资深的专业技术人员，将是造价咨询企业的核心竞争力。

（4）单个项目的造价咨询服务将从节点式变为伴随式。BIM技术推广应用后，造价咨询行业的参与度将不再局限于预算、清单、变更评估、结算阶段。项目进度评估、项目赢得值分析、项目预评估，均需要造价咨询专业技术支持；同时，项目管理、计价是一项复杂的工程，涵盖了定额众多子项和市场信息调价，过程中存在众多的暗门，必须有专业的软件应用人员和造价咨询专家技术支持。造价咨询行业将延伸到项目现场，延伸到项目建设全过程，与项目管理高度融合，提供持续的造价咨询技术服务。

4. BIM咨询顾问的BIM技术应用

在BIM技术应用初期，BIM咨询顾问多由软件公司担当，在BIM技术推广应用方面功不可没。从长远来看，以CAD甩图板为例，纯BIM技术的咨询顾问公司将不再独立存在，但在相当长的一段时间内，两种类型的BIM咨询顾问，仍将长期存在，如图2.1-10所示：

第一类BIM咨询顾问可以称之为"BIM战略咨询顾问"，其基本职责是企业自身BIM管理决策团队的一部分，和企业BIM管理团队一起帮助决策层决定该企业的BIM应该做什么、怎么做、找谁来做等问题，通常BIM战略咨询顾问只需要一家，如果有多家的话虽然理论上可行但实际操作起来可能比没有还麻烦。BIM战略咨询顾问对企业要求较高，要求其对项目管理实施规划、BIM技术应用、项目管理各阶段工作、各利益相关方工作内容，均要精通且熟练。

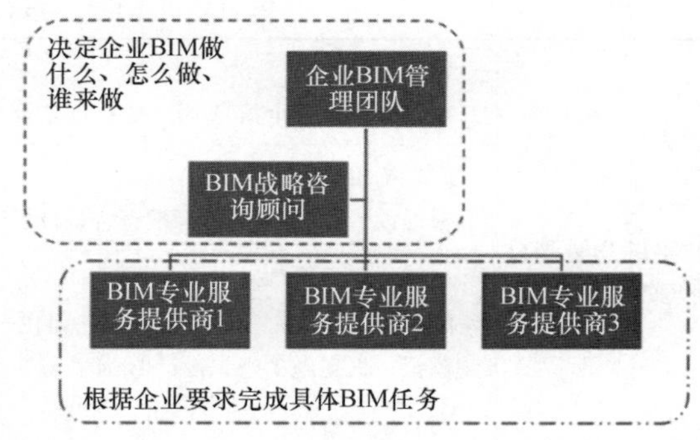

图2.1-10 BIM咨询类型

第二类BIM咨询顾问是根据需要帮助企业完成企业自身目前不能完成的各类具体BIM任务的"BIM专业服务提供商"，一般情况下企业需要多家BIM专业服务提供商，一是因为没有一家BIM咨询顾问能在每一项BIM应用上都做到最好，再者同样的BIM任务通过不同BIM专业服务提供商的比较，企业可以得到性价比更高的服务。

目前，BIM咨询顾问尚无资质要求，理论上，可对项目管理任意一方提供BIM技术咨询服务，但在实际操作过程中，企业往往根据BIM咨询顾问的人员技术背景、人员技术实力、企业业绩，选择合适的BIM咨询顾问合作。

2.1.5　供货单位与BIM应用

1. 供货单位的项目管理

供货单位作为项目建设的一个参与方，其项目管理主要服务于项目的整体利益和供货单位本身的利益。其项目管理的目标包括供货单位的成本目标、供货的进度目标和供货的质量目标。

供货单位的项目管理工作主要在施工阶段进行，但它也涉及设计准备阶段、设计阶段、动用前准备阶段和保修期。

供货单位项目管理的任务包括：

(1) 供货的安全管理；

(2) 供货单位的成本控制；

(3) 供货的进度控制；

(4) 供货的质量控制；

(5) 供货合同管理；

(6) 供货信息管理；

(7) 与供货有关的组织与协调。

2. 供货单位项目管理的 BIM 应用需求

在建筑全生命周期项目管理流程中，供货单位的BIM应用需求主要来自于如下几个方面，见表2.1-8。

供货单位 BIM 项目管理的应用需求　　表 2.1-8

供货单位 BIM 项目管理的应用需求	(1) 设计阶段 提供产品设备全信息 BIM 数据库，配合设计样板进行产品、设备设计选型
	(2) 招投标阶段 根据设计 BIM 模型，匹配符合设计要求的产品型号，并提供对应的全信息模型
	(3) 施工建造阶段 配合施工单位，完成物流追踪；提供合同产品、设备的模型，配合进行产品、设备吊装或安装模拟；根据施工组织设计 BIM 指导，配送产品、货物到指定位置
	(4) 运维阶段 配合维修保养，配合运维管控单位及时更新 BIM 数据库

2.1.6　运维单位与BIM应用

1. 运维单位与项目管理

常规项目开发建设最长3～5年，而运维单位管理工作则长达50～70年，甚至上百年。工程建设与物业管理是密不可分的，正确处理好工程建设与物业管理的关系，搞好建管衔接是确保建筑全生命周期使用周期内“长治久安”的大事。在一些新建住宅小区，之所以出现一年新、二年破、三年乱的现象，出现业主入住初期就有大量的投诉和报修，以及物业管理前期介入开发建设的全过程难于落实，从根本上讲，主要是还没有找到开发建设与物业管理有效衔接的途径和手段。

建筑物作为耐用不动产，其使用周期是所有消费商品中寿命最长的一种。由于它在长期的使用过程中具有自身需要维护、保养的特点，又有其居住主人（物业所有权人和物业使用权人）不断接受服务（特殊商品）的需求，同时，它还具有美化环境和装点城市的功能。这些远不是作为物质形态的房产可以独立完成的，而必须辅之以管理、服务。这种服务并不是简单的维修和保养，而是一种综合的、高层次上的管理和服务。尤其重要的是，管理服务必须是经常性的。

以下就住宅小区物业管理与开发建设过程中一些主要环节，如规划设计阶段的物业前期介入、工程建设阶段的物业监督、接管前的承接查验、综合竣工验收后的项目移交接管等。下面介绍运维单位与项目管理之间的关系。

（1）规划设计阶段的物业前期介入

规划设计作为住宅小区开发建设前期工作的重要环节，对于住宅小区的形成起着决定性作用。在进行规划时，不仅要从住宅区的总体布局、使用功能、环境布置来安排，而且要对物业管理所涉及的问题加以考虑。现状是开发商在规划设计时较少考虑到日后物业管理的因素，往往导致了住宅小区设施配套不全，安全管理不善，给管理带来了许多不便。一些发达城市小区管理得好，首先是规划设计搞得好，如小区封闭管理的形式、垃圾点的设置、监控防盗系统的配置、园林绿化和硬化美化的设计、物业管理办公和经营性用房的定位等，都考虑得非常周到，为日后的物业管理提供了极为有利的条件，只有这样才能使住宅小区在几十年的使用周期内实现物业管理运营的良性循环。

（2）工程建设阶段的物业监督

在住宅小区建设阶段，施工质量直接关系到小区使用后使用功能的正常发挥。抓好小区建设的施工质量不仅关系到住户的切身利益，也关系到日后物业管理的难易，应是物业管理的重要内容，所以物业需配合工程建设参与工程监督。物业是以住户的身份代表业主利益检验工程质量，避免为验收而验收；能及早从今后管理的角度监督建设施工单位严格地按规划设计原意进行建设，及时制止一些建设单位不顾小区今后管理的难度和广大业主的利益而随意改变规划设计现象的发生；能使物业了解房屋建设结构及各种管线的埋设。收集整理好小区建设的基本情况和有关资料，在业主入住前，为住宅区的装修管理和水电、土建维修提供方便，使建设寓于管理之中，为全面管理好小区打好基础。

（3）接管前的承接查验

物业管理单位参加单项工程验收和小区综合竣工验收是住宅小区整体物业接管前对建设单位的最后一个制约环节，对未按规划设计建设配套设施和物业管理设施的行为，物业管理单位有权要求建设单位补建或完善，从而确保物业管理前提条件的落实。在物业验收中严格把关，对即将接管的小区认真做好使用功能的核查，对各种设备、管线都逐一检查并做好登记，办理交接手续，建立移交档案，与开发建设单位签订《前期物业管理服务协议》，从法律上讲完成建管交接。验收的主要内容包括分户验收、设备验收、配套验收、公区验收等。

（4）综合竣工验收后的项目移交接管

住宅小区综合竣工验收后标志着开发建设单位的工程建设任务的完成，物业管理单位在这个阶段要全面的介入前期管理。前期物业管理是指从房屋竣工交付使用销售之日至业主委员会成立之日的管理，按照有关规定新建住宅小区入住率达到50%以上时才具备成立业主委员会的条件。因此从小区竣工到业主委员会成立一般要2～3年的时间，在这期间物业管理企业实施前期物业管理是避免建管脱节的重要举措，首先要做好与开发单位的移交工作，移交主要包括资料移交、物品移交、工程移交等。在小区竣工交付后的前期物业管理阶段，虽然开发建设单位的工程建设任务完成了，但一般情况下，其住宅销售正值高峰期，通过实施优质的物业管理服务一方面能够增强购房者的信心，已经购房的业主对物业管理的满意度也能够对相关群体产生潜在的购房消费需求，起到促销的作用，以及开发单位投资回收的速度。这也体现了物业管理反作用于开发建设的特性。

综上所述，住宅小区的物业管理与开发建设的各个环节有着内在的联系，开发建设单位为购房人提供了住宅产品消费，物业管理单位为购房人提供了物业服务消费，从维护消费者权益的角度无论是提供住宅产品的开发商还是提供服务行为的管理，其根本目的是一致的，那就是让业主（消费者）享有优良的产品和优质的服务，因此住宅小区的开发建设和物业管理是相互依存、相互促进的关系。

2. 运维单位BIM项目管理的应用需求

结合运维单位在建筑全生命周期项目管理流程中的特点，运维单位的BIM应用需求主要来自于如下几个方面，见表2.1-9。

运维单位BIM项目管理的应用需求 **表2.1-9**

运维单位BIM项目管理的应用需求	1）BIM技术可以更好更直观的技术手段参与规划设计阶段
	2）BIM技术应用帮助提高设计成果文件品质，并能及时的统计设备参数，便于前期运维成本测算，从运维角度为设计方案决策提供意见和建议
	3）施工建造阶段，运用BIM技术直观检查计划进展、参与阶段性验收和竣工验收，保留真实的设备、管线竣工数据模型
	4）运维阶段，帮助提高运维质量、安全、备品备件周转和反应速度，配合维修保养，及时更新BIM数据库

2.1.7 政府监管机构与BIM应用

1. 政府监管机构的项目管理

政府监管机构并不参与具体的项目建设，主要负责监督管理建设项目中与本机构智能相关的内容，涉及建设工程项目管理的政府监管部门有很多，这里仅列举部分政府机构，见表2.1-10。

参与项目管理的政府机构及其职责 **表2.1-10**

单位	职责
发改委	项目核准、备案及验收
安全监督管理局	安全评价及验收
环境保护局	环境影响评价及验收
水利局	水土保持评价及验收
文物管理局	地下文物钻探
矿产管理局	压覆矿产评价
地震局	地震安全评价
卫生局	劳动安全卫生评价及验收

续表

单位	职责
武警消防	消防审查及验收
质量监督管理局	特种设备检验
档案局	档案验收
国土资源局	征地
林业局	涉及林地的手续办理
人防办	人民防空手续办理
气象局	防雷接地审查及验收
电业局	供电总体方案审查及增容费收取
审计局	项目竣工验收审计
规划管理局	项目规划管理
劳动和社会保障局	劳动防护审查及验收
质监站、安监站	建设工程质量和安全监督

2. 政府监管机构的BIM应用需求

政府监管机构的BIM应用需求主要是本机构需要的模型和数据信息，从数据统一真实的角度，政府监管机构希望这部分模型和数据信息来源于一个完整的BIM模型数据库的一部分，而不是虚假的，针对该机构的、与其他机构掌握的信息有冲突的专属BIM模型和数据。

2.2 BIM应用的总体策划

BIM作为建筑行业一种信息化的管理手段，在实际项目应用中，涉及专业广，影响要素多，通过本章节学习对项目BIM应用起到以下三个方面的作用：

(1) BIM应用全貌做总则概述，指导BIM实施应该开展的基础性工作；

(2) 指导并规范BIM实施的总体步骤及流程；

(3) BIM四项重要应用的全面指引，含技术要求、管理要求、专业间信息交互标准等。

2.2.1 明确项目对于BIM的需求

BIM全流程应用为项目应用的一般流程模式，横跨方案、初设、施工图、施工、竣工阶段、运维阶段，每个阶段均有相应的完整性。BIM应用流程针对项目不同需求，不同应用点有相应的流程形式，每个流程成果明确了工作、里程碑、中间成果、会议等，明确各个流程任务的责任人。

项目BIM执行时应按照八大步骤进行，具体如下：

(1) 明确整体项目需求；

(2) 明确BIM具体需求；

(3) 制定BIM实施计划；

(4) 明确BIM里程碑；

(5) 明确BIM交付物；

(6) 完善BIM需要的硬件设施；

（7）管理、协调和传递 BIM 模型；

（8）交付最终的 BIM 运维模型。

2.2.2 编制 BIM 实施计划

在整体项目目标明确后，即开始编制与之相符的 BIM 实施计划（即本项目 BIM 重点应用点及与传统业务关系）。在 BIM 的重点应用中，目前主要有三个应用点：碰撞及管线综合、能耗分析、成本测算。整体来说，传统二维设计线中，分为方案设计、初步设计、招标图及施工图设计；在加入 BIM 这个手段之后，与二维设计线的三个阶段相对应，以设计线和 BIM 模型为主线，当管线综合、能耗、成本测算在各个不同阶段介入时，同时反馈相应的成果给模型。

总之，在加入 BIM 应用后，最大的不同在于，由原来的传统二维设计线（方案设计、初步设计、招标图及施工图设计），变成了以二维设计线＋BIM 模型结合为主线，因模型的调整更新与二维图纸共同作用下指导后续施工。

因此，以下先论述在 BIM 加入后，应用点的介入时间、重要操作流程关键点及与项目运营的时间关系。

BIM 应用的介入时间点：

（1）BIM 碰撞及管线综合的介入时间：在初设阶段最优；

（2）BIM 能耗的介入时间：在方案阶段最优；

（3）BIM 成本的介入时间：在初设阶段最优。

在前期时间关系如图 2.2-1 所示。

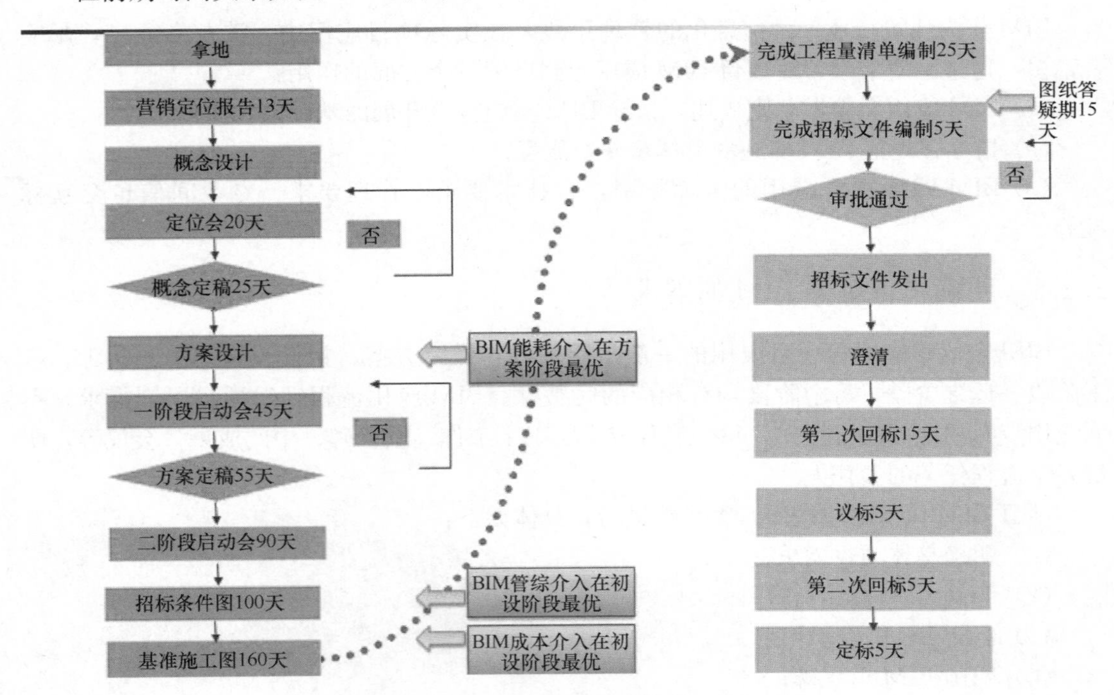

图 2.2-1 BIM 在地产开发业务链中的切入点

2.2.3 基于BIM的技术措施

相比传统制造行业，建筑行业始终在生产效率方面无法与之匹敌。据不完全统计：在一个工程项目中，有大约30%的施工过程需要返工，60%的劳动力资源被浪费，10%的材料被剩余。不难推算，在庞大的建筑行业中每年都有数以万亿计的资金流失。基于BIM的项目管理整合整个工程项目的信息，实现施工管理和控制的信息化、集成化、可视化和智能化，从而有效减少建筑工程过程中的资源浪费。当前国内基于BIM的工程项目管理主要有4D管理和5D管理两种模式。

基于BIM的4D管理

现时的施工项目管理通过引入大量人工智能、虚拟现实、工程数据库和网络通信等计算机软件集成技术，提供了基于网络环境的4D施工资源动态管理，实现了集人力、材料、设备、成本、场地布置、施工计划、进度于一体的4D动态集成管理以及施工过程的4D可视化仿真过程，为项目管理提供科学、有效的管理手段。

1. 4D施工模拟的概念和特征

4D施工现场的管理是将施工场地及设备、设施的3D模型与施工进度计划相连接，建立施工场地的4D模型，实现施工场地布置的可视化和各种施工设备、设施以及进度的动态管理。简而言之，4D模拟就是在BIM的3D模型基础上增加时间维度，通过对建筑物建造工序方案的仿真模拟，对施工工序的可操作性进行检验，并进行管理和监督。

4D施工模拟可以有效地加强项目各参与方的沟通与协作，优化施工进度计划，为缩短工期、降低造价提供帮助，其主要特征表现在以下几方面。

（1）3D施工现场可视化：通过对施工设施及其相关设备进行归类分析，提取出能够反映其空间几何特征的关键属性（包括形状、大小、位置等几何属性以及设备名称、型号、相关技术指标等场地属性），利用该属性信息在图形平台上构造对应的3D实体模型，实现对这些模型任意位置和角度的动态显示和切换，进而实现对整个施工现场的3D可视化。

（2）3D场地模型与进度计划的双向链接：通过将3D场地模型与进度文件进行关联形成4D模型，可以实现双向数据的交流和反馈，保证施工进度与场地布置在时间和空间上的一致性。双向链接实现了对任意时间、任意场地的施工状态模拟；当施工进度发生变化时，可以自动对任意指定时间段内场地的空间状况，人力、材料、机械等资源的需求以及工程量进行统计更新，为场地布置提供直观又准确的依据。同时，双向4D模型分析各种施工设施之间、材料供给与需求之间、场地布置与施工进度之间等诸多复杂依存关系，研究施工资源的“时间—空间—数量”关系，为定义这些关系的规则、动态变化规律及其影响施工效率的因素提供了强有力技术支撑。

（3）4D动态模拟：施工进度计划与3D场地模型相关联生成的4D模型可以呈现场地状况和施工过程的全动态模拟。在图形环境中，通过给定施工对象及确定的时间，即可依照施工进度显示当前的施工状态。这种动态模拟是可逆的，所以它可以形象地反映施工过程中场地的动态变化。如果需要对整个施工过程进行动态追踪，那么通过输入施工资源的各种数据（如：材料、机械、劳动力等）以及查询工程量便可实现。同时，通过查询施工设施名称、类型、型号以及计划设置时间等属性，也可以实现施工进度和场地布置的关联，最后形成动态的4D现场管理。

2. 4D施工模拟软件

4D施工模拟软件是集可视化、仿真、通信为一体的强大工具，它将BIM模型与项目施工进度计划相链接，以三维动画的形式动态模拟整个施工现场与施工过程。它提供了工作的图形仿真，允许提前发现潜在的问题，并作出优化的施工方案（包括人员、场地、设备、物料堆放、运输路径、安全问题、空间冲突等）；此外，它还能仿真临时性建筑（如脚手架、起重机等大型设备）的进出场时间，这为合理安排大型机械位置、优化整体进度、节约成本提供了帮助。4D施工模拟便利了跨学科建构能力的评价，提供了用图形形式表示施工过程的方法，从而帮助所有项目参与者更快、更好地做出规划决策。

基于BIM的4D施工模拟，不仅能跟踪施工现场、优化施工进度计划，而且能使项目各参与方进行更有效的沟通，其优势是传统的基于二维图纸的施工管理模式所不能比拟的。因此，很多BIM软件厂商都将4D施工模拟作为BIM软件必不可少的一部分，甚至一些小型软件开发公司专门开发4D模拟工具。

常见的4D模拟应用软件包括：

（1）Autodesk—Navisworks Manage

AutodeskNavisworks Manage软件是一款由Autodesk公司开发，面向设计和施工管理专业人员的施工模拟类、工程项目整体分析类和信息交流类的全面审阅型智能软件。它将精确的错误查找和冲突管理功能与动态的四维项目进度仿真和照片级可视化功能完美结合，实现了施工进度的模拟与优化，解决了冲突碰撞的识别与协调，使项目参与方更有效地进行沟通与协作，以便尽早发现潜在问题。Navisworks Manage具有协调、一致、全面三大特点，能与Microsoft Project进行互用，将Microsoft Project创建的施工进度计划导入Navisworks Manage软件，可以实现3D模型中每一个构件与每项计划工序的一一关联，进而轻松地模拟施工全过程，见图2.2-2。

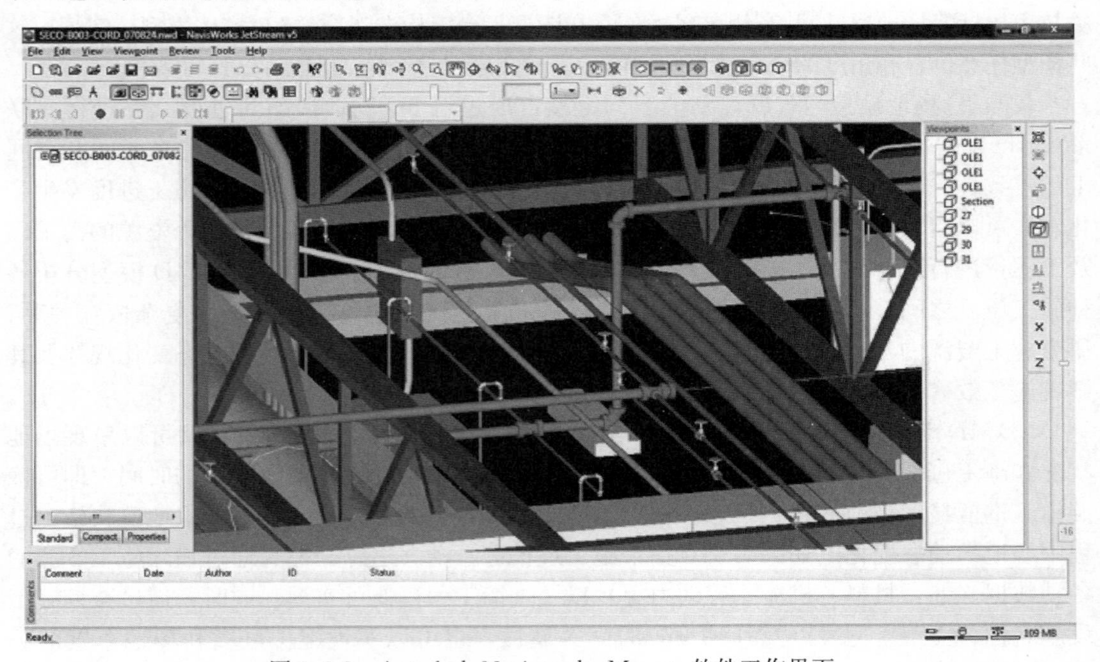

图2.2-2　Autodesk Navisworks Manage软件工作界面

优势：Navisworks Manage 简化了贯穿企业与团队的整个工作流程，提高了施工文档的一致性、协调性、准确性；在无需预编程的条件下就能对不同大小的模型进行平滑的实时漫游；同时，Navisworks 兼容多种模型格式，例如：Autodesk，MicroStation、ArchiCAD、Solidworks 等；此外，Navisworks Manage 还将精确的错误查找功能与基于硬冲突、软冲突、净空冲突与时间冲突的管理相结合，将项目中发现的所有冲突进行完整记录，并利用其 3D Mail 功能使设计团队成员进行交流，实现任一 3D 模型的特定场景视图与文字内容的同时发送，以更快更好地在规划阶段消除工作流程中的问题。

劣势：在用 Navisworks Manage 软件进行渲染和制作模拟动画时，需要消耗大量的资源，因此该功能对电脑的配置要求很高，且所需花费的渲染时间很长；尤其是当发生设计变化时，将变更后的模型再次导入 Navisworks Manage 软件，必须将进度计划里的任务与每一个构件重新关联，显然工作量巨大，不适于大型项目。

（2）Bentley—ProjectWise Navigator

Bentley Systems，Incorporated 是一家全球性的旨在提供基础设施全生命周期解决方案的公司。其 ProjectWise Navigator 软件产品能够提供所有生命周期阶段强有力的协作和丰富的功能，主要包括三方面的内容：①评估项目及在渗透和可视化环境下进行的设计；②分析和模拟施工进度、评估建筑能力；③针对施工和实施计划，创建智能化、便携式的可连接工作包。可以看出，ProjectWise Navigator 是更侧重于施工类的 BIM 软件，它可以收集整个设计过程中的 2D/3D 信息（包含维修通道、设备布置和其他关键设计数据的最初设计模型等），并对其进行适用性、冲突性及施工能力评估，以避免在施工阶段出现代价高昂的漏洞与错误，如图 2.2-3 所示。

图 2.2-3 ProjectWise Navigator 软件工作界面

具体而言，其功能包括：①友好的交互式可视化界面，方便不同用户轻松地利用切割、过滤等工具生成并保存特定的视图，进而分析错综复杂的 3D 模型；②检查冲突与碰撞，项目建设人员在施工前利用施工模拟能尽早发现施工过程中的不当之处，降低施工成本，避免重复工作；③模拟、分析施工过程以评估建造是否可行，并优化施工进度；④直观的三维实时漫游功能，用户可以根据需要简单地运用行走、飞行、自动巡视、旋转、缩放等功能模拟置身于建设项目的任何一个角落实时查看构件的工程属性。除此之外，ProjectWise Navigator 对各种文件格式、行业标准及应用提供广泛的支持，具体的所支持的 2D/3D 文件格式和应用包括：DGN，PDF，DWG，DWF，PlantSpace，AutoPLANT，TriForma，Google Earth，Google Sketchup，IGES，PDS，TIFF，JPEG，3DS 和 STEP。

优势：首先，ProjectWise Navigator 软件是一个被全球设计精英使用的协作系统，足见其功能之强大；其次，与 Navisworks Manage 软件相比，ProjectWise 成本更低，且其支持的 2D/3D 文件格式更多（如上所述）；再次，它可以同时浏览三维模型与二维图纸，软件界面友好，交互性强；最后，该软件的碰撞检查和施工模拟功能强大。

劣势：同样，由于 ProjectWise Navigator 软件较耗资源，因此对电脑配置要求较高，内存、显卡、硬盘都必须满足一定要求；且在安装 ProjectWise Navigator 软件之前，必须安装 MicroStation Edition Software Prerequisite Pack 作为前提包，才能成功运行该软件。

（3）Innovaya—Visual Simulation

Innovaya 是最早推出 BIM 施工软件的公司之一，其重头产品——Visual Simulation 和 Visual Estimating 是专门针对辅助施工阶段工作任务的解决方案。其中，Visual Simulation 软件是一款 4D 进度规划与可施工性分析的软件，而 Visual Estimating 则是一款 5D 施工项目管理软件，在下节将重点介绍。Visual Simulation 与 Navisworks 有相似的地方，即同样能将 Microsoft Project 或 Primavera 创建的施工进度计划与 Revit 创建的 3D BIM 模型相关联，使项目进度计划通过 3D 构件在施工进度安排下表现其建造过程，如图 2.2-4 所示。此外，用户还可以方便地点击 4D 建筑模拟中的建筑对象，查看在甘特图中显示的相关任务；反之亦然。

优势：Visual Simulation 软件交互界面友好、简单，容易上手，且其关联精度计划与 BIM 构件，无须手写表格即可快捷完成；一旦调整进度图表，则与其相关的 BIM 构件的施工安排也将相应地更改，并在 4D 模拟建造时体现出来；其关联工作较 Navisworks 更为简单、方便。

劣势：Visual Simulation 软件对于添加、删除基本构件或临时性建筑（脚手架、起重机等的进出场安排），常常需要进行手动操作，即先将新增的类型任务项添加于进度计划中，然后进行关联。正是由于软件自身的自动更新能力较差，因此对于较大的修改将增加不少重复工作量。

（4）Synchro Ltd. —Synchro 4D

目前的 4D 工程模拟大部分是针对大型复杂建设工程及其管理开发使用的，而 Synchro 4D 拥有比其他同类 4D 软件更加成熟的施工进度计划管理功能，并提供了丰富形象的 4D 工程模拟，如图 2.2-5 所示。正如软件的名字“Synchro（同步）”一样，Synchro

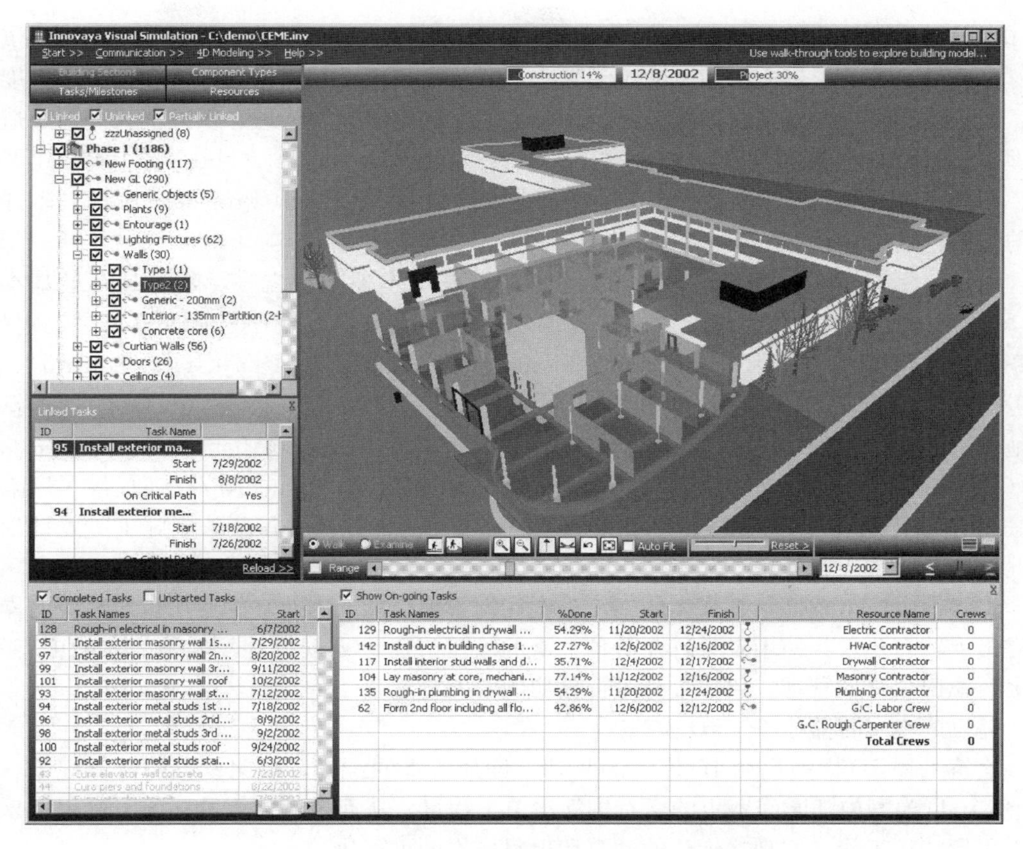

图 2.2-4 Visual Simulation 软件工作界面

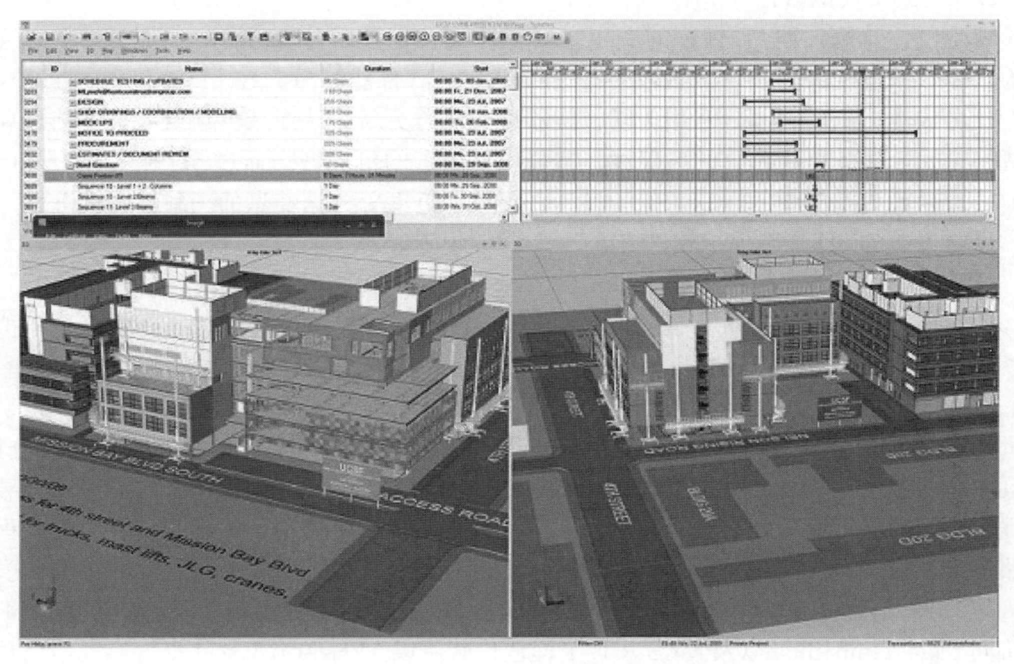

图 2.2-5 Synchro 4D软件工作界面

4D可以为整个工程组的参与方，包括业主、工程师、建筑师、运营者、承包商、分包商和材料提供商等，提供实时共享的工程数据。这些人员可以利用这款软件安排施工进度计划、同步设计变更、可视化模拟施工过程，进而实现高级风险管理、供应链管理以及造价管理。Synchro 4D软件不仅可以关联Bentley、SolidWorks和Sketchup软件所创建的模型，而且可以导入Asta Powerproject、Primavera以及Microsoft Project进度计划软件创建的施工进度计划。

优势：Synchro 4D软件是目前最成熟的4D施工模拟平台之一，除了具有最基本的4D可视化仿真功能之外，其最大的优势体现在强大的施工进度计划管理上，主要包括：任务顺序排列管理（Task sequencing options）、任务状态管理（Taskstatus control）、多重考核机制比较实际完工情况与计划出入、进度跟踪管理（Progress tracking）、重新编制施工进度计划管理（Rescheduling）、关键线路分析（Critical pathanalysis）以及资源管理（Resource management）等。此外，为了保护关键线路，Synchro 4D还提供了风险缓冲机制（Risk buffers），以缓解可识别的风险，并尽可能地减少重新编制施工进度计划的情况发生。

劣势：由于该软件具有强大的施工进度计划管理功能，因此它的使用也对相应的操作者提出了较高要求：使用者只有在具备丰富的施工进度计划安排的经验下，才能更有效、更全面地使用资源管理、风险分析等特色功能。

施工成本实时监控——5D模拟

建筑工程5D模型是在4D模型的基础上增加成本的维度，按照设置的计算规则，计算BIM 3D模型内随时间变更的所有构件清单工程量，从而替代预算员在施工过程中繁重的工程量计算工作，实现精细化的预算和项目成本的可视化。

3. 5D施工模拟软件

现阶段，建筑工程5D模型的应用主要是体现在工程量计算方面，它是以3D建筑模型为载体，以进度为主线，以成本控制为结果的5D智能算量。在5D施工管理系统中，将设计、成本、进度三部分互相关联，能够进行实时更新，从而减少建筑项目评估预算所花费的时间，显著提高预算的准确性，增强项目施工的可控性。通过5D施工模拟还可以提前发现设计和施工中的问题，保证设计、预算、进度等数据信息的一致性和准确性。

目前主要的5D施工模拟软件有：

(1) InnoVaya—Visual Estimating

前面已经提到，Innovaya公司的Visual Estimating是一款针对工程造价的5D模拟应用软件，它支持BIM模型的自动计算并显示工程量，还可以将设计构件与预算数据库连接，以完成工程造价。Visual Estimating软件，如图2.2-6所示，可以导入Revit和Tekla所创建的BIM模型，并能与Sage Timbedine以及MC2 ICE工程造价类软件协作分析。其具体功能包括：①自动计算工程量，即首先根据设计模型中的构件尺寸与类型直接导出工程量，该功能可以为用户度身定制，也可被多个工程重复使用；其次，将导出的工程量按照特定的格式保存，如Uniformat格式（美国建设工程项目编码）；再次，将每一项工程量与BIM模型的构件自动关联，该关联功能可以随设计变更而自动更新；最后，工程量协同Sage Timbedine以及MC2 ICE工程造价软件以Microsoft Excel报告形式给出总造价。②定义装配件的组成，即首先利用Visual Estimating在Sage Timbedine以及MC2

ICE 中定义装配件的组成；然后直接将模型中相应定义装配件的组成件尺寸与数量拉入定义中；最后，利用软件自动归类功能计算所有同类型的装配件，这样大大减少了工作量，提高了效率。

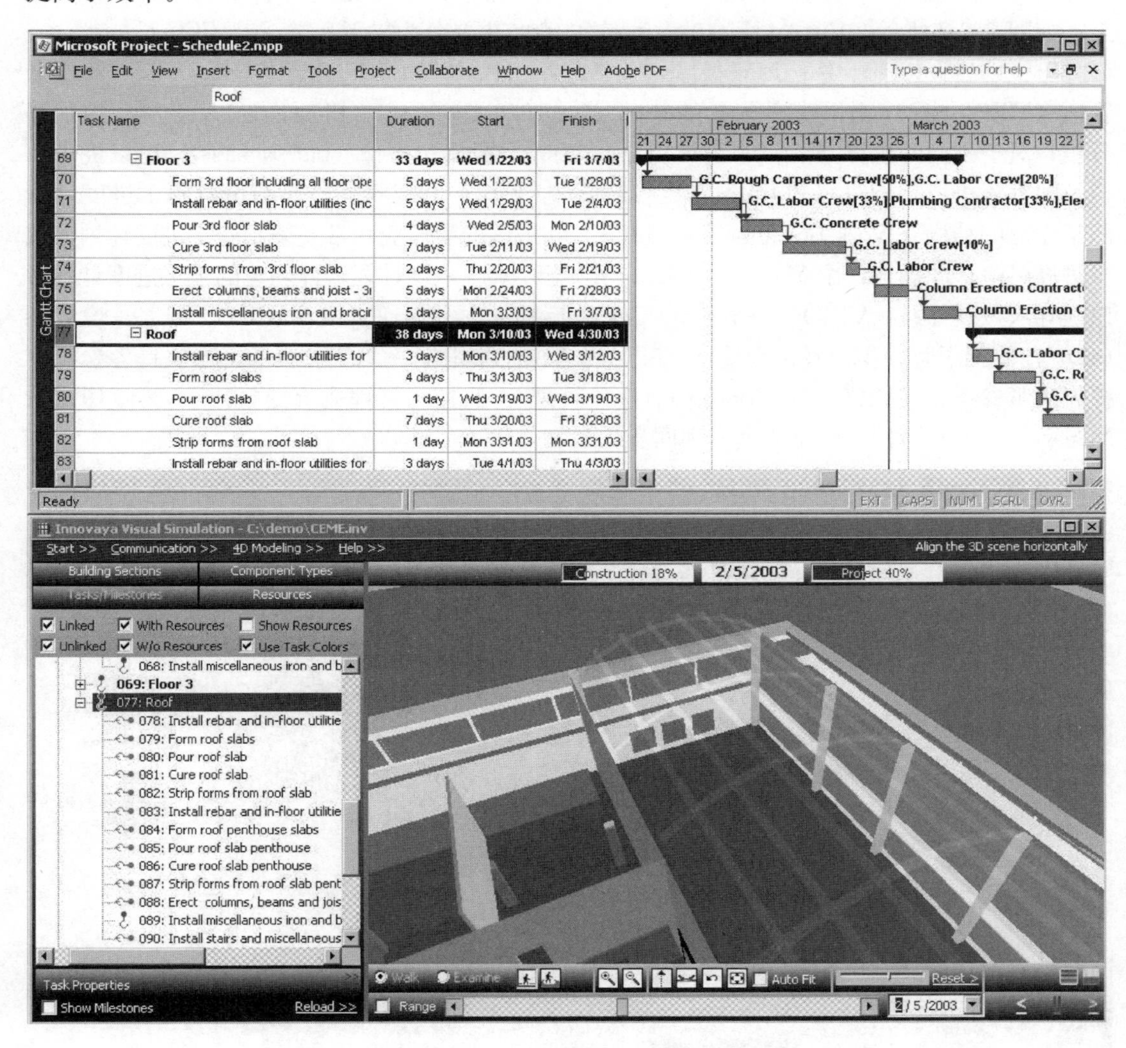

图 2.2-6　Visual Estimating 软件工作界面

优势：Visual Estimating 通过结合设计模型，可以对施工类的物料和装配件进行综合处理，并将精确到细节的施工装配件进行统计、分类集合与择录工作，然后直接为工程造价所使用；此外，一旦被 Visual Estimating 所量化的信息，在三维空间中都能与构件直接关联；用户只需通过简单的操作，就能了解构件的数量、类型、分布情况、开销等；并具有较强的软件兼容性。

劣势：由于我国工程造价体系在工程量的计算规则和定额管理体制上与国外不同，若想直接利用 Visual Estimating 软件统计工程量，则需设置参数，甚至修改软件，代价高昂。

（2）VICO Software—Virtual Construction

VICO 软件公司是业界公认的 5D 虚拟建造软件领导者，于 2012 年 11 月 2 日被天宝（Trimble）公司收购并扩展了其建设领域的整体解决方案，但其开发的 Virtual Construction 软件仍是业内集协调、数量管理、成本估算、项目调度和生产控制于一体的高度集成解决方案。如图 2.2-7 所示，Virtual Construction 软件套装主要分为以下几类：①VICO Constructor（建模）：创建 VICO 环境下 BIM 模型，包括建筑（Architecture）、结构（Structure）及机电管道（MEP）模型，作为其他工具的基础；②VICO Estimator（概预算）：基于模型的预算分析，对于不同的预算方案（Budget alternatives）与投标包报价（bid packages）可以提供数值及图表分析；③VICO Control（进度控制）：基于详尽的建筑构件、造价及施工进度计划的工作分解结构（Work breakdown structure）和地区的生产流程常规编制施工进度计划、减少进度风险；同样地，由 Microsoft Project 及 Primavera 进度计划软件创建的施工进度计划可以被导入该软件；④VICO 5D Presenter（5D 演示工具）：将 BIM 模型（3D）、施工进度计划（4D）与施工过程模拟以及工程造价（5D）所有信息集中在一个平台演示，为项目各参与方提供决策参考；⑤VICO Cost Manager（造价管理）：监控与管理造价变更；⑥VICO Change Manager（变更管理）：跟踪管理实现同步化。

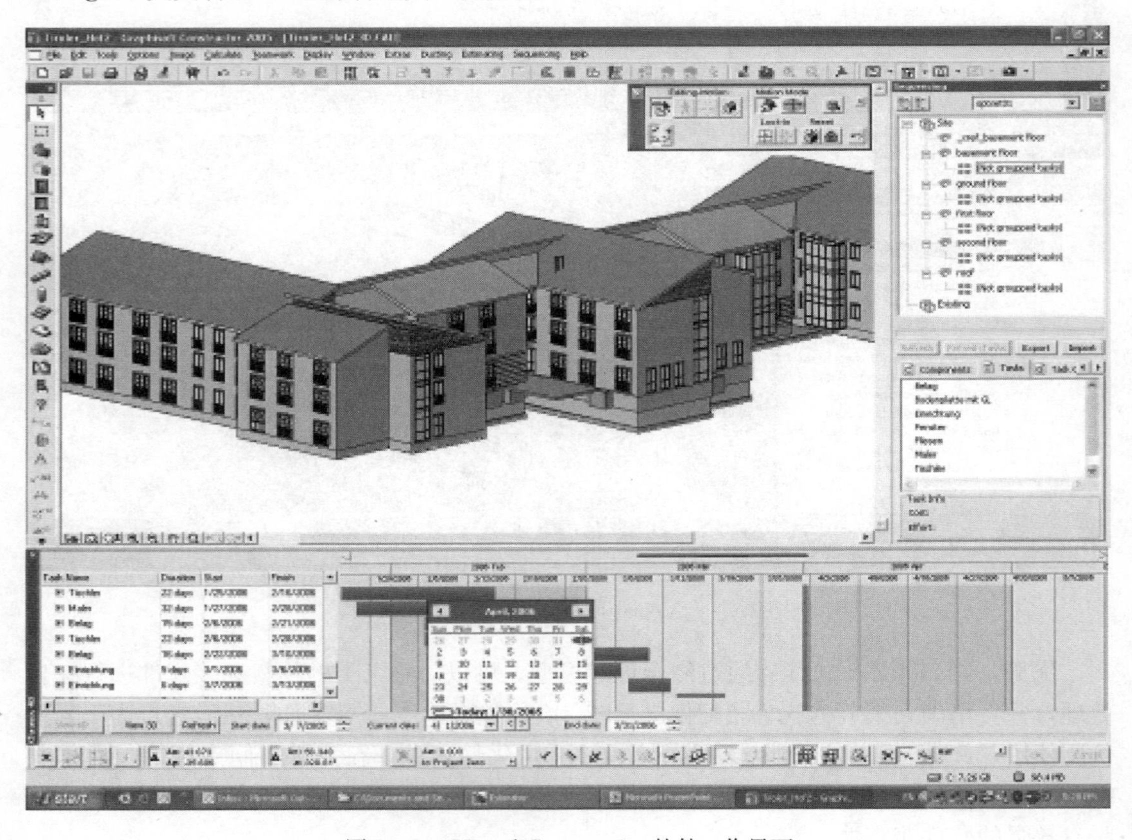

图 2.2-7　Virtual Construction 软件工作界面

优势：Virtual Construction 是一套成熟度高、综合性强的 5D 管理工具，它将设计、施工、造价、工期紧密地连接成一个有机的整体，使项目各参与方对项目有更深刻的认识与理解，以便做出更正确的决策。其多元化的优势体现在：①可施工性分析：5D 建模过程能及时发现潜在的问题，避免施工时的碰撞与错误发生；②项目的可控性分析：5D 建模过程能加强对项目的管控，尽早减少不确定因素所造成的损失，进而缩短工期、提高生产率。③造价分析：利用 5D 仿真技术，可以实时获取造价分析结果，使造价计算值更接近实际。④促进各参与方的合作与交流。

劣势：与国外相比，我国的工程造价体系在定额管理体制、设备条件、施工技术方法以及工程量计算规则等方面存在较大差异，故 Virtual Construction 软件的使用和我国建筑业的大环境不相符；值得注意的是，运用 5D 模拟进行施工管理对于现行的工作模式来说是革新性的变化，因此，工程人员在实际运用软件时，必须具备丰富的知识与经验，且配套的软硬件也必须满足相应要求，所以该软件的推广与应用存在局限性。

（3）RIB 公司—iTWO

RIBiTWO 是世界上首家真正意义上实现传统施工规划和先进 5D 规划理念融为一体的集成解决方案，旨在优化整个建筑流程的管理，如图 2.2-8 所示。在一个单独的 5D BIM 平台之上，RIB iTWO 可以覆盖整个建筑阶段的功能：设计分析、冲突检测、招投标、分包管理、利润管理、合同管理、工程变更管理、采购管理、工程规划管理、成本控制、多项目报告、视觉化模拟以及财务系统。通过 iTWO 软件，用户可以进行虚拟演示，准确简易地把握工程中的数据和图形，其具体功能包括：

① 应用三维整合技术，从专业层面丰富并扩大项目数据的获取，大大减少操作时间。

② 把 CAD 系统及专业应用软件的数据集合到统一数据模型中。

③ 通过三维模型，iTWO 可根据设计抽取数据，提高估价操作和基准值审定的准确性，同时也可在设计变更的情况下及时导入工程选项值以备施工操作。

④ 可在设计规划时跟踪工程量，并进行实时传输，以加强对运营的管控和绩效管理。

⑤ 通过冲突侦查，可在施工进行前发出设计错误消息。运营方即可在项目施工之前审定设计流程，提前发现错误，并进行更改。

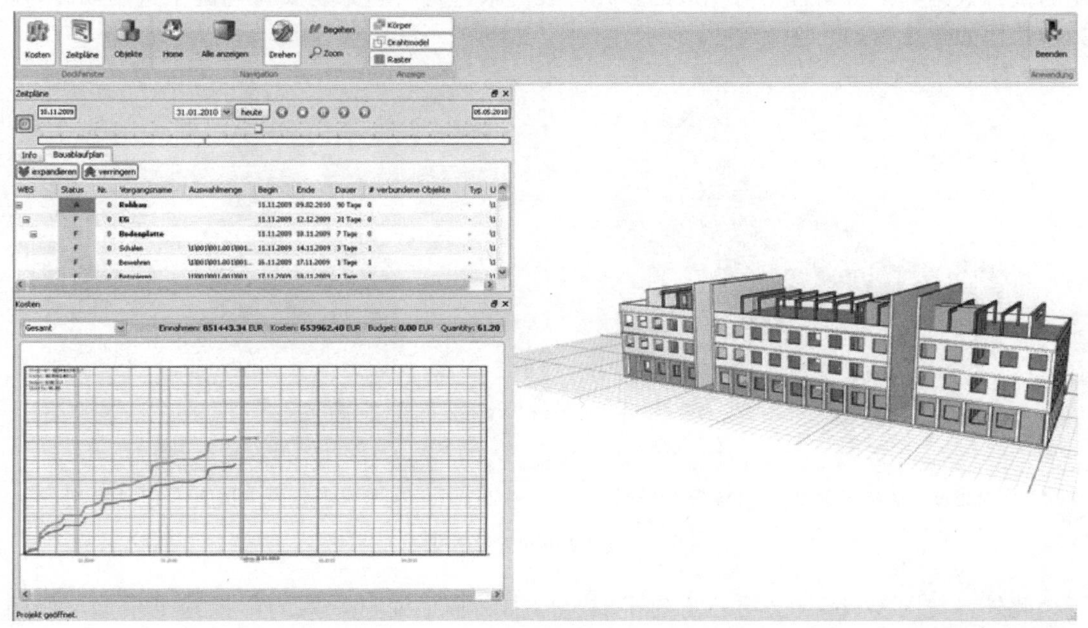

图 2.2-8 iTWO 软件工作界面

⑥ 可在RIB iTWO模型中清晰显示建筑流程变更及其引起的成本和期限变化。

⑦ RIBiTWO建筑管理解决方案整合规划和设计，降低风险。

优势：RIB iTWO是能满足建造阶段任何功能需求的软件。其CPI（建筑流程整合）技术集合了几何与数字，通过该技术，规划者即可获知机械设备规格信息，而施工者则可获知建筑材料和设备资料信息。同时，可根据时间进程和流程分布，将模型数据添加于系统中。此外，iTWO能够与最通用的软件实现无缝对接，如：成本估算、工程协作、财务、ERP、进度管理和项目管理等软件。德国Pinkert工程公司就亲眼见证了5D技术能够节省大幅成本的事实。他们通过iTWO的应用，使项目的规划信息更精确，进而使施工时出现偏差错误的概率减小，从而节省了大约20%至25%的规划和工程成本。

劣势：RIB iTWO软件是根据德国和国际规定标准（德国的营建业发包法“VOB”或英国的建筑工程量标准计算规则“SMM7”）精确计算工程量以及成本的，这与我国工程造价体系在工程量的计算规则上是不同的。同时，iTWO软件里不能对导入的3D模型进行修改，一旦设计方案有些许变化，必须重新计算，但这也是iTWO定位于工程管理型软件所不可避免的问题。

4. 5D施工的应用

当前，5D施工管理技术的应用不多，仅在个别大型的工程承建公司应用。例如：Webcor营造商、YIT施工有限公司和YIT的子公司等。目前，5D施工管理解决方案已逐步改变建筑商的工作模式，加强了与分包商、建筑师们的合作能力，极大地减少了建筑行业中普遍存在的浪费、低效以及返工现象。总之，5D施工管理技术的应用不仅能大大缩短项目计划的编制与预算时间，而且能提高预算的准确性。

由美国Webcor公司承建的旧金山某基督教堂就采用5D模拟技术仿真施工全过程，如图2.2-9、图2.2-10所示，在建立该虚拟施工BIM模型的过程中，工程量的统计和简化的报告数据都是自动且实时生成的，并可按需求进行材料采购安排与施工进度安排等，具体数据如图2.2-11、图2.2-12所示。

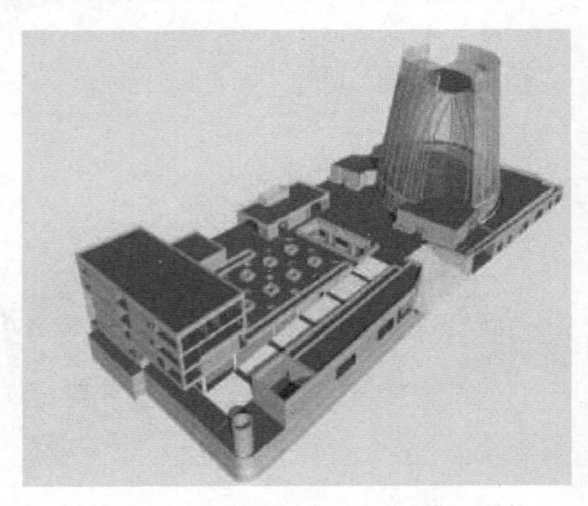

图2.2-9 某基督教堂的BIM模型局部

图2.2-10 某基督教堂的虚拟施工BIM模型

图片来源：Graphisoft公司提供

此外，美国Webcor公司还承建了旧金山加利福尼亚科学院的虚拟施工模型，如图2.2-13所示，其设计者是伦佐·皮亚诺。由于该建筑形体特殊，若使用传统二维CAD设

	A	B	C	D	E	F	G	H
1	pcs	y in	story name	layer	element type	fill	volume	surface (top)
2								
3	1	-2	PARKING_B2	_Slab	Slab	_S_und_found	4 228.83	45 671.21
4	1	-1	PARKING_B1	_Slab	Slab	_S_und_cel	1 536.35	55 311.02
5	17	0	LEVEL_1	_Slab	Slab	_F_s_conc	801.67	31 017.52
6	6	0	LEVEL_1	_Slab	Slab	_S_betw	17.55	1 137.50
7	1	0	LEVEL_1	_Slab	Slab	_S_roof	1.97	106.32
8	3	0	LEVEL_1	_Slab	Slab	_S_und_cel	1 560.77	56 028.10
9	3	0	LEVEL_1	_Slab	Slab	_S_und_found	4 364.77	47 668.40
10	20	1	LEVEL_2	_Slab	Slab	_F_s_conc	1 240.99	32 861.60
11	7	1	LEVEL_2	_Slab	Slab	_S_betw	1 912.46	50 246.16
12	8	1	LEVEL_2	_Slab	Slab	_S_roof	704.60	20 498.61
13	2	1	LEVEL_2	_Slab	Slab	_S_und_found	179.54	2 644.19
14	2	2	LEVEL_3	_Slab	Slab	_R_steel	129.87	7 012.79
15	1	2	LEVEL_3	_Slab	Slab	_S_betw	271.88	7 340.68
16	1	3	LEVEL_4	_Slab	Slab	_S_betw	271.44	7 328.90
17	1	3	LEVEL_4	_Slab	Slab	_S_roof	153.90	4 155.35
18	1	4	ROOF	_Slab	Slab	_R_steel	291.85	7 879.98
19								

Layer_Names / Units used / Wall / Walls_total_2 / Walls_total_3 / Slabs / Slabs_total / Slabs_

图 2.2-11　虚拟施工软件生成的工程量统计表格

图片来源：Graphisoft 公司提供

计，不仅图纸表达比较困难，而且项目施工进度和效率也无法保证。所以就采用了基于 BIM 技术的 5D 施工管理软件，使得本项目中各个构件在三维模型都能得到准确体现，效果图如图 2.2-14 所示。

近年来，中航工业规划建设有限公司也引入了 5D 模拟技术（如 iTWO 软件的应用），并逐步在施工管理理论与工程项目实践方面进行探索研究。例如北京某综合办公楼（如图 2.2-15 所示），就是应用虚拟施工软件做的一个试点项目。该项目的目的在于证实采用的 5D 模拟解决方案的有效性以及能否得到可用于其他目的的三维模型、可建性分析、精确的概预算和计划编制等相关信息。

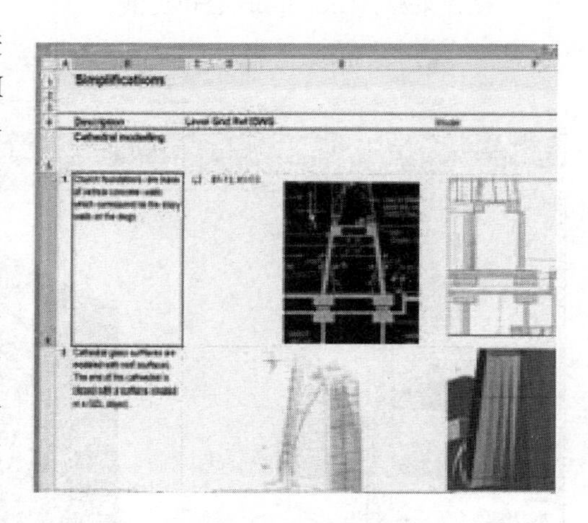

图 2.2-12　虚拟施工软件生成的简化报告

图片来源：Graphisoft 公司提供

图 2.2-16，图 2.2-17 是通过该虚拟施工软件制作的该综合办公楼项目不同阶段的三维模型和工作界面；通过该模型结合导入的时间进度表，如图 2.2-18 所示，可以实时查看当前的收益、成本趋势及其估计值，如图 2.3-19 所示。当把 3D 模型与时间、成本要素相结合就实现了概预算和施工进度编制，最终的施工模型如图 2.2-20 所示。

5D 模拟不仅为工程量的计算提供了便利快捷的方法，而且对建筑全生命周期各阶段的应用都起着举足轻重的作用。未来的建筑 5D 模型将会扩充到建筑行业的全过程，从工程设计招标，到施工变更、竣工结算，甚至到后期的设施管理等过程，5D 模型将成为未来建筑信息化水平的核心载体，使建筑全生命周期的表现更为具体、更为形象、更为准确。

图 2.2-13　加利福尼亚科学院的虚拟施工模型局部
图片来源：Graphisoft 公司提供

图 2.2-14　加利福尼亚科学院的虚拟施工模型
图片来源：Graphisoft 公司提供

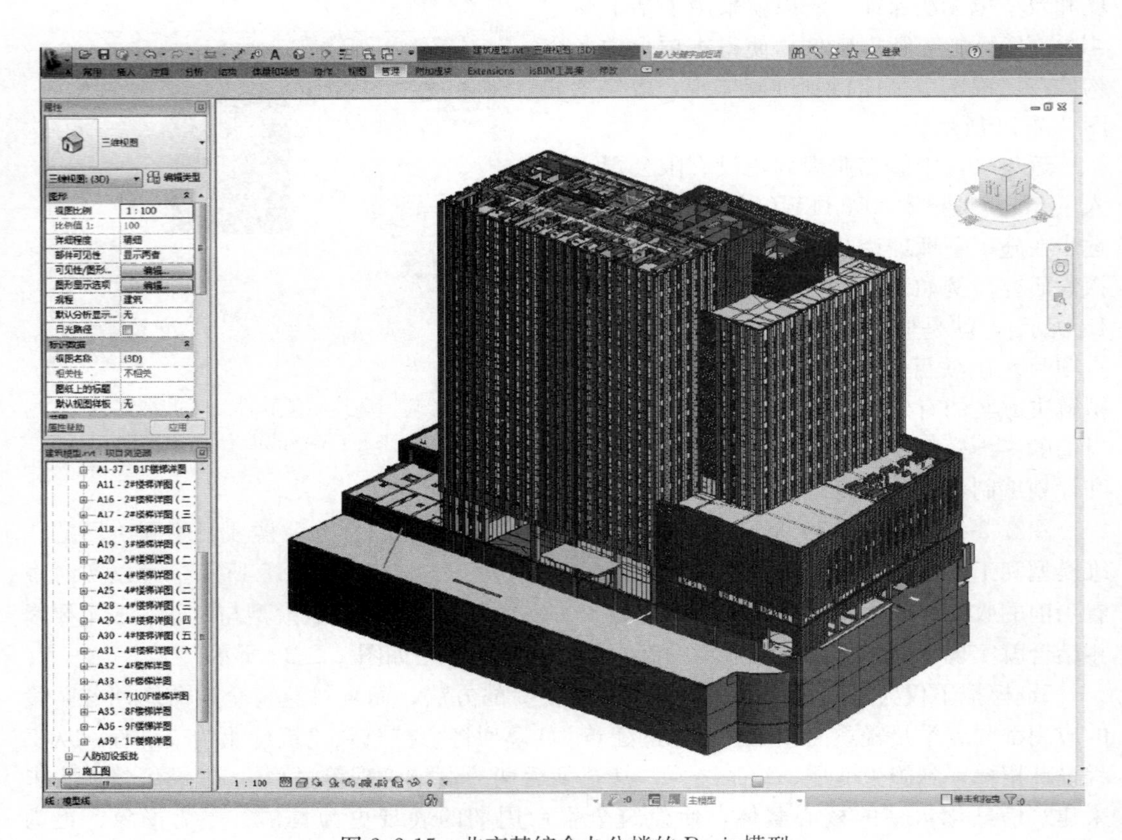

图 2.2-15　北京某综合办公楼的 Revit 模型

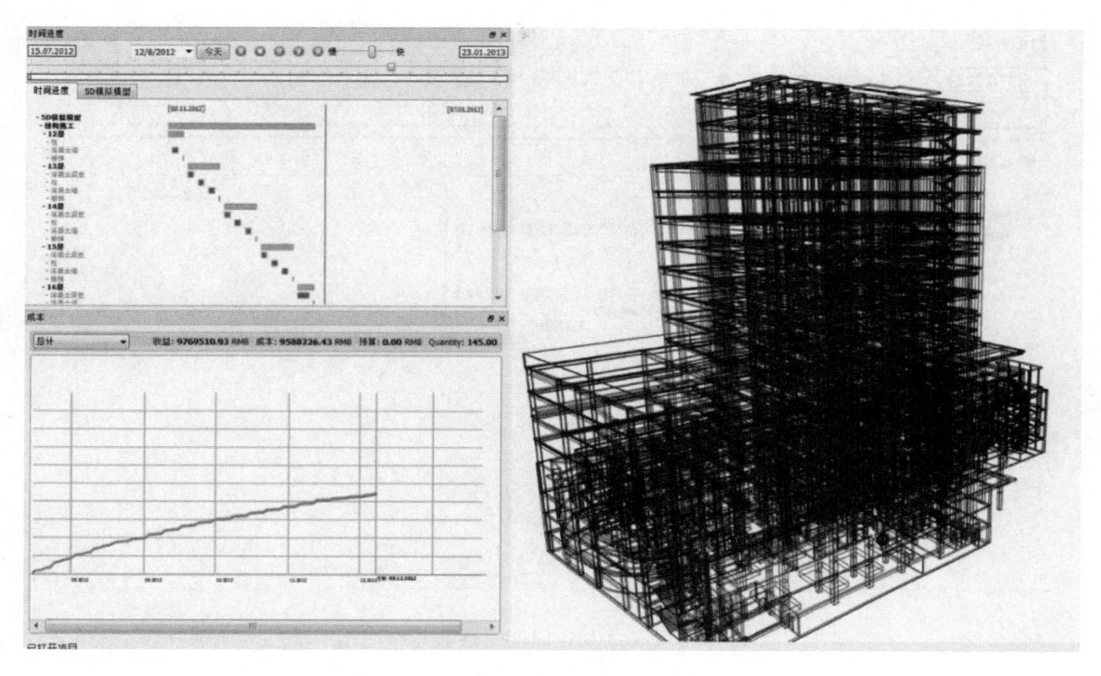

图 2.2-16 模拟施工阶段的三维模型 1

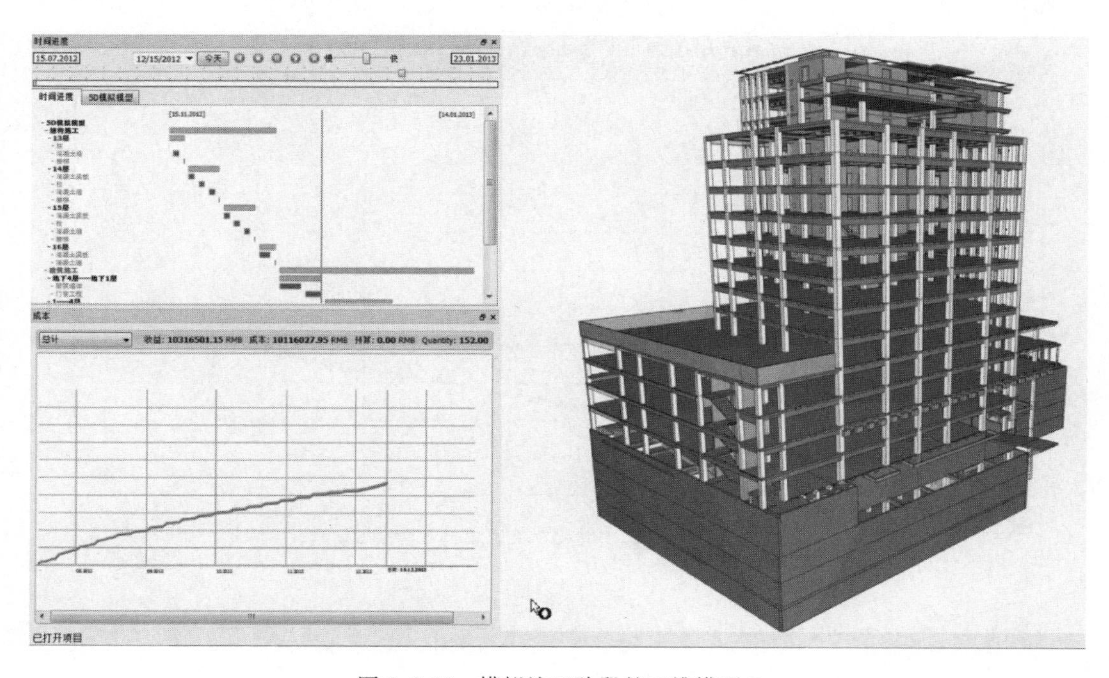

图 2.2-17 模拟施工阶段的三维模型 2

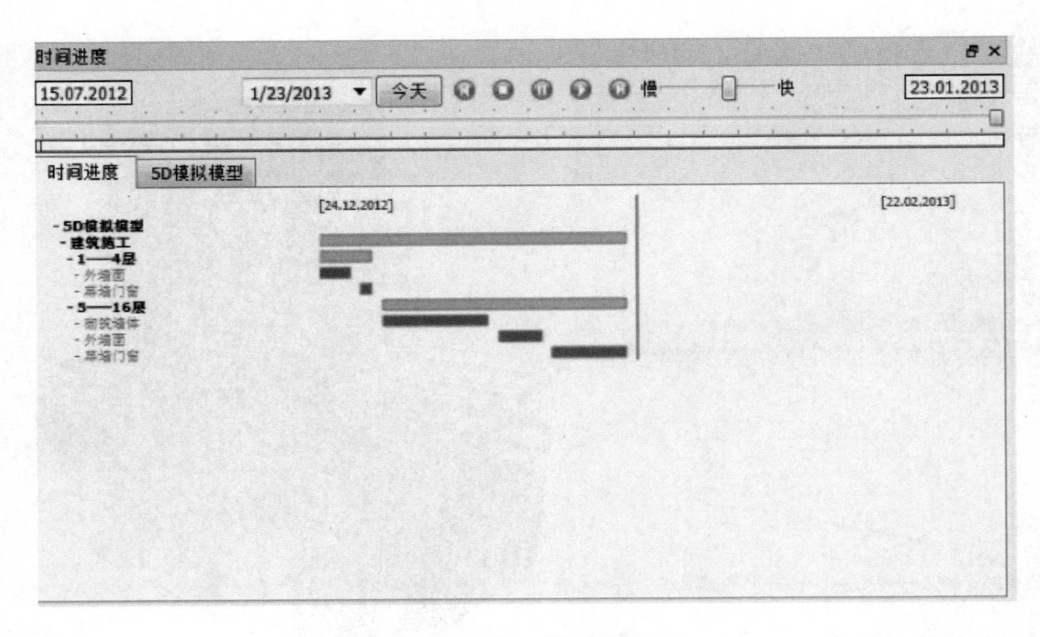

图 2.2-18 时间进度表

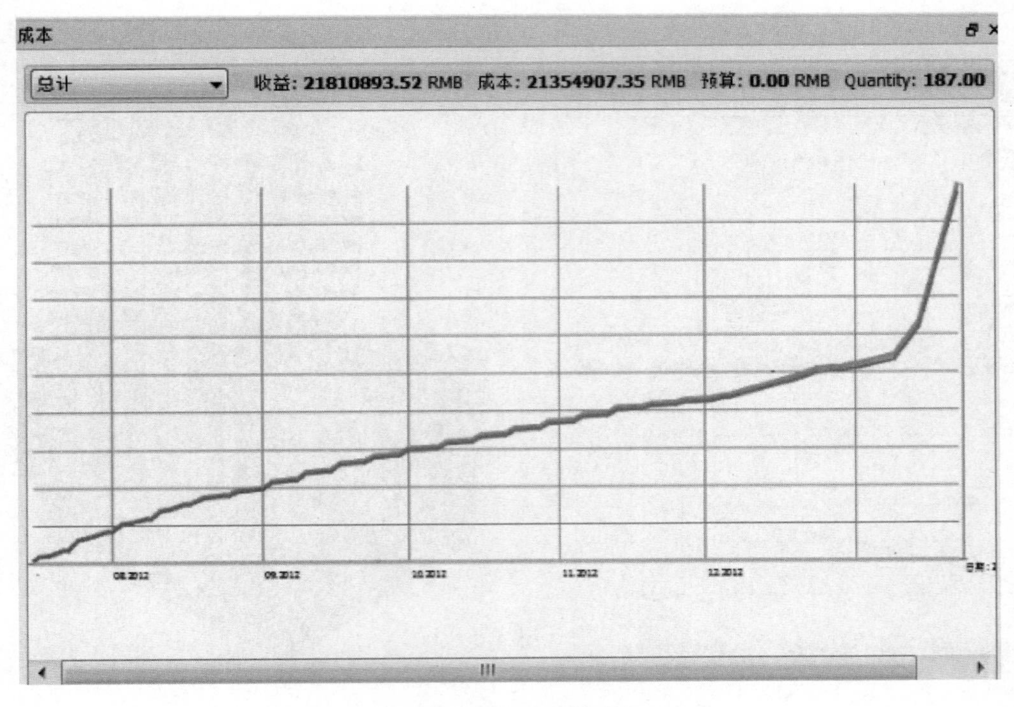

图 2.2-19 成本预算曲线

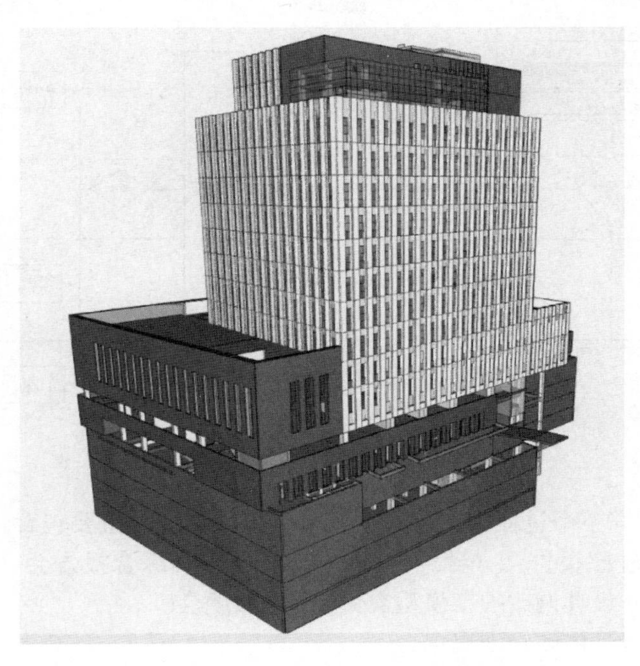

图 2.2-20 北京某综合办公楼的虚拟施工模型

2.2.4 基于BIM的管理措施

为保证BIM落实实施，切实服务于项目，使其产生实际应用价值，在BIM应用的整个过程中，根据应用点不同需经过如下流程：①BIM启动会；②过程技术报告会；③BIM模型建立确定会；④设计模型交付会—设计调改竣工模型交付会；⑤结题会等会议。BIM应用的重要会议主要流线和需要的绝对时间如图 2.2-21 所示。

以管线综合应用点为例，流程和内容如图 2.2-22 所示。

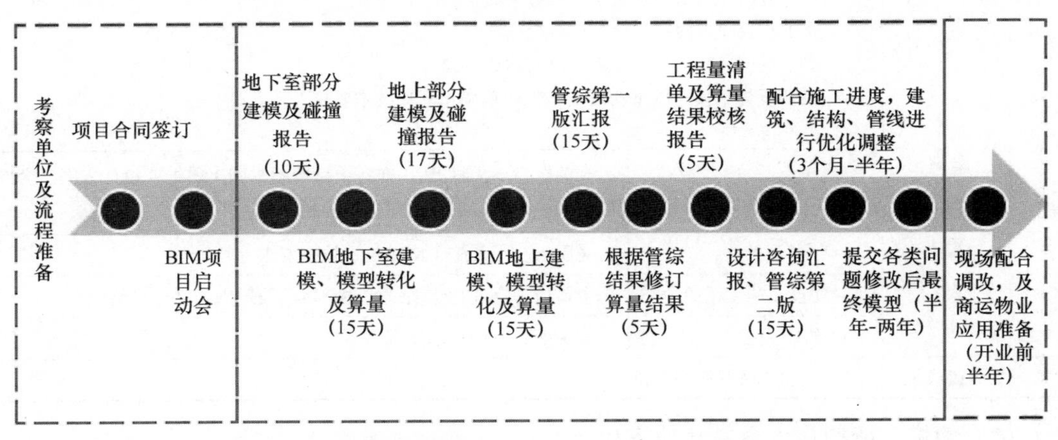

图 2.2-21 BIM应用重要会议流程

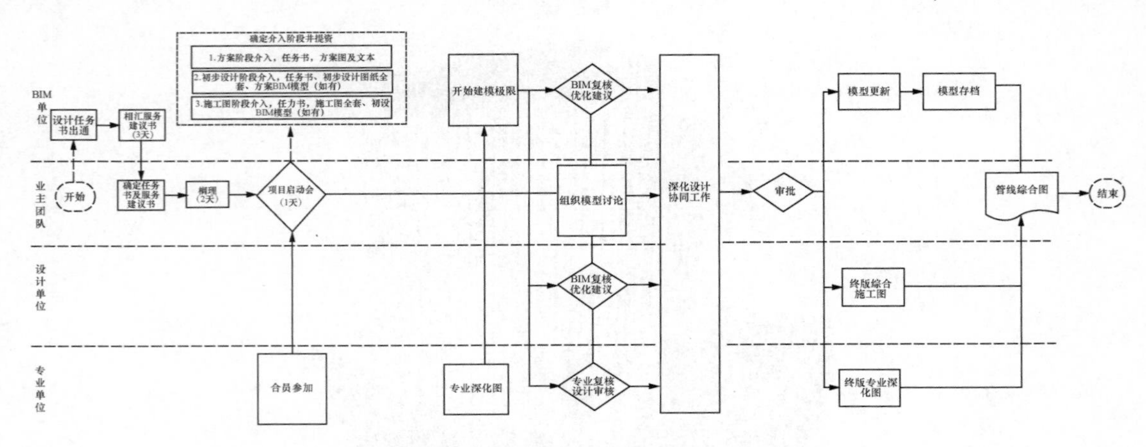

图 2.2-22　管综应用点流程

在 BIM 碰撞管综整个过程中，需经过五次主要的会议。主要包含：①BIM 碰撞管综启动会；②建模及碰撞报告会（含地下和地上）；③管线综合报告会（含地下和地上）；④设计模型交付会—设计调改竣工模型交付会；⑤结题会。

以下是五次会议具体的管理重点。

（1）碰撞管综启动会

碰撞管综启动会管理内容见表 2.2-1。

碰撞管综启动会管理内容　　表 2.2-1

<table>
<tr><th>序号</th><th>管理内容</th><th colspan="2">说　明</th></tr>
<tr><td>1</td><td>会议目的</td><td colspan="2">为保证 BIM 模型能够满足碰撞＋管综要求以实现准确的进行建模，对各方的需求进行交底</td></tr>
<tr><td>2</td><td>会议时长</td><td colspan="2">2 天</td></tr>
<tr><td>3</td><td>参与人员</td><td colspan="2">各参与方的所有项目成员</td></tr>
<tr><td>4</td><td>会议内容</td><td colspan="2">◇ 业主介绍项目情况和业务需求
◇ 业主对设计方案或施工图纸进行交底
◇ 业主对合同界面划分标准进行交底
◇ 业主对项目计划与各方进行协商达成一致
◇ BIM 设计单位与图纸初设及施工图单位相互提技术要求
◇ 讨论与答疑</td></tr>
<tr><td rowspan="4">5</td><td rowspan="4">准备工作</td><td>➢ 业主</td><td>会前至少 5 天将 BIM 准备项目情况、施工图纸或设计方案、合同界面划分标准、启动会需求等资料</td></tr>
<tr><td>➢ BIM 设计</td><td>对图纸初设及施工图单位提技术要求</td></tr>
<tr><td>➢ 初设及施工图单位</td><td>会前梳理完成初步图纸的注意事项及规则，并交付给业主</td></tr>
<tr><td>➢ 施工单位</td><td>需提醒各方的技术要求</td></tr>
<tr><td>6</td><td>会议成果</td><td colspan="2">✓ 上述各项资料的交付</td></tr>
</table>

（2）建模及碰撞报告会（含地下和地上）

建模碰撞报告一般因项目进度要求分为地下部分和地上部分。根据 BIM 启动会要求和项目进度时间要求，召开建模及碰撞报告会，对设计模型质量进行检查，对碰撞问题进行协商解决。视模型质量决定后续碰撞报告会的数量，原则上不少于 2 次，分别在地下完成和地上完成时召开，见表2.2-2。

建模及碰撞报告会管理内容 表2.2-2

序号	管理内容	说明	
1	会议目的	在BIM会议过程中，对设计模型质量进行检查，对碰撞问题及难点进行协商解决	
2	会议时长	0.5天	
3	参与人员	各参与方的所有项目成员	
4	会议内容	◇ BIM设计方介绍建模工作情况（进度、质量、碰撞出现的问题等） ◇ 针对模型碰撞问题进行讨论和答疑	
5	准备工作	➢ 业主	召集会议
		➢ BIM设计	准备建模及碰撞报告会，至少提前2天与各方协商报告解决措施
		➢ 初设及施工图单位	至少提前2天与BIM设计协商报告解决措施，并提出相应意见
		➢ 施工单位	至少提前2天与BIM设计协商报告解决措施，并提出相应意见
6	会议成果	✓ 建模及碰撞报告 ✓ 各方对碰撞报告中提出的解决措施	

（3）管线综合报告会（含地下和地上）

在管线综合报告一般因项目进度要求分为地下部分和地上部分。根据BIM启动会要求和项目进度时间要求，召开管综报告会，对设计模型质量进行检查，管综遇到问题进行协商解决。视模型质量决定后续管综报告会的数量，原则上不少于2次，分别在地下完整和地上完成时召开，见表2.2-3。

管线综合报告会管理内容 表2.2-3

序号	管理内容	说明	
1	会议目的	在BIM会议过程中，对设计模型质量进行检查，碰撞问题难点进行协商解决	
2	会议时长	0.5天	
3	参与人员	各参与方的所有项目成员	
4	会议内容	◇ BIM设计方介绍建模工作情况（进度、质量、管综出现的问题等） ◇ 针对模型碰撞问题进行讨论和答疑	
5	准备工作	➢ 业主	召集会议
		➢ BIM设计	准备管综报告会，至少提前2天与各方协商报告解决措施
		➢ 初设及施工图单位	至少提前2天与BIM设计协商报告解决措施，并提出相应意见
		➢ 施工单位	至少提前2天与BIM设计协商报告解决措施，并提出相应意见
6	会议成果	✓ 管综报告 ✓ 各方对碰撞报告中提出的解决措施	

（4）设计模型交付会

当BIM设计模型完成所有建模工作后，必须组织一次设计模型交付会，见表2.2-4。

设计模型交付会管理内容 表 2.2-4

序号	管理内容	说明	
1	会议目的	BIM设计模型成果交付	
2	会议时长	2天	
3	参与人员	各参与方的所有项目成员	
4	会议内容	◇ BIM设计方对BIM设计模型进行详细交底，包括但不限于分业态/楼层的模型讲解、模型如何满足要求的说明等	
5	准备工作	➢ 业主	召集会议
		➢ BIM设计	针对会议内容准备相关资料
		➢ 初设及施工图单位	准备与模型匹配的图纸
		➢ 施工单位	无特别要求
6	会议成果	✓ 会后交付满足算量要求的BIM设计模型（100%完整度）	

（5）设计调改竣工模型交付会

在项目实际施工过程中因项目各种条件变化，会出现一系列变更，为保证BIM模型及现场的匹配度，需在项目中期及竣工前及时更新BIM模型，最终必须组织一次设计调改竣工模型交付会，见表2.2-5。

设计调改竣工模型交付会管理内容 表 2.2-5

序号	管理内容	说明	
1	会议目的	BIM设计模型成果交付	
2	会议时长	2天	
3	参与人员	各参与方的所有项目成员	
4	会议内容	◇ BIM设计方对BIM设计模型进行详细交底，包括但不限于分业态/楼层的模型讲解、模型如何满足要求的说明等，主要明确何时因何原因调整何内容	
5	准备工作	➢ 业主	召集会议
		➢ BIM设计	针对会议内容准备相关资料
		➢ 初设及施工图单位	至少提前3天核对模型，并准备与模型匹配的设计变更
		➢ 施工单位	至少提前3天核对模型及变更是否与现场一致做出判断
6	会议成果	✓ 会后交付满足算量要求的BIM设计模型（100%完整度）	

（6）周例会

在项目执行过程中，定期召开周例会。周例会可以采用视频会议、电话会议等形式。若受限于时间和场地，也可以用周报的形式来代替。若采用周报的形式，则在下次会议举行时必须对周报的内容进行简要阐述，见表2.2-6。

周例会管理内容　　表 2.2-6

序号	管理内容	说　明	
1	会议目的	定期检查工作进度	
2	会议时长	2 小时	
3	参与人员	各参与方的所有项目成员	
4	会议内容	◇ BIM 设计咨询、算量咨询分别汇报本周的工作成果、进度及计划	
5	准备工作	➤ 业主	召集会议
		➤ BIM 设计	总结本周的工作成果、进度及计划
		➤ 初设及施工图单位	总结本周的工作成果、进度及计划
		➤ 施工单位	总结本周的工作成果、进度及计划
6	会议成果	✓ BIM 设计咨询、算量咨询提交工作周报	

（7）结题会

项目所有工作完结后，召开结题会，见表 2.2-7。

结题会管理内容　　表 2.2-7

序号	管理内容	说　明	
1	会议目的	总结项目成果，并对分供方工作成果进行验收	
2	会议时长	0.5 天	
3	参与人员	各参与方的所有项目成员	
4	会议内容	◇ 业主对项目成果进行总结 ◇ BIM 设计对满足算量要求的设计模型成果进行总结 ◇ 初设及施工图单对 BIM 配合结果进行总结 ◇ 施工单位对 BIM 配合结果进行总结	
5	准备工作	➤ 业主	召集会议，准备项目成果总结资料
		➤ BIM 设计	准备碰撞管综模型成果总结资料
		➤ 初设及施工图单位	准备对 BIM 配合结果总结资料
		➤ 施工单位	准备对 BIM 配合结果总结资料
6	会议成果	✓ 项目验收报告 ✓ 项目成果后续归档	

2.2.5 项目完结与后评价

1. 概念

项目后评价是指对已经完成的项目或规划的目的、执行过程、效益、作用和影响所进行的系统的客观的分析。通过对投资活动实践的检查总结，确定投资预期的目标是否达到，项目或规划是否合理有效，项目的主要效益指标是否实现，通过分析评价找出成败的原因，总结经验教训，并通过及时有效的信息反馈，为未来项目的决策和提高完善投资决策管理水平提出建议，同时也为被评项目实施运营中出现的问题提出改进建议，从而达到提高投资效益的目的。

2. 类型

根据评价时间不同，后评价又可以分为跟踪评价、实施效果评价和影响评价。

(1) 项目跟踪评价是指项目开工以后到项目竣工验收之前任何一个时点所进行的评价，它又称为项目中间评价；

(2) 项目实施效果评价是指项目竣工一段时间之后所进行的评价，就是通常所称的项目后评价；

(3) 项目影响评价是指项目后评价报告完成一定时间之后所进行的评价，又称为项目效益评价。

从决策的需求，后评价也可分为宏观决策型后评价和微观决策型后评价。

(1) 宏观决策型后评价指涉及国家、地区、行业发展战略的评价；

(2) 微观决策型后评价指仅为某个项目组织、管理机构积累经验而进行的评价。

3. 步骤

项目后评价的步骤见图 2.2-23。

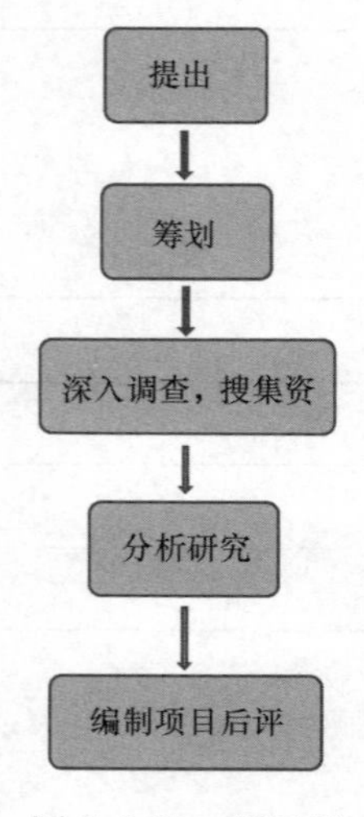

图 2.2-23 项目后评价的流程

4. 内容

每个项目的完成必然给企业带来三方面的成果：提升企业形象、增加企业收益、形成企业知识。

评价的内容可以分为目标评价、效益评价、影响评价、持续性评价、过程评价等几个方面，一般来说，包括如下任务和内容：

(1) 根据项目的进程，审核项目交付的成果是否到达项目准备和评估文件中所确定的目标，是否达到了规定要求。

(2) 确定项目实施各阶段实际完成的情况，并找出其中的变化。通过实际与预期的对比，分析项目成败的原因。

(3) 分析项目的经济效益。

(4) 顾客是否对最终成果满意。如果不满意，原因是什么。

(5) 项目是否识别了风险，是否针对风险采取了应对策略。

(6) 项目管理方法是否起到了作用。

(7) 本项目使用了哪些新技巧、新方法，有没有体验新软件或者新功能，价值如何。

(8) 改善项目管理流程还要做哪些工作，吸取哪些教训和建议，供未来项目借鉴。

5. 意义

(1) 确定项目预期目标是否达到，主要效益指标是否实现；查找项目成败的原因，总结经验教训，及时有效反馈信息，提高未来新项目的管理水平。

(2) 为项目投入运营中出现的问题提出改进意见和建议，达到提高投资效益的目的。

(3) 后评价具有透明性和公开性，能客观、公正地评价项目活动成绩和失误的主客观原因，比较公正地、客观地确定项目决策者、管理者和建设者的工作业绩和存在的问题，从而进一步提高他们的责任心和工作水平。

课后习题

一、单选题

1. 下列哪个选项是建设工程生产过程的总集成者，也是建设工程生产过程的总组织者(　　)。

A. 建设单位　　B. 设计单位　　C. 政府部门　　D. 业主

2. 下列哪个选项不属于业主单位对 BIM 项目管理的需求(　　)。

A. 可视化的投资方案　　B. 可视化的项目管理

C. 可视化的设计展示　　D. 可视化的物业管理

3. 下列哪个选项不属于设计单位对 BIM 项目管理的需求(　　)。

A. 施工模拟　　B. 提高设计效率

C. 提高设计质量　　D. 可视化的设计会审

4. 施工项目管理的核心任务是(　　)。

A. 进度控制　　B. 成本控制　　C. 目标控制　　D. 质量控制

5. 项目管理的主要内容是“三控三管一协调”，下列哪个选项不属于“三管”的内容(　　)。

A. 职业健康安全与环境管理　　B. 合同管理

C. 信息管理　　D. 进度管理

6. 供货单位的项目管理工作主要在哪个阶段进行(　　)。

A. 造价咨询阶段　　B. 设计阶段

C. 施工阶段　　D. 运维阶段

7. 下列哪个选项不属于项目 BIM 实施的保证措施(　　)。

A. 建立系统运行实施标准　　B. 建立系统运行保障体系

C. 建立系统运行例会制度　　D. 建立系统运行检查机制

8. 下列哪个选项不属于项目全过程管理的内容(　　)。

A. 在工程项目决策阶段，为业主编制可行性研究报告。

B. 在工程项目设计阶段，负责完成合同约定的工程设计等工作。

C. 在工程项目实施阶段，为业主提供招标代理、采购管理等工作。

D. 在工程项目运营阶段，为业主提供物业管理等工作。

9. 根据评价时间不同，下列哪个选项不属于项目后评价的类型(　　)。

A. 跟踪评价　　B. 目标完成评价

C. 实施效果评价　　D. 影响评价

10. 下列关于运维单位项目管理说法不正确的是(　　)。

A. 规划设计阶段的物业前期介入

B. 工程建设阶段的物业规划

C. 接管前的承接查验

D. 综合竣工验收后的项目移交接管

11. 下列不属于编制 BIM 实施计划内容的是(　　)。

A. 实施目标　　B. 组织机构　　C. 进度计划　　D. 经验总结

12. (　　)的引入，将对造价咨询单位在整个建设全生命期项目管理工作总中对工程量的管理发挥质的提升。

A. 广联达算量　　B. 鲁班算量

C. BIM 技术　　D. 清华斯维尔算量

13. 下列不属于项目全过程管理的是(　　)。

A. 在工程项目决策阶段，为业主编制可行性研究报告。

B. 在工程项目设计阶段，负责完成合同约定的工程设计等工作。

C. 在工程项目实施阶段，为业主提供招标代理、采购管理等工作。

D. 在工程项目运营阶段，为业主提供物业管理等工作。

14. (　　)是对建筑物的定位、建筑物的空间方位及外观、建筑物和周边环境的关系、建筑物将来的车流、物流、人流等方面的因素进行集成数据分析的综合。

A. 总体规划　　B. 方案设计

C. 场地分析　　D. 建筑性能分析

参考答案：

1. D　　2. C　　3. A　　4. C　　5. D　　6. C　　7. A

8. D　　9. B　　10. B　　11. B　　12. C　　13. D　　14. C

二、多选题

1. 下列属于施工方单位对 BIM 项目管理的需求(　　)。

A. 理解设计意图　　B. 降低施工风险

C. 把握施工细节　　D. 可视化的设计会审

2. 项目管理的主要内容是“三控三管一协调”，其中“三控”指的是(　　)

A. 成本控制　　B. 进度控制

C. 风险控制　　D. 质量控制

3. 监理单位是受业主方委托的专业技术机构，按照理论的监理业务范围，监理的业务贯穿下列哪几个阶段(　　)

A. 造价咨询　　B. 设计阶段

C. 施工阶段　　D. 运维阶段

4. 下列哪些选项属于供货单位的项目管理内容。(　　)

A. 供货的安全管理　　B. 供货的进度控制

C. 供货合同管理　　D. 供货信息管理

5. 下列在项目管理中的职责，表述正确的有(　　)

A. 发改委的主要职责是项目核准、备案及验收

B. 环境保护局的主要职责是环境影响评价及验收

C. 地震局的主要职责是地震安全评价

D. 质量监督管理局的主要职责是特种设备检验

参考答案：

1. ABC　　2. ABD　　3. ABCD　　4. ABCD　　5. ABCD

第三章　BIM 技术在设计阶段的应用

本章导读

本章主要介绍了 BIM 技术在项目管理中设计阶段的应用。首先介绍了 BIM 技术在设计阶段的主要应用内容，然后将设计阶段分解为方案阶段、扩初阶段和施工设计三个阶段并分阶段详细介绍了各阶段的 BIM 技术应用情景，如 BIM 技术在方案阶段的应用，包括概念设计、场地规划和方案比选等；BIM 技术在初步设计阶段的应用，包括结构分析、性能分析和绿色建筑设计 BIM 应用等；BIM 技术在施工图设计阶段的应用，包括碰撞检查、施工图生成和三维渲染图出具、工程算量和协同；最后还以案例的形式进行了补充介绍。希望通过本章的学习，读者对于 BIM 技术在设计阶段的应用有系统的理解，本章更多的范畴来源于房屋建筑设计领域，也希望广大读者举一反三，结合自身的项目特点，挖掘和深化、细化更多的设计阶段应用点，为本书提供更多的素材和案例。

本章二维码

4. BIM 技术应用之方案设计

5. BIM 技术应用之初步设计

6. BIM 技术应用之施工图设计

7. BIM 技术应用之绿色建筑设计

3.1 BIM技术应用清单

设计阶段是工程项目建设过程中非常重要的一个阶段，在设计阶段中将决策整个项目实施方案，确定整个项目信息的组成，对工程招标、设备采购、施工管理、运维等后续阶段具有决定性影响，尽管设计费在建设工程全过程费用中的比例不大，但资料显示，设计阶段对工程造价的影响可达75%以上。在BIM技术领域，设计阶段又是BIM模型发起和生成的一个重要阶段，所以无论从设计阶段对整体项目的重要性角度，还是BIM设计模型对于后续BIM技术应用的适用性角度，设计阶段的BIM技术应用都应成为重中之重。

一般而言，设计阶段可分为方案设计、初步设计（或扩大初步设计，简称扩初设计）和施工图设计三个阶段。在实际项目运用过程中，往往在施工图设计阶段后还有专项深化设计阶段（一般包含钢结构、幕墙、机电深化等等各专项设计），本章节中，专项深化设计阶段列入施工图设计阶段一并学习和讨论。

设计阶段的项目管理主要包含设计单位、业主单位和业主聘请的工程咨询单位等各参与方的组织、沟通和协调等管理工作。随着BIM技术在我国建筑领域的逐步发展和深入应用，设计阶段无疑将率先普及BIM技术应用，基于BIM技术的设计阶段项目管理将是大势所趋。掌握设计阶段如何运用BIM技术进行设计，如何对设计阶段的BIM技术应用进行管理，如何通过BIM技术从设计阶段进行项目建设全过程的精益化管理，降低项目成本，提高设计质量和整个工程项目的高完成度，降低项目能耗，将具有十分积极的意义。

在设计阶段项目管理工作中应用BIM技术的最终目的是提高项目设计自身的效率，提高设计质量，强化前期决策的及时性和准度，减少后续施工期间的沟通障碍和返工，保障建设周期，降低项目总投资；同时，设计阶段的BIM技术应用也要兼顾后续施工阶段、运维阶段BIM技术应用的需要，为全过程BIM技术应用提供必要的基础。设计阶段BIM技术应用的参与方主要有设计单位、业主单位、供货方和施工单位等，其中以设计单位和业主单位为主要参与方。

设计单位在此阶段利用BIM技术的协同技术，可提高专业内和专业间的设计协同质量，减少错漏碰缺，提高设计质量；利用BIM技术的参数化设计和性能模拟分析等各种功能，可提高建筑性能和设计质量，有助于及时优化设计方案、量化设计成果，实现绿色建筑设计；利用BIM技术的3D可视化技术，可提高和业主、供货方、施工等单位的沟通效率，帮助准确理解业主需求和开发意图，提前分析施工工艺和技术难度，降低图纸修改率，逐步消除设计变更，有助于后期施工阶段的绿色施工；更便于设计安全管理、设计合同管理和设计信息管理，更好地进行设计成本控制、设计进度控制和设计质量控制，更有效地进行与设计有关的组织和协调。

业主单位在此阶段通过组织BIM技术应用，可以提前发现概念设计、方案设计中潜在的风险和问题，便于及时进行方案调整和决策；利用BIM技术与设计、施工单位进行快捷沟通，可提高沟通效率，减少沟通成本；利用BIM技术进行过程管理，监督设计过程，控制项目投资、控制设计进度、控制设计质量，更方便地对设计合同及工程信息进行管理，有效的组织和协调设计、施工以及政府等相关方。通过业主组织，将设计阶段的

BIM 技术应用成果及时传递给施工单位，能够帮助施工单位迅速及时的开展施工阶段 BIM 技术应用，为全过程 BIM 技术应用的开展奠定基础。

BIM 在设计管理中的应用任务和各阶段具体应用点参见表 3.1。

BIM 在设计管理中的任务和应用清单 **表 3.1**

<table>
<tr><th>设计阶段任务</th><th>应用点列表</th><th colspan="2">各阶段的应用点</th></tr>
<tr><td rowspan="3">1. 质量控制
2. 安全管理
3. 造价控制
4. 进度控制
5. 信息管理
6. 合同管理
7. 组织协调等</td><td rowspan="3">1. 概念设计
2. 场地规划
3. 方案比选
4. 结构分析
5. 性能分析
6. 工程算量
7. 协同设计与碰撞检查
8. 施工图纸生成
9. 三维渲染图出具</td><td>方案设计阶段</td><td>应用点 1
应用点 2
应用点 3</td></tr>
<tr><td>初步设计阶段</td><td>应用点 4
应用点 5
应用点 6</td></tr>
<tr><td>施工图设计阶段</td><td>应用点 4
应用点 6
应用点 7
应用点 8
应用点 9</td></tr>
</table>

BIM 技术在设计管理中的应用任务和各阶段 BIM 技术应用点是互相交织的，各阶段 BIM 技术应用点在后面章节会详细介绍，此处主要就设计管理的各项任务主要介绍如下：

1. 质量控制

质量控制是设计阶段的主要项目管理工作，在设计各个阶段，质量控制的重点又不尽相同，方案阶段质量控制的重点是品质控制，扩初阶段主要是可行性控制，施工图阶段主要是细节控制。

无论质量控制的侧重点是否相同，相比传统的二维设计和制图，基于三维的 BIM 技术都可以很好地检验和提升设计质量：

（1）通过创建模型，可更好地表达设计意图，突出设计效果，满足业主需求；

（2）利用模型进行专业协同设计，可减少设计错误；通过碰撞检查，有效避免了空间障碍等类似问题；

（3）可视化的设计会审和专业协同，使得基于三维模型的设计信息传递和交换将更加直观、有效，有利于各方沟通和理解。

2. 安全管理

设计必须严格执行有关安全的法律、法规和工程建设强制性标准，防止因设计不当导致建设和生产、使用过程安全事故的发生。目前，BIM 技术可以更好地配合消防等安全管理工作的疏散通道、疏散宽度、防火门开启等空间属性的检查工作；随着技术的发展，BIM 模型可以更好地集成这些法律、法规、规范和标准等信息，对不满足相关条款的设计进行及时提醒。

设计阶段的安全管理主要包含如下几个方面：

（1）应充分考虑不安全因素，安全措施（防火、防爆、防污染等）应严格按照有关法律、法规、标准、规范进行，并配合业主报请当地安全、消防等机构的专项审查，确保项目实施及运行使用过程中的安全。

（2）应考虑施工安全操作和防护的需要，对涉及施工安全的重点部位和环节在设计文件中注明，并对防范安全事故提出指导意见。

（3）采用新结构、新材料、新工艺的建设工程和特殊结构、特种设备的项目，应在设计中提出保障施工作业人员安全和预防安全事故的措施建议。

3. 造价控制

设计阶段是整个工程项目建设造价控制的关键阶段，尤其在方案设计阶段，设计活动对工程造价影响较大。

按照相关管理规定，我国建设项目在设计阶段的造价控制主要是方案设计阶段的设计估算和初步设计阶段的设计概算。而在实际执行过程中，由于传统的二维设计成果缺乏快速、准确量化和直观检验的手段，设计阶段透明度很低，难以进行工程造价的有效控制，而将造价控制的重点放在了施工阶段，错失了有利时机。

基于 BIM 技术进行设计阶段的造价控制具有较高的可实施性。这是因为 BIM 模型中不仅包括建筑空间和建筑构件的几何信息，还包括构件的材料属性，可以将这些信息传递到专业化的工程量统计软件中，由工程量统计软件自动产生符合相应规则的构件工程量。这一过程是基于对 BIM 模型的充分利用，避免了在工程量统计软件中为计算工程量而专门建模的工作，可以及时反映与设计深度、设计质量对应的工程造价水平，为限额设计和价值工程在优化设计上的应用提供了必要的技术基础，使适时的造价控制成为可能。

4. 进度控制

将 BIM 技术引入进度管理，可以通过对模型的可视化检查直观评价设计进度和深度，从而更好地控制设计进度。

如果基于 BIM 技术，在相关软件的基础上开发进度管理系统，用于计划任务的编制、优化、下达、执行、检查、考评，能更有效的协助项目进行进度管理。同时，将进度计划与 BIM 模型结合起来，参建各方以一个项目为中心进行全过程管理，形成一个整体团队协同工作，使用同一进度管理方法，共同完成一份进度计划，遵循这样的管理方法，不仅能达到有效提升项目整体效能的目的，还能使得管理者通过网络协同工作方式对项目进度实施有效的动态管理控制。

5. 信息管理

传统的设计信息管理方式是设计文件和设计模型的存档，由于涉及的单位和部门众多，这种方式有着明显的缺陷：

（1）由于文本信息较多，保存工作量大，导致经常出现信息缺失或者保存不全的情况；

（2）这种定时保存文本和模型的方式，不能够体现项目设计上的实时更新，存在一定的滞后性；

（3）这种保存方式阻碍了不同专业之间的交流，尤其是不同专项设计单位之间的交流，容易造成信息孤岛现象。

基于 BIM 的设计阶段信息管理具备以下优势：

（1）满足集成管理要求。BIM 能够保留从项目开始的所有信息，如对象名称、结构类型、建筑材料、工程性能等设计信息，保证了信息的完备性；

（2）BIM 模型可以体现所有专业的即时更新，保证了所有设计信息的最新的，最有效的。避免了因为信息不及时更新造成的返工等。比如，设计变更可以及时的体现在模型当中，所有专业都能够根据变更做出及时的调整；

（3）由于各个专业均是在同一个平台上操作，保证了信息的互通性，方便各个专业之间的沟通协调；

（4）满足全寿命周期管理要求，BIM模型可以保存设计开始到竣工，甚至运维的所有信息，以满足全寿命周期各方对项目信息的需求。

6. 合同管理

利用BIM平台拆分设计范围、管理设计合同、理解BIM设计合同要求，可以更明确各单位、各专项、各专业之间的设计工作界面，确保设计不重叠无漏洞，可以更好地促进设计阶段的合同管理，防止在施工过程中因某单位或某专业对设计合同界面的理解偏差从而产生设计遗漏，带来进度质量安全和成本的损失。

7. 组织与协调

在设计时，往往由于各专业设计师之间的沟通不到位，而出现各种专业之间的碰撞问题，例如暖通等专业中的管道与结构设计的梁等构件冲突等。BIM的协调性服务就可以帮助处理这种问题，也就是说BIM建筑信息模型可在建筑物建造前期对各专业的碰撞问题进行协调，生成协调数据提供出来。而且，BIM的协调作用也并不是只能解决各专业间的碰撞问题，它还可以解决例如：电梯井布置与其他设计布置及净空要求之协调，防火分区与其他设计布置之协调，地下排水布置与其他设计布置之协调等。因此，利用BIM协同、协作技术可以在项目各阶段协调好各专业和各参与方有条不紊的开展工作。

3.2 BIM技术在方案阶段的应用

方案设计主要是指从建筑项目的需求出发，根据建筑项目的设计条件，研究分析满足建筑功能和性能的总体方案，提出空间架构设想、创意表达形式及结构方式的初步解决方法等，为项目设计后续若干阶段的工作提供依据及指导性的文件，并对建筑的总体方案进行初步的评价、优化和确定。

方案设计阶段的BIM应用主要是利用BIM技术对项目的可行性进行验证，对下一步深化工作进行推导和方案细化。利用BIM软件对建筑项目所处的场地环境进行必要的分析，如坡度、方向、高程、纵横断面、填挖方、等高线、流域等，作为方案设计的依据。进一步利用BIM软件建立建筑模型，输入场地环境相应的信息，进而对建筑物的物理环境（如气候、风速、地表热辐射、采光、通风等）、出入口、人车流动、结构、节能排放等方面进行模拟分析，选择最优的工程设计方案。

方案设计阶段BIM应用主要包括利用BIM技术进行概念设计、场地规划和方案比选，该阶段的项目管理也将围绕上述应用开展和进行。

3.2.1 概念设计

概念设计即是利用设计概念并以其为主线贯穿全部设计过程的设计方法。它是完整而全面的设计过程，通过设计概念将设计者繁复的感性和瞬间思维上升到统一的理性思维从而完成整个设计。概念设计阶段是整个设计阶段的开始，设计成果是否合理、是否满足业主要求对整个项目的以下阶段实施具有关键性作用。

基于BIM技术的高度可视化、协同性和参数化的特性，建筑师在概念设计阶段可实现在设计思路上的快速精确表达的同时实现与各领域工程师无障碍信息交流与传递，从而实现了设计初期的质量、信息管理的可视化和协同化。在业主要求或设计思路改变时，基于参数化操作可快速实现设计成果的更改，从而大大提高了方案阶段的设计进度。

BIM技术在概念设计中应用主要体现在空间形式思考、饰面装饰及材料运用、室内装饰色彩选择等方面。为了更好地进行概念设计阶段的项目管理，业主应要求概念设计方积极采用BIM技术提供专业技术服务，以便于设计成果的检查和控制。

1. 空间设计

空间形式及研究的初步阶段在概念设计中称其为区段划分，是设计概念运用中首要考虑的部分。

（1）空间造型

空间造型设计即对建筑进行空间流线的概念化设计，例如某设计是以创造海洋或海底世界的感觉为概念则其空间流线将应以用曲线，弧线，波浪线的形式为主。当对形体结构复杂的建筑进行空间造型设计时，利用BIM技术的参数化设计可实现空间形体的基于变量的形体生成和调整。从而避免传统概念设计中的工作重复，设计表达不直观等问题。

下面以某体育馆概念设计为例，具体介绍BIM技术在概念设计阶段空间形体设计中的应用。

该体育场以“荷”为设计概念，追寻的是一种轻盈的律动感溧通过编织的概念，将原本生硬的结构骨架转化为呼应场地曲线的柔美形态，再以一种秩序将这些体态轻盈的结构系统编织起来，最终形成了体育场的主体造型。在概念设计初期，使用Grasshopper编写的脚本来生成整个罩棚的形体和结构如图3.2-1所示，而后设计师通过参数调节单元形体及整个罩棚的单元数量快速、准确地生成一系列比选方案，使建筑师可以做出更准确的决定，如图3.2-2所示。从而实现柔美轻盈的设计概念的同时满足工业生产对标准化的要求。

参数化设计结合花瓣的外形

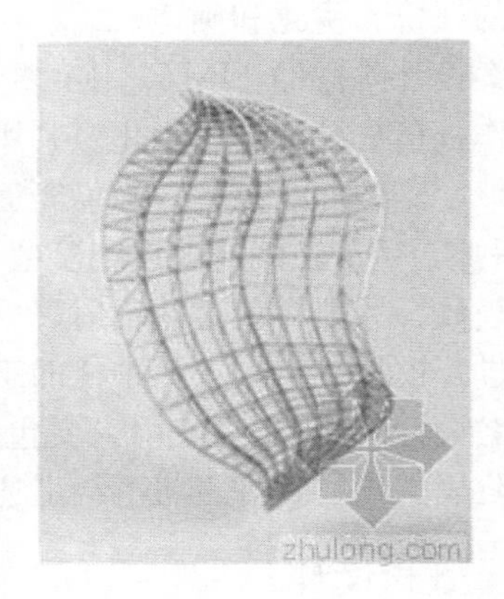

图3.2-1　形体结构概念图

（2）空间功能

空间功能设计即对各个空间组成部分的功能合理性进行分析设计，传统方式中可采

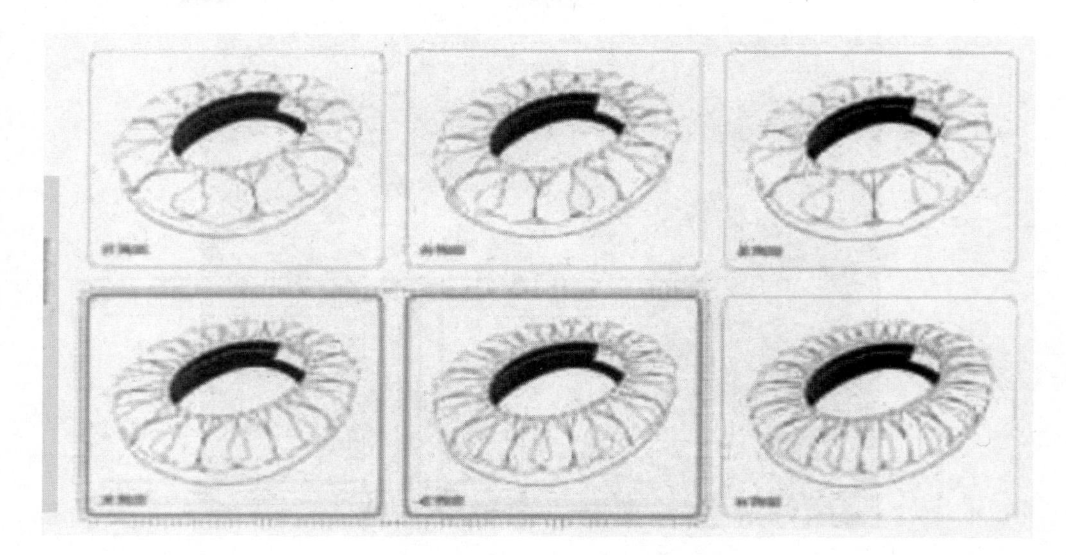

图 3.2-2 基于参数化设计造型方案比选图

用列表分析，图例比较的方法对空间进行分析，思考各空间的相互关系，人流量的大小，空间地位的主次，私密性的比较，相对空间的动静研究等。基于 BIM 技术可对建筑空间外部和内部进行仿真模拟，在符合建筑设计功能性规范要求的基础上，高度可视化模型可帮助建筑设计师更好的分析其空间功能是否合理，从而实现进一步的改进、完善。这样便有利于在平面布置上更有效、合理的运用现有空间使空间的实用性充分发挥。

2. 饰面装饰初步设计

饰面装饰设计来源于对设计概念以及概念发散所产生的形的分解，对材料的选择是影响是否能准确有利的表达设计概念的重要因素。选择具有人性化的带有民族风格的天然材料还是选择高科技的、现代感强烈的饰材都是由不同的设计概念而决定的。基于 BIM 技术，可对模型进行外部材质选择和渲染，甚至还可对建筑周边环境景观进行模拟（如图 3.2-3 所示），从而能够帮助建筑师能够高度仿真的置身整体模型中对饰面装修设计方案进行体验和修改。

3. 室内装饰初步设计

色彩的选择往往决定了整个室内气氛，同时也是表达设计概念的重要组成部分。在室内设计中设计概念即是设计思维的演变过程也是设计得出所能表达概念的结果。基于 BIM 技术，可对建筑模型进行高度仿真性内部渲染，包括室内材质、颜色、质感甚至家具、设备的选择和布置（如图 3.2-4 所示）。从而有利于建筑设计师更好的选择和优化室内装饰初步方案。

4. BIM 技术与项目管理

在概念设计阶段，主要设计和 BIM 技术应用的成果主要为生成三维 BIM 技术模型，同时基于三维 BIM 技术模型进行概念设计的推敲和完善。

此阶段 BIM 技术应用模型成果将作为后续设计深化应用的基础。该阶段 BIM 技术应用以三维空间形体为主，软件的选择建议兼顾后续设计应用的需要，同时要考虑 3D 打印

图 3.2-3　饰面及环境模型仿真图

图 3.2-4　室内渲染图

等结合应用，用虚拟的BIM模型和实际的3D模型相结合，共同展示和分析设计成果。

此阶段基于BIM技术应用的设计项目管理，既可以从空间形体的层面控制和管理，也可以要求基于BIM技术提供指标参数，如建筑面积、外表面尺寸、功能分区和面积等，通过指标参数的快速统计为项目投资匡算提供更为接近的基础数据，同时，也建议和鼓励从概念设计阶段积极采用参数化设计技术，便于后续设计方案的快速调整。

3.2.2　场地规划

场地规划是指为了达到某种需求，人们对土地进行长时间的刻意的人工改造与利用。这其实是对所有和谐的适应关系的一种图示即分区与建筑，分区与分区。所有这些土地利用都与场地地形适应。

基于BIM技术的场地规划实施管理流程和内容见表3.2。

场地规划实施管理流程表　　表3.2

步骤	流程	实施管理内容
1	数据准备	1. 地勘报告、工程水文资料、现有规划文件、建设地块信息。 2. 电子地图（周边地形、建筑属性、道路用地性质等信息）、GIS数据。
2	操作实施	1. 建立相应的场地模型，借助软件模拟分析场地数据，如坡度、方向、高程、纵横断面、填挖方、等高线等。 2. 根据场地分析结果，评估场地设计方案或工程设计方案的可行性，判断是否需要调整设计方案；模拟分析、设计方案调整是一个需多次推敲的过程，直到最终确定最佳场地设计方案或工程设计方案。
3	成果	1. 场地模型。模型应体现场地边界（如用地红线、高程、正北向）、地形表面、建筑地坪、场地道路等。 2. 场地分析报告。报告应体现三维场地模型图像、场地分析结果，以及对场地设计方案或工程设计方案的场地分析数据对比。

BIM技术在场地规划中的应用主要包括场地分析和整体规划。

1. 场地分析

场地分析是对建筑物的定位、建筑物的空间方位及外观、建筑物和周边环境的关系、建筑物将来的车流、物流、人流等各方面的因素进行集成数据分析的综合。场地设计需要解决的问题主要有：建筑及周边的竖向设计确定、主出入口和次出入口的位置选择、考虑景观和市政需要配合的各种条件。在方案策划阶段，景观规划、环境现状、施工配套及建成后交通流量等方面，与场地的地貌、植被、气候条件等因素关系较大。传统的场地分析存在诸如定量分析不足、主观因素过重、无法处理大量数据信息等弊端。通过BIM结合GIS进行场地分析模拟，得出较好的分析数据，能够为设计单位后期设计提供最理想的场地规划、交通流线组织关系、建筑布局等关键决策。如图3.2-5所示，利用相关软件对场地地形条件和日照阴影情况进行模拟分析，帮助管理者更好把握项目的决策。

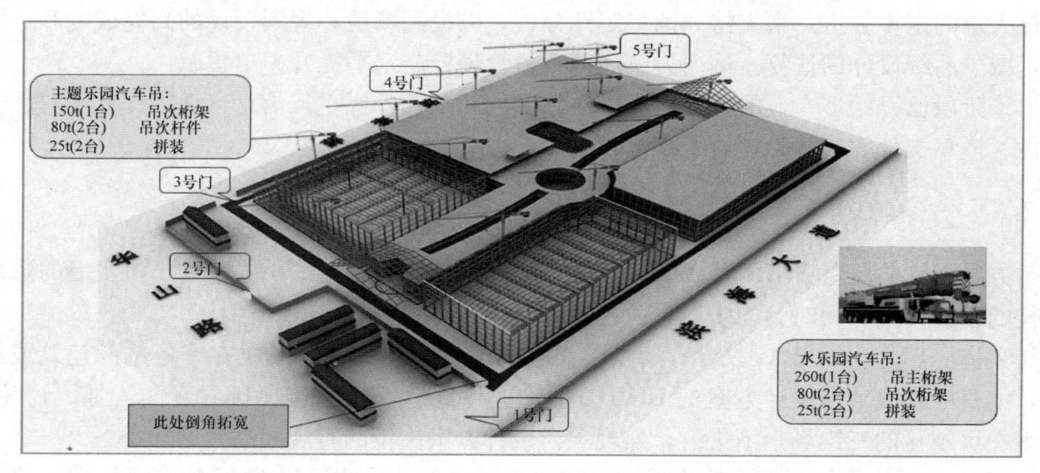

图3.2-5　场地分析图

2. 总体规划

通过BIM建立模型能够更好对项目做出总体规划，并得出大量的直观数据作为方案决策的支撑。例如在可行性研究阶段，管理者需要确定出建设项目方案在满足类型、质量、功能等要求下是否具有技术与经济可行性，而 BIM 能够帮助提高技术经济可行性论证结果的准确性和可靠性。通过对项目与周边环境的关系、朝向可视度、形体、色彩、经济指标等进行分析对比，化解功能与投资之间的矛盾，使策划方案更加合理，为下一步的方案与设计提供直观、带有数据支撑的依据，如图 3.2-6 所示。

图 3.2-6 场地规划图

3. BIM 技术与项目管理

在场地规划设计阶段，相较概念设计阶段，设计更加深入，与实际地形地貌的契合度更高，建议通过补充搭建场地 BIM 模型，与概念设计 BIM 技术成果进行整合分析，在此基础上进行场地规划设计。

此阶段，建议基于 BIM 技术引入一些定量的分析指标，比如分析土方平衡工程量等，通过大量的定量分析，来支持和铺垫定性分析，以提高场地和规划设计的高完成度和经济性，减少后续设计的往复，进而为整体的项目管理控制水平提升做出贡献。

该阶段已开始多专业的协同，要关注软件的匹配性，要重视信息管理工作，要对图形文件、模型文件的版本管理给予高度重视。

3.2.3 方案比选

方案设计阶段基于 BIM 技术进行设计多方案的比选应用，可以更充分和便捷的选出最佳的设计方案，同时为初步设计阶段提供对应的方案设计 BIM 模型。

具体应用是利用 BIM 软件，通过制作或局部的调整方式，形成多个备选的建筑或结构，或机电，或节点设计方案的 BIM 模型，进行比选，使建筑项目方案的沟通、讨论、决策在可视化的三维场景下进行，实现项目设计方案决策的直观和高效。

BIM 系列软件具有强大的建模、渲染和动画技术，持续运用 BIM 技术可以快速将专业、抽象的二维建筑描述的更加通俗化、三维直观化，使得其他参建单位技术和管理人员对项目功能性的判断更为明确、高效，决策更为准确。同时可以基于 BIM 技术和虚拟现实技术对真实建筑及环境进行模拟，出具高度仿真的效果图和 vr 虚拟现实体验文件，设计者可以完全按照自己的构思去构建装饰“虚拟”的房间，并可以任意变换自己在房间中的位置，去观察设计的效果，直到满意为止。这样就使设计者各设计意图能够更加直观、真实、详尽地展现出来，既能为项目的决策单位提供直观的感受也能为后面的施工交付提供很好的依据。

下面以某高铁站基于BIM技术的设计方案比选为例对中各主题方案对比情况做具体介绍。

在该项目设计方案比选过程中主要基于BIM技术对建筑整体造型进行仿真模拟和渲染，主要以效果图和三维动画的形式对方案进行展示。下面是该项目的三个不同主题方案。

1. 方案一：金顶神韵

造型结构以武当山传统建筑为基础，通过现代建筑对古典建筑的进行新的演绎，建筑整体由若干体量集聚而成。设计力图展现武当山古典建筑群规划严密、主次有序、建筑单体精巧玲珑的神韵，如图3.2-7所示。

图3.2-7 方案一效果图

2. 方案二：秀水

以山水为原型，建筑立面形成以候车大厅，售票厅、出站厅为辅佐的“三座山峰”。候车雨棚和玻璃连廊犹如灵动的江水围绕在山峦之间。整体建筑与周边山体环境交相呼应，如图3.2-8所示。

图3.2-8 方案二效果图

3. 方案三：汽车之魂

以该市著名工业产品——汽车为原型，以简洁抽象的手法再现工业汽车的流畅感和速度感。曲面屋顶酷似曲率自然流畅的车前盖。整体造型简洁、大气、现代、快速。彰显着“国际商用车之都”的恢宏大气，如图 3.2-9 所示。

图 3.2-9　方案三效果图

4. BIM 技术与项目管理

此处举例了同一个项目不同三个方案的例子，在实际操作中，除了完全不同的多个方案建筑，也存在着一个中心方案，几个补充方案或者微调方案的可能性。

与前几个阶段相比，方案设计阶段更加完善，建筑专业达到了一定的深度，其他各专业也具备了总体的框架和方案思路，此时的 BIM 技术应用成果对于后续初步与扩初设计、施工图与深化设计均有十分重要的指导意义。

此阶段作为项目的重要里程碑，基于 BIM 技术的检查、检验和定量分析就显得尤为重要。此阶段性成果一旦确定，就必须完善该项目 BIM 技术总体规划和相关技术要求，如 BIM 模型文件分解规则、协同制度和流程等，以指导后续 BIM 技术在一个系统和合理的框架范围内进行开展。

此阶段既包含设计自身的 BIM 技术应用和项目管理，同时要高度重视启动 BIM 技术应用的总体项目管理工作，以对后续 BIM 技术应用进行总体管控。

3.3　BIM 技术在初步设计阶段的应用

初步设计阶段是介于方案设计阶段和施工图设计阶段之间的过程，是对方案设计进行细化的阶段，根据项目的复杂程度，有时也增加扩大初步设计阶段，本文中，都归纳到初步设计阶段进行统一描述。

初步设计阶段 BIM 应用主要包括结构分析、性能分析和工程算量。

3.3.1　结构分析

最早使用计算机进行的结构分析包括三个步骤，分别是前处理、内力分析、后处理，其中，前处理是通过人机交互式输入结构简图、荷载、材料参数以及其他结构分析参数的过程，也是整个结构分析中的关键步骤，所以该过程也是比较耗费设计时间的过程；内力分析过程是结构分析软件的自动执行过程，其性能取决于软件和硬件，内力分析过程的结果是结构构件在不同工况下的位移和内力值；后处理过程是将内力值与材料的抗力值进行对比产生安全提示，或者按照相应的设计规范计算出满足内力承载能力要求的钢筋配置数据，这个过程人工干预程度也较低，主要由软件自动执行。在BIM模型支持下，结构分析的前处理过程也实现了自动化：BIM软件可以自动将真实的构件关联关系简化成结构分析所需的简化关联关系，能依据构件的属性自动区分结构构件和非结构构件，并将非结构构件转化成加载于结构构件上的荷载，从而实现了结构分析前处理的自动化。

基于BIM技术的结构分析主要体现在：

（1）通过IFC或StructureModelCenter数据计算模型；

（2）开展抗震、抗风、抗火等结构性能设计（如图3.3-1所示）；

（3）结构计算结果存储在BIM模型或信息管理平台中，便于后续应用。

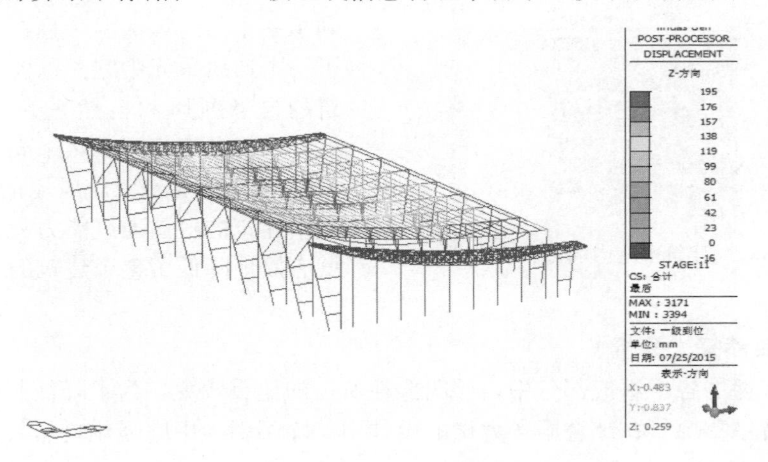

图3.3-1　结构分析图

3.3.2　性能分析

利用BIM技术，建筑师在设计过程中赋予所创建的虚拟建筑模型大量建筑信息（几何信息、材料性能、构件属性等）。只要将BIM模型导入相关性能分析软件，就可得到相应分析结果，使得原本CAD时代需要专业人士花费大量时间输入大量专业数据的过程，如今可自动轻松完成，从而大大降低了工作周期，提高了设计质量，优化了为业主的服务。

性能分析主要包括以下几个方面：

（1）能耗分析：对建筑能耗进行计算、评估，进而开展能耗性能优化；

（2）光照分析：建筑、小区日照性能分析，室内光源、采光、景观可视度分析；

（3）设备分析：管道、通风、负荷等机电设计中的计算分析模型输出，冷、热负荷计算分析，舒适度模拟，气流组织模拟；

（4）绿色评估：规划设计方案分析与优化，节能设计与数据分析，建筑遮阳与太阳能利用，建筑采光与照明分析，建筑室内自然通风分析，建筑室外绿化环境分析，建筑声环境分析，建筑小区雨水采集和利用。

下面以某工程为例对基于BIM技术的性能分析做具体介绍。

在该楼的设计中，引入BIM技术，建立三维信息化模型。其中模型中包含的大量建筑信息为建筑性能分析提供了便利的条件。比如BIM模型中所包含的围护结构传热信息可以直接用来模拟分析建筑的能耗，玻璃透过率等信息可以用来分析室内的自然采光，这样就大大提高了绿色分析的效率。同时，建筑性能分析的结果可以快速地反馈到模型的改进中，保证了性能分析结果在项目设计过程中的落实。

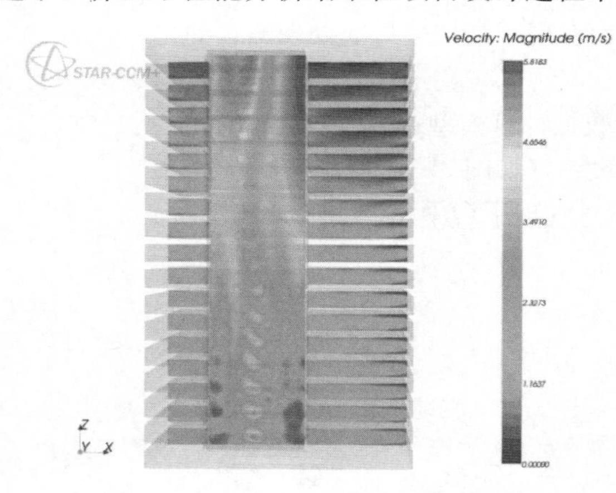

图 3.3-2　建筑中庭内的自然通风图

1. 建筑风环境分析

在综合服务大楼的规划设计上，首先根据室外风环境的模拟结果（如图3.3-2所示）来合理选择建筑的朝向，避免建筑的主立面朝向冬季的主导风向，这样就有利于冬季的防风保温。且在大楼中央设置了一个通风采光中庭，以此来强化整个建筑的自然通风和自然采光。通过这个中庭，不仅各个房间自然采光大大改善，而且在室内热压和室外风压的共同作用下，整个建筑的自然通风能力大大提高，这样就有效地降低了整个建筑的采光能耗和空调能耗。

2. 建筑自然采光分析

在建筑能耗的各个组成部分中，照明能耗所占的比重较大，为了降低照明能耗，自然采光的设计特别重要。在综合服务大楼的设计中，除了引入中庭强化自然采光外，还采用了多项其他技术。

为了验证设计效果，利用BIM模型分析大楼建成后室内的自然采光状况（如图3-12所示）。BIM模型包含了建筑围护结构的种种信息，特别是玻璃透过率和内表面反射率等参数，对采光分析尤为重要。图3.3-3表示了首层室内自然采光的模拟结果，从图上看，约有90%左右的面积其采光系数超过2%，远远超过绿色建筑三星标准中75%的要求。首层以上各层由于建筑自遮挡减少，自然采光效果更优。

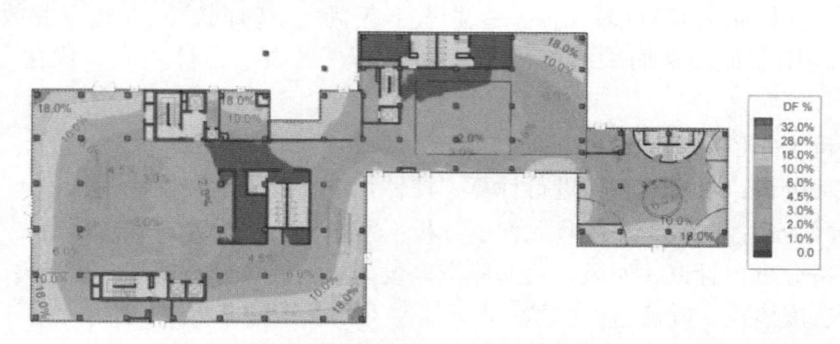

图 3.3-3　大楼首层室内自然采光模拟分析结果

3. 建筑综合节能分析

由于节能设计涉及多个专业，各个节能措施之间相互影响，仅靠定性化分析很难综合优化节能方案，因此引入定量化分析工具，根据模拟结果来改进建筑及设备系统设计，达到方案的综合最优。将BIM模型直接输入到节能分析软件中，根据BIM模型中的信息来预测建筑全年的能耗，再根据能耗的大小调整建筑的各个参数，以实现最终的节能目标。建筑能耗分析用建筑模型如图3.3-4所示。

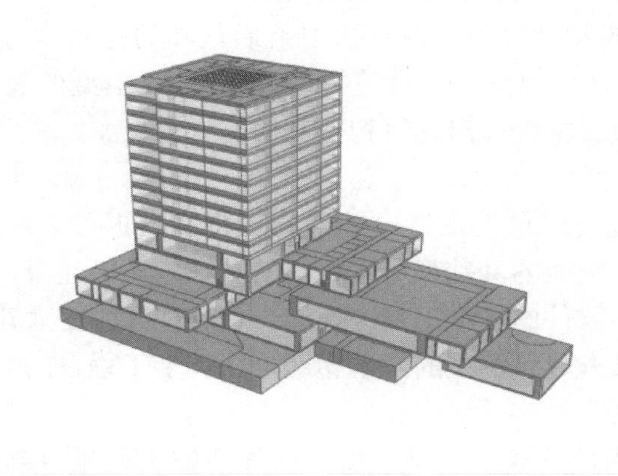

图3.3-4 建筑能耗分析用建筑模型

4. BIM技术与项目管理

本阶段的设计工作需要多个专业技术人员、多款软件来共同完成，所以本阶段的设计项目管理既要结合各专业特点进行，又要进行多专业的协同工作和协同分析。

本阶段，可以应用BIM软件构建建筑模型，对平面、立面、剖面进行一致性检查，将修正后的模型进行剖切，生成平面、立面、剖面及节点大样图，形成初步设计阶段的建筑、结构模型和初步设计二维图。

需要注意的是，本阶段在传统模式下已形成了多款三维设计软件，比如结构设计软件PKPM和盈建科，又比如CFD等性能化分析软件等等。这些软件都属于广义的BIM技术软件，各软件公司也在积极的建立数据互通共享渠道，此阶段的BIM技术项目管理工作要做好多专业、多款软件的协同和工作组织工作，要高度重视信息管理工作。

3.3.3 工程算量与造价控制

工程量的计算是工程造价中最繁琐、最复杂的部分，传统的造价模式占用了大量的人力资源去理解设计、读图识图和算量建模。

利用BIM技术辅助工程计算与造价控制，能大大加快工程量计算的速度。利用BIM技术建立起的三维模型可以极尽全面的加入工程建设的所有信息。目前，部分国产软件已经能够根据模型能够自动生成符合国家工程量清单计价规范标准的工程量清单及报表等功能，未来，这样的功能将是行业主流。通过BIM技术应用，实现快速统计和查询各专业工程量，对材料计划、使用做精细化控制，避免材料浪费，如利用BIM信息化特征可以准确提取整个项目中防火门数量的准确数字、防火门的不同样式、材料的安装日期、出厂型号、尺寸大小等，甚至可以统计防火门的把手等细节。

下面以土石方工程、基础、混凝土构件、钢筋、墙体、门窗工程、装饰工程为例，分别介绍 BIM 技术工程算量工作。

1. 土石方工程算量

利用 BIM 模型可以直接进行土石方工程算量。对于平整场地的工程量，可以根据模型中建筑物首层面积计算。挖土方量和回填土量按结构基础的体积、所占面积以及所处的层高进行工程算量。造价人员在表单属性中设定计算公式可提取所需工程量信息。

例如，利用 BIM 模型计算某一建筑物中条形基础的挖基槽土方量，已知挖土深度为 1.15m。按照国内工程计量规范中的计算方法，在 BIM 模型的表单属性中设置项目参数和计算公式，使用表单直接统计出建筑物挖基槽土方总量。

2. 基础算量

BIM 自带表单功能可以自动统计出基础的工程量，也可以通过属性窗口获取任意位置的基础工程量。大多类型的基础都可按特定的基础族模板建模，若某些特殊基础没有特定的建模方式，可利用软件的基本工具（如梁、板、柱等）变通建模，但需改变这些构件的类别属性，以便与其源建筑类型的元素相区分，利于工程量的数据统计。

3. 混凝土构件算量

BIM 软件能够精确计算混凝土梁、板、柱和墙的工程量且与国内工程计量规范基本一致。对单个混凝土构件，BIM 能直接根据表单得出相应工程量。但对混凝土板和墙进行算量时，其预留孔洞所占体积均被扣除。使用 BIM 软件内修改工具中的连接（Join）命令，根据构件类型修正构件位置并通过连接优先序扣减实体交接处重复工程量，优先保留主构件的工程量，将次构件的统计参数修正为扣减后的精确数据，避免了构件工程量统计的虚增或减少。图 3.3-5 为一梁、板、柱交接处的节点图。

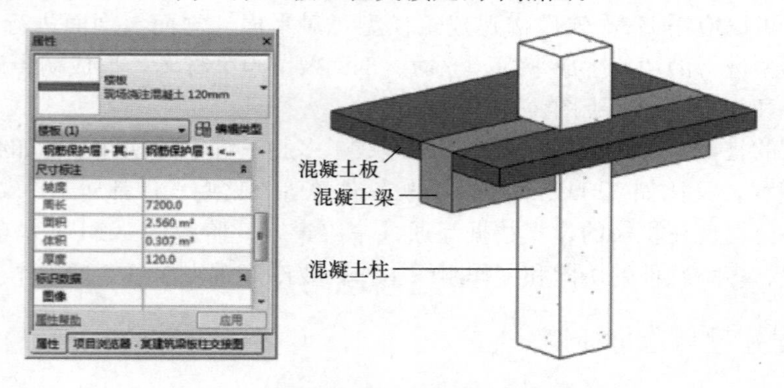

图 3.3-5　某梁板柱交接处节点图及楼板工程量

4. 钢筋算量

BI M 结构设计软件提供了用于为混凝土柱、梁、墙、基础和结构楼板中的钢筋建模的工具，可以调入钢筋系统族或创建新的族来选择钢筋类型。计算钢筋质量所需要的长度都是按照考虑钢筋量度差值的精确长度。图 3.3-6 为部分构件内部钢筋布置图，这一部分的钢筋算量，不仅能计算出不同类型的钢筋总长度，还能通过设置分区（Partition）得出不同区域的钢筋工程量。

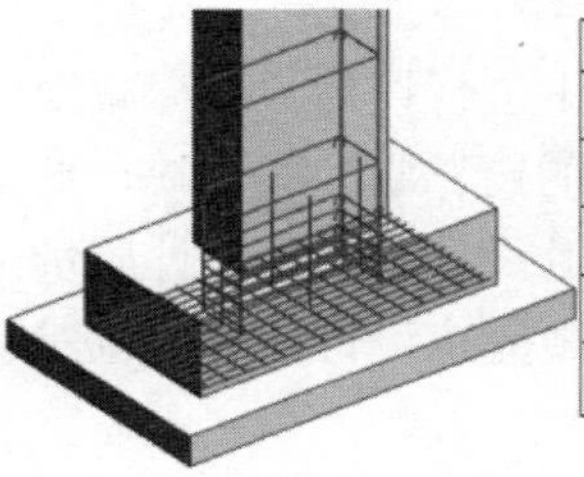

钢筋统计							
主体类别	分区	族与类别	样式	弯曲直径	钢筋直径	根数	钢筋总长度
结构基础	A区	钢筋:HRB335	标准	56mm	14mm	38	52.21m
结构基础	A区	钢筋:HRB335	箍筋	56mm	14mm	5	13.87m
结构柱	A区	钢筋:HRB400	标准	100mm	25mm	4	58.16m
结构柱	A区	钢筋:HRB335	箍筋	100mm	25mm	20	50.53m
总计						67	174.78m

图3.3-6　部分结构基础内部钢筋布置图及钢筋工程量统计表单

5. 墙体算量

通过设置，BIM可以精确计算墙体面积和体积。墙体有多种建模方式。一种是在已知结构构件位置和尺寸的情况下，以墙体实际设计尺寸进行建模，将墙体与结构构件边界线对齐，但这种方式有悖常规建筑设计顺序，并且建模效率很低，出现误差的概率较大。另一种方式是直接将墙体设置到楼层建筑或结构标高处，如同结构构件“嵌入”到墙体内，这样可大幅度提升建模速度。

6. 门窗工程

从BIM模型中可以提取门窗工程量和其他门窗构件的附带信息，包括各种型号的门窗数量、尺寸规格、板框材面积、门窗所在墙体的厚度、楼层位置以及其他造价管理和估价所需信息（如供应商等）。此外还可以自动统计出门窗五金配件的数量等详细信息。

7. 装饰工程

BIM模型也能自动计算出装饰部分的工程量。BIM有多种饰面构造和材料设置方法，可通过涂刷方式（Paint），或在楼板和墙体等系统族的核心层（Core boundary）上直接添加饰面构造层，还可以单独建立饰面构造层。

建设方应鼓励和要求设计单位采用BIM技术进行设计，并交付BIM设计成果模型和基于BIM技术的工程量单，实现项目成本控制的快速、高效，同时也可以培养设计师成本意识，更好地在设计阶段为项目总体成本控制贡献力量。

3.3.4　协同设计与碰撞检查

在传统的设计项目中，各专业设计人员分别负责其专业内的设计工作，设计项目一般通过专业协调会议以及相互提交设计资料实现专业设计之间的协调。在许多工程项目中，专业之间因协调不足出现冲突是非常突出的问题。这种协调不足造成了在施工过程中冲突不断、变更不断的常见现象。

BIM为工程设计的专业协调提供了两种途径，一种是在设计过程中通过有效的、适时的专业间协同工作避免产生大量的专业冲突问题，即协同设计；另一种是通过对3D模型的冲突进行检查，查找并修改，即碰撞检查。至今，碰撞检查已成为人们认识BIM价值的代名词，实践证明，BIM的碰撞检查已取得良好的效果。

1. 协同设计

传统意义上的协同设计很大程度上是指基于网络的一种设计沟通交流手段，以及设计流程的组织管理形式。包括：通过CAD文件、视频会议、通过建立网络资源库、借助网络管理软件等等。

基于 BIM 技术的协同设计是指建立统一的设计标准，包括图层、颜色、线型、打印样式等，在此基础上，所有设计专业及人员在一个统一的平台上进行设计，从而减少现行各专业之间（以及专业内部）由于沟通不畅或沟通不及时导致的错、漏、碰、缺，真正实现所有图纸信息元的单一性，实现一处修改其他自动修改，提升设计效率和设计质量。协同设计工作是以一种协作的方式，使成本可以降低，可以更快地完成设计同时，也对设计项目的规范化管理起到重要作用。

协同设计由流程、协作和管理三类模块构成。设计、校审和管理等不同角色人员利用该平台中的相关功能实现各自工作。

2. 碰撞检测

二维图纸不能用于空间表达，使得图纸中存在许多意想不到的碰撞盲区。并且，目前的设计方式多为“隔断式”设计，各专业分工作业，依赖人工协调项目内容和分段，这也导致设计往往存在专业间碰撞。同时，在机电设备和管道线路的安装方面还存在软碰撞的问题（即实际设备、管线间不存在实际的碰撞，但在安装方面会造成安装人员、机具不能到达安装位置的问题）。

基于 BIM 技术可将两个不同专业的模型集成为二个模型，通过软件提供的空间冲突检查功能查找两个专业构件之间的空间冲突可疑点，软件可以在发现可疑点时向操作者报警，经人工确认该冲突。冲突检查一般从初步设计后期开始进行，随着设计的进展，反复进行“冲突检查—确认修改—更新模型”的 BIM 设计过程，直到所有冲突都被检查出来并修正，最后一次检查所发现的冲突数为零，则标志着设计已达到 100%的协调。一般情况下，由于不同专业是分别设计、分别建模的，所以，任何两个专业之间都可能产生冲突，因此，冲突检查的工作将覆盖任何两个专业之间的冲突关系，如：①建筑与结构专业，标高、剪力墙、柱等位置不一致，或梁与门冲突；②结构与设备专业，设备管道与梁柱冲突；③设备内部各专业，各专业与管线冲突；④设备与室内装修，管线末端与室内吊顶冲突。冲突检查过程是需要计划与组织管理的过程，冲突检查人员也被称作“BIM 协调工程师”，他们将负责对检查结果进行记录、提交、跟踪提醒与覆盖确认。某工程碰撞检查如图 3.3-7 所示。

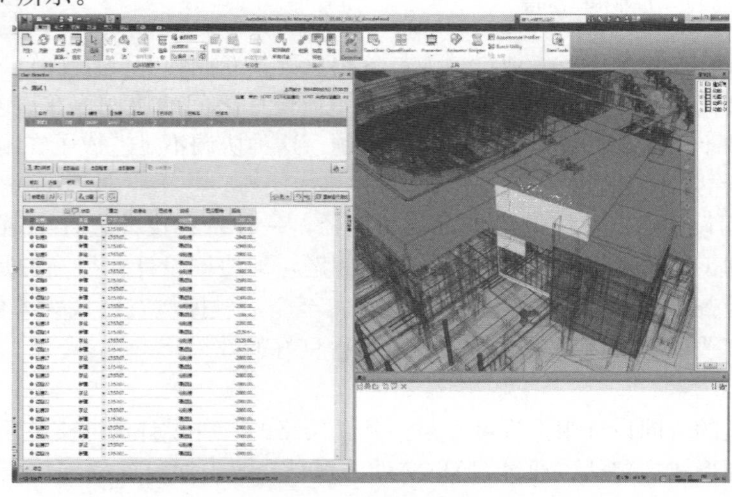

图 3.3-7　碰撞检查图

协同设计和碰撞检测是BIM技术在设计阶段信息化特性的直观体现。在此阶段，要把BIM技术从信息化工作的角度进行项目管理，同时要求各BIM设计成果提供单位，必须随着BIM设计成果提交时，同步提交碰撞检测报告，并对非零碰撞进行梳理归类和书面说明。

3.4 BIM技术在施工图设计阶段的应用

施工图设计是建筑项目设计的重要阶段，是项目设计和施工的桥梁。本阶段主要通过施工图图纸，表达建筑项目的设计意图和设计结果，并作为项目现场施工制作的依据。

施工图设计阶段的BIM应用是各专业模型构建并进行优化设计的复杂过程。各专业信息模型包括建筑、结构、给排水、暖通、电气等专业。在此基础上，根据专业设计、施工等知识框架体系，进行冲突检测、三维管线综合等基本应用，完成对施工图设计的多次优化。针对某些会影响净高要求的重点部位，进行具体分析，优化机电系统空间走向排布和净空高度。

施工图设计阶段BIM应用主要包括各协同设计与碰撞检查、结构分析、工程量计算、施工图出具、三维渲染图出具。其中结构分析和工程量计算是在初步设计的基础上进行进一步的深化，故在此节不再重复。

3.4.1 施工图纸生成

设计成果中最重要的表现形式就是施工图，施工图是含有大量技术标注的图纸，在建筑工程的施工方法仍然以人工操作为主的技术条件下，施工图有其不可替代的作用。CAD的应用大幅度提升了设计人员绘制施工图的效率，但是，传统的方式存在的不足也是非常明显的：当产生了施工图之后，如果工程的某个局部发生设计更新，则会同时影响与该局部相关的多张图纸，如一个柱子的断面尺寸发生变化，则含有该柱的结构平面布置图、柱配筋图、建筑平面图、建筑详图等都需要再次修改，这种问题在一定程度上影响了设计质量的提高。模型是完整描述建筑空间与构件的模型，图纸可以看作模型在某一视角上的平行投影视图。基于模型自动生成图纸是一种理想的图纸产出方法，理论上，基于唯一的模型数据源，任何对工程设计的实质性修改都将反映在模型中，软件可以依据模型的修改信息自动更新所有与该修改相关的图纸，由模型到图纸的自动更新将为设计人员节省大量的图纸修改时间。施工图生成也是优秀建模软件多年来努力发展的主要功能之一，目前，软件的自动出图功能还在发展中，实际应用时还需人工干预，包括修正标注信息、整理图面等工作，其效率还不十分令人满意，相信随软件的发展，该功能会逐步增强，工作效率会逐步提高。

3.4.2 三维渲染图出具

三维渲染图同施工图纸一样，都是建筑方案设计阶段重要的展示成果，既可以向业主展示建筑设计的仿真效果，也可以供团队交流、讨论使用，同时三维渲染图也是现阶段建筑方案设计阶段需要交付的重要成果之一。Revit Architecture软件自带的渲染引擎，可以生成建筑模型各角度的渲染图，同时Revit Architecture软件具有3ds max软件的软件接口，支持三维模型导出。Revit Architecture 软件的渲染步骤与目前建筑师常用的渲染软件大致相同，分别为：创建三维视图、配景设置、设置材质的渲染外观、设置照明条件、渲染参数设置、渲染并保存图像。

某复杂节点的三维可视化图片如图 3.4 所示。

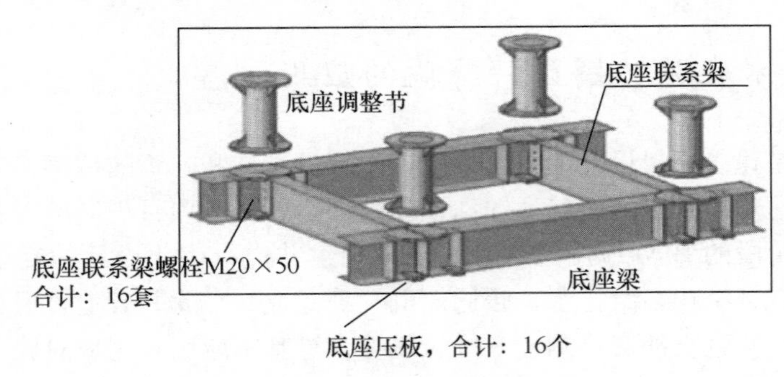

图 3.4　复杂节点三维图

3.5　绿色建筑设计 BIM 应用

绿色建筑是指在建筑的全寿命周期内，最大限度节约资源，节能、节地、节水、节材、保护环境和减少污染，提供健康适用、高效使用，与自然和谐共生的建筑。

在绿色建筑不断发展的过程中，我们越来越多的要运用到三维分析与信息技术。绿色建筑需要借助 BIM 技术来有效实现，采用 BIM 技术可以更好地实现绿色设计，BIM 技术为绿色建筑快速发展提供有效保障。

在设计阶段，进行土地规划设计时应用 BIM 技术，可以从设计源头就开始有效地进行“节地”，应用 BIM 协同管理、BIM 云技术等可以实现办公场所的“节地”；进行给排水设计时，应用 BIM 技术合理排布给排水管道、采用节水设备等，可以从设计源头就开始有效地进行“节水”；进行暖通空调和电气设计时，应用 BIM 技术合理排布暖通空调、电器管道、采用节能设备等，可以从设计源头就开始有效地进行“节能”，应用 BIM 进行合理的建筑平面布置对比和窗墙比分析有利于“节能”，通过 BIM 技术提高设计效率，减少计算机、电器设备等运行率，一定程度可以为办公环境“节能”；通过应用 BIM 技术，可以有效减少设计中的错、漏、碰缺等，避免施工阶段的发生不必要的变更，从而节省材料，保护环境。

3.5.1　绿色建筑评价与 BIM 应用

BIM 在绿色建筑设计中的应用大致有两种途径：第一种，BIM 核心模型增加相应信息，在 BIM 模型创建完成后，通过统计功能判定是否达到绿色建筑评价相应条文要求；第二种，需要建筑第三方相关模拟分析软件，进行相应计算分析，根据模拟分析的结果判定是否满足绿色建筑相关条文要求。简单来说，第一种途径为绿色建筑对 BIM 核心模型的信息要求，第二种为第三方模拟分析软件共享 BIM 核心模型，通过在核心模型中提取所需信息，进行专项计算分析。

以节地与室外环境为例，BIM 应用要求如表 3.5-1 所示。

节地与室外环境部分达标分析 **表 3.5-1**

名称	类别	编号	标准条文	BIM 应用要求
节地与室外环境	控制项	4.1.4	建筑规划布局应满足日照标准，且不得降低周边建筑的日照标准	BIM 应用
	评分项	4.2.1	节约集约利用土地	BIM 应用
		4.2.3	合理开发利用地下空间	
		4.2.4	建筑及照明设计避免产生光污染	
		4.2.6	场地内风环境有利于室外行走、活动舒适和建筑的自然通风	
		4.2.8	场地与公共交通设施具有便捷的联系	
		4.2.10	合理设置停车场所	
		4.2.11	提供便利的公共服务	
		4.2.12	结合现状地形地貌进行场地设计与建筑布局	
		4.2.13	充分利用场地空间合理设置绿色雨水基础设施	
		4.2.14	合理规划地表与屋面雨水径流，对场地雨水实施外排总量控制	

3.5.2 《绿色建筑评价标准》条文与 BIM 实现途径

本节主要分析哪些内容是可以通过增加 BIM 核心模型中各构件的信息属性值，通过统计功能，分析是否满足《绿色建筑评价标准》相应条文要求。通过增加各构件的相应属性，实时显示调整结果，辅助绿色建筑设计。通过梳理，在绿色建筑评价中，有 22 条可以采用 BIM 方式实现。详见表 3.5-2 所示。

《绿色建筑评价标准》条文与 BIM 实现途径一览表 **表 3.5-2**

序号	条文编号	条文内容	实现途径
1	4.1.4	建筑规划布局应满足日照标准，且不得降低周边建筑的日照标准	基于 BIM 的日照模拟分析
2	4.2.1	节约集约利用土地	基于 BIM 模拟分析土地利用率
3	4.2.3	合理开发利用地下空间	基于 BIM 计算分析地下空间利用率
4	4.2.4	建筑及照明设计避免产生光污染	基于 BIM 的幕墙设计
5	4.2.6	场地内风环境有利于室外行走、活动舒适和建筑的自然通风	基于 BIM 的 CFD 分析
6	4.2.8	场地与公共交通设施具有便捷的联系	基于 BIM 的场地分析
7	4.2.10	合理设置停车场所	基于 BIM 的车位布置分析
8	4.2.11	提供便利的公共服务	基于 BIM 公共空间的分析
9	4.2.12	结合现状地形地貌进行场地设计与建筑布局	基于 BIM 的场地分析
10	4.2.13	充分利用场地空间合理设置绿色雨水基础设施	基于 BIM 的空间分析
11	4.2.14	合理规划地表与屋面雨水径流，对场地雨水实施外排总量控制	基于 BIM 的雨水模拟分析

续表

序号	条文编号	条文内容	实现途径
12	5.2.1	结合场地自然条件，对建筑的体形、朝向、楼距、窗墙比等进行优化设计	基于BIM的模拟分析
13	5.2.2	外窗、玻璃幕墙的可开启部分能使建筑获得良好的通风	基于BIM的通风模拟
14	6.1.2	给排水系统设置应合理、完善、安全	基于BIM的水系统模拟
15	6.2.12	结合雨水利用设施进行景观水体设计	基于BIM的景观模拟
16	7.2.2	对地基基础、结构体系、结构构件进行优化设计	基于BIM的结构分析
17	7.2.3	土建工程与装修工程一体化设计	基于BIM的一体化设计
18	7.2.5	采用工业化生产的预制构件	基于BIM的预制装配式设计
19	8.2.5	建筑主要功能房间具有良好的户外视野	基于BIM的建筑功能视野分析
20	8.2.6	主要功能房间的采光系数满足现行国家标	基于BIM的采光分析
21	8.2.10	优化建筑空间、平面布局和构造设计，改善自然通风效果	基于BIM的CFD分析
22	8.2.5	应用建筑信息模型（BIM）技术	基于BIM的应用

3.5.3 基于BIM的CFD模拟分析

1. CFD软件

（1）绿色建筑设计对CFD软件的要求

节能减排是我国一项基本国策，建筑用能在能耗中占有重要地位，绿色建筑涉及的技术范围更广，要求更高，所以，从中央政府到地方到各级政府都在积极推广绿色建筑。全面推进建筑节能与推广绿色建筑已成为国家发展战略，一系列国家层面的重大决策和行动正在快速展开。建设部为贯彻执行节约资源和保护环境的国家技术经济政策，推进可持续发展，规范绿色建筑的评价，制定了《绿色建筑评价标准》。绿色建筑色合计对CFD软件计算分析提出了一定要求，如图3.5-1所示。

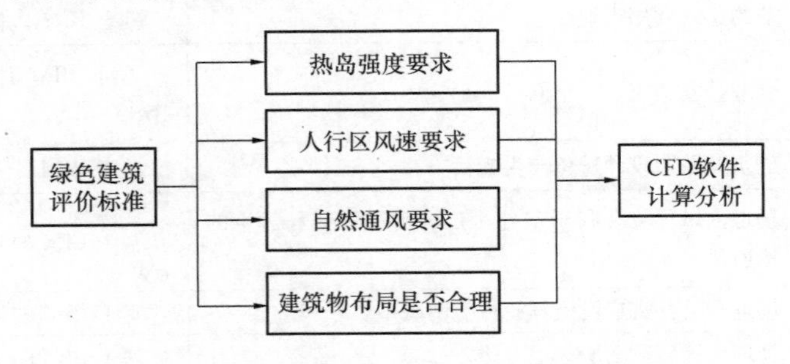

图3.5-1 绿色建筑设计对CFD软件计算分析的要求

CFD软件应用与BIM前期，可以有效地优化建筑布局，对建筑运行能耗的降低，室内通风状况的改善均有较大帮助。

（2）常用CFD软件的评估

Fluent 软件是目前市场上最流行的 CFD 软件，它在美国的市场占有率达到 60%。在进行网上调查中发现，Fluent 在中国也是得到最广泛使用的 CFD 软件。其前处理软件主要有 Gambit 与 ICEM，ICEM 直接几何接口包括 Catia、CADDS5、ICEM Surf/DDN、I－DEAS、Solid Works、Solid Edge、Pro/ENGINEER and Unigraphics。较为简单的建筑模型可以直接导入，当建筑模型较为复杂时，则需遵循从点－线－面的顺序建立建筑模型。

使用商用 CFD 软件的工作中，大约有 80%的时间是花费在网格划分上的，可以说网格划分能力的高低是决定工作效率的主要因素之一。Fluent 软件采用非结构网格与适应性网格相结合的方式进行网格划分。与结构化网格和分块结构网格相比，非结构网格划分便于处理复杂外形的网格划分，而适应性网格则便于计算流场参数变化剧烈、梯度很大的流动，同时这种划分方式也便于网格的细化或粗划，使得网格划分更加灵活、简便。Fluent 划分网格的途径有两种：一种是用 Fluent 提供的专用网格软件 Gambit 进行网格划分，另一种则是由其他的 CAD 软件完成造型工作，在导入 Gambit 中生成网格。还可以用其他网格生成软件生成与 Fluent 兼容的网格用于 Fluent 计算。可以用于造型工作的 CAD 软件包括 I－DEAS、Solid Works、Solid Edge、Pro/E 等。除了 Gambit 外，可以生成 Fluent 网格的网格软件还有 ICEMCFD、GridGen 等。Fluent 可以划分二维的三角形和四边形网格，三维的四面体网格，六面体网格、金字塔型网格、楔形网格，一级由上述网格类型构成的混合型网格。

（3）BIM 模型与 CFD 软件的对接

从绿色建筑设计要求来看，热岛计算要求建立出整个建筑小区的道路、建筑外轮廓、水体、绿地等模型；室内自然通风计算及室外风场计算需建立出建筑的外轮廓及室内布局，从 BIM 应用系统中直接导出软件可接受格式的模型文件比较好的选择。

综合各类软件，选用 Phoenics 作为与 BIM 应用配合完成绿色建筑设计的 CFD 软件，可以直接导入建筑模型，大大减少建筑模型建立的工作量，故本书建议选用 Phoenics 与 BIM 进行配合设计。

BIM 设计与 Phoenics 的配合流程如图 3.5-2 所示。

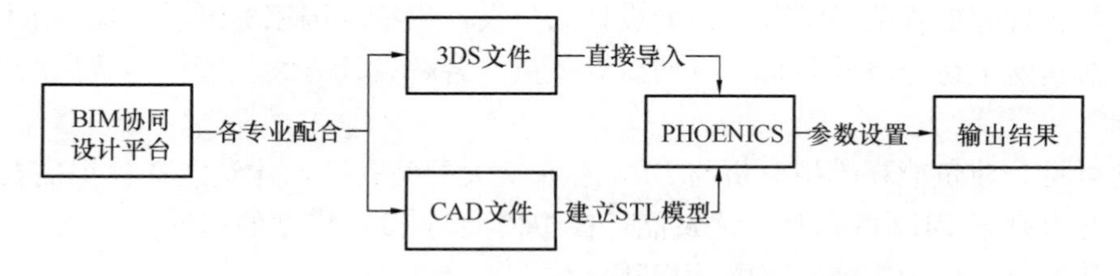

图 3.5-2 BIM 设计与 Phoenics 的配合流程

2. BIM 模型与 CFD 计算分析的配合

（1）BIM 模型配合 CFD 计算热岛强度

由协同设计平台到处建筑、河流、道理、绿地的模型文件，模型文件的导出可采取两种路径：直接导出 3DS 格式的模型文件；导出 CAD 格式的文件，再在 CAD 文件中建立三维模型，导出 STL 格式的模型文件。

（2）BIM 模型配合 CFD 计算室外风速

由协同设计平台导出建筑外表面的模型文件，模型文件的导出可采取两种路径：直接导出 3DS 格式的模型文件；导出 CAD 格式的文件，再在 CAD 文件中建立三维模型，导出 STL 格式的模型文件。

由 BIM 应用系统导出模型时，可只包含建筑外表面及周围地形信息，且导出的建筑模型应封闭好，以免 CFD 软件导入模型时发生错误。

（3）BIM 模型配合 CFD 计算室内通风

可分为两种方法计算：一是导出整栋建筑外墙及内墙信息，整栋建筑同时参与室内及室外的风场计算；而是按照室外风速场计算的例子，计算出建筑物表面风压，单独进行某层楼的室内通风计算。

由协同设计平台导出建筑外表面的模型文件，模型文件的导出可采取两种路径：直接导出 3DS 格式的模型文件；导出 CAD 格式的文件，再在 CAD 文件中建立三维模型，导出 STL 格式的模型文件。

3.5.4　基于 BIM 的建筑热工和能耗模拟分析

1. 建筑热工和能耗模拟分析

建筑节能必须从建筑方案规划、建筑设备系统的设计开始。不同的建筑造型、不同的建筑材料、不同的建筑设备系统可以组合成很多方案，要从众多方案中选出最节能的方案，必须对每个方案的能耗进行估计。大型建筑非常复杂，建筑与环境、系统以及机房存在动态作用，这些都需要建立模型，进行动态模拟和分析。

建筑模拟已经在建筑环境和能源领域取得了越来越广泛的应用，贯穿于建筑的整个寿命期，具体应用有如下方面：

（1）建筑冷/热负荷的计算，用于空调设备的选型；

（2）在设计建筑或者改造既有建筑时，对建筑进行能耗分析，以优化设计或者节能改造方案；

（3）建筑能耗管理和控制模式的设定与制定，保证室内环境的舒适度，并挖掘节能潜力；

（4）与各种标准规范相结合，帮助设计人员设计出符合国家标准或当地标准的建筑；

（5）对建筑进行经济性分析，方便设计人员对各种设计方案从能耗与费用两方面进行比较。

由此可见，建筑能耗模拟分析与 BIM 有非常大的关联性，建筑能耗模拟需要 BIM 的信息，但又有别于 BIM 的信息。建筑能耗模拟模型与 BIM 模型的差异如下：

（1）建筑能耗模拟需要对 BIM 模型简化

在能耗模拟中，按照空气系统进行分区，每个分区的内部温度一致，而所有的墙体和窗口等维护结构的构件都被处理为没有厚度的表面，而在建筑设计当中的墙体是有厚度的，为了解决这个问题，避免重复建模，建筑能耗模拟软件希望从 BIM 信息中获得的构件是没有厚度的一组坐标。

除了对维护结构的简化外，由于实际的建筑和空调系统往往非常复杂，完全真实的表述不仅太过繁杂，而且也没有必要，必须做一些简化处理。比如热区的个数，往往受程序的限制决定，即使在程序的限制以内，也不能过多，以免速度过慢。

（2）补充建筑构件的热工特性参数

BIM 模型中含有建筑构件的很多信息，例如尺寸、材料等，但能耗模拟软件的热工性能参数往往没有，这就需要我们进行补充和完善。

（3）负荷时间表

要想得到建筑的冷/热负荷，必须知道建筑的使用情况，即对负荷的时间表进行设置，这在 BIM 模型中往往是没有的，必须在能和模拟软件中单独进行设置。由于还要其他模拟要基于 BIM 信息进行计算（比如采光和 CFD 模拟），所以可以在 BIM 信息中增加负荷时间表，降低模拟软件的工作量。

2. 常用的建筑能耗模拟分析软件

用于建筑能耗模拟分析的软件有很多，美国能源部统计了全世界范围内用于建筑能效、可再生能源、建筑可持续等方面评价的软件工具，到目前为止共有 393 款。其中比较流行的主要有：Energy-10、HAP、TRACE、DOE-2、BLAST、Energyplus、TRANSYS、ESP-r、Dest 等。

目前国内外有许多软件工具也是以 Energyplus 为计算内核开发了一些商用的计算软件，如 DesignBuilder、OpenStudio、Simergy 等。本书仅以 Simergy 为例，说明基于 BIM 的热工能耗模拟计算。

3. Simergy 基于 BIM 的能耗模拟

Simergy 热工能耗模拟计算应用流程如图 3.5-3 所示。

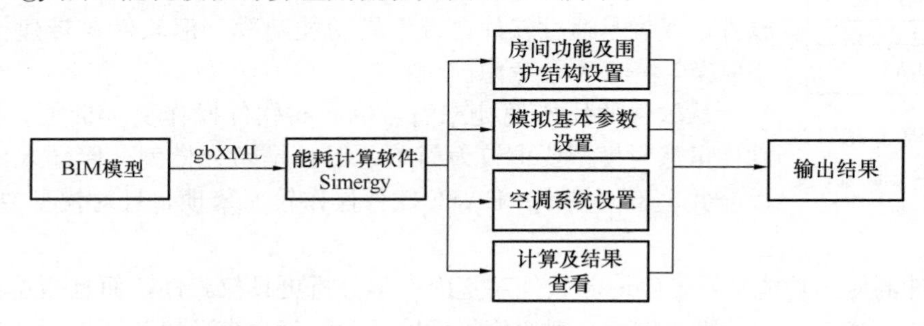

图 3.5-3　Simergy 热工能耗模拟计算应用流程

（1）导入模型

BIM 模型中包含了很多的建筑信息，数据量非常大。对于能耗模拟计算而已，仅仅需要建筑的几何尺寸、窗洞口位置等基本信息，目前的 gbXML 文件格式就是包含这类信息的一种文件，所以直接从 BIM 建模软件中导出 gbXML 文件就可以了。

（2）房间功能及维护结构设置

由于模型传输的过程中有可能会出现数据的丢失，所以需要对模型进行校对以保证信息的完整。

一栋建筑中有很多不同功能要求的房间，必须分别设置采暖空调房间和非采暖空调房间，对于室内温度要求不一样的房间，也应该进行单独设置；同时，对于大型建筑，某些功能空间在使用功能和室内环境要求一样的时间，为了减少计算资源的占用，需要合并房间时也在该操作中进行。

（3）模拟基本参数设置

在设置空调系统之前，必须对模拟类型和模拟周期等进行设置。所有参数设置完成后，需要将以上设置内容保存为模板以供模拟运行时进行调用。

（4）空调系统设置

要保证计算能耗与实际结果的一致性，必须按照实际空调系统的设置情况对空调系统进行配置。具体的容量设置包括：空调类型、客气环路、冷凝水环路、冷却水环路等。

3.5.5 基于BIM的声学模拟分析

1. 基于BIM的室内声学分析

人员密集的空间尤其是声学品质要求较高的厅堂，如音乐厅、剧场、体育馆、教室以及多功能厅等，在进行绿色建筑设计时，需要关注建筑的室内声学状况，因而有必要对这些厅堂进行室内声学模拟分析。基于BIM的室内声学分析流程如图3.5-4所示。

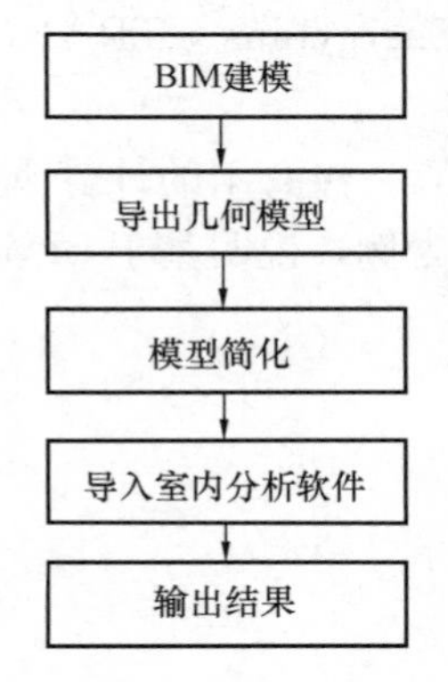

图3.5-4 基于BIM的室内声学分析流程

室内声学设计主要包括建筑声学设计和电声设计两部分。其中建筑声学是室内声学设计的基础，而电声设计只是补充部分。因此，在进行声学设计时，应着重进行建筑声学设计。常用的建筑声学设计软件有：Odeon、Raynoise和EASE。其中，Odeon只用于室内音质分析，而Raynoise兼做室外噪声模拟分析，EASE可做电声设计。

三种室内声学分析软件都是基于CAD输出平台，包括Rhino、SketchUp等建模软件都可以通过CAD输出DXF、DWG文件导入软件，或者是通过软件自带建模功能建模，但软件自带建模功能过于复杂，一般不予考虑。

从软件的操作便捷来看，Odeon软件操作更为简便；Raynoise软件虽然对模型要求较为简单，不必是闭合模型，但导入模型后难以合并，不便操作；EASE软件操作较为繁琐，且对模型要求较高，较为不便。

从软件的使用功能来看，Odeon软件对室内声学分析更具权威性，而且覆盖功能更加全面，包括厅堂音乐声、语音声的客观评价指标以及关于舞台声环境各项指标，含钙室内音质分析，并可作室外噪声模拟；EASE在室内音质模拟方面不具权威性，虽然开发的Aura插件包括一些基础的客观声环境指标，但覆盖范围有限，其优势在于进行电声系统模拟。

在实现BIM应用与室内声学模拟分析软件的对接过程中，应注意以下几点：

（1）在使用Revit软件建立信息化模型时，可忽略对室内表面材料参数的定义，导出模型只存储几何模型；

（2）Revit建立的模型应以DXF形式导出，并在AutoCAD中读取；

（3）Revit导出的三维模型中的门窗等构件都是以组件的形式在CAD中显示的，可先删去，再用3Dface命令重新定义门窗面；

（4）Revit导出的三维模型中的墙体、屋顶以及楼板等都是有一定厚度的，导入Odeon等声学分析软件后进行材料参数设置时，只对表面定义吸声扩散系数。

2. 基于BIM的室外声学分析

在进行绿色建筑设计时，尤其关注室外环境中的环境噪声，一般进行环境噪声的模拟分析是使用 Cadna/A 软件。Cadna/A 软件可以进行以下模拟：工业噪声计算与评估、道路和铁路噪声计算与预测、机场噪声计算与预测、噪声图。基于 BIM 的室外噪声分析流程如图 3.5-5 所示。

在进行道路交通噪声的预测分析时，输入信息包含各等级公路及高速公路等，用户可输入车速、车流量等值获得道路源强，也可直接输入类比的源强。普通铁路、高速铁路等铁路噪声，可输入列车类型、等级、车流量、车速等参数。经过预测计算后可输出结果表、计算的受声点的噪声级、声级的关系曲线图、水平噪声图、建筑物噪声图等。输出文件为噪声等值线图和彩色噪声分布图。

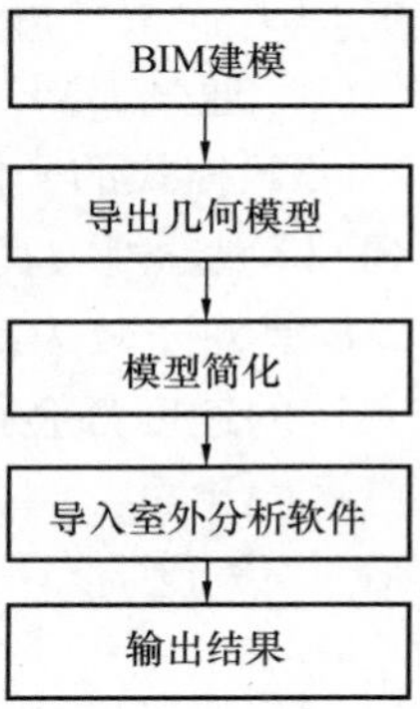

在实现 BIM 应用与室外环境噪声模拟分析软件对接过程中，应注意以下几点：

BIM建模
导出几何模型
模型简化
导入室外分析软件
输出结果

图 3.5-5 基于 BIM 的室外声学分析流程

（1）使用 Revit 软件建模时，需将整个总平面信息以及相邻的建筑信息体现出来；

（2）导出模型时应选择导出 DXF 格式，并在 CAD 中读取；

（3）在 CAD 中简化模型时，应保存用地红线、道路、绿化与景观的位置，同时用 PL 线勾勒三维模型平面（包括相邻建筑），并记录各单栋建筑的高度，最后保存成新的 DXF 文件导入模拟软件中；

（4）模拟时先根据导入的建筑模型的平面线和记录的高度在模拟软件中建模，赋予建筑的定义。

3.5.6 基于 BIM 的光学模拟分析

1. 建筑采光模拟软件选择

按照模拟对象及状态的不同，建筑采光模拟软件大致可分为静态和动态两大类。

静态采光模拟软件可以模拟某一时间点建筑采光的静态图像和光学数据。静态采光分析软件主要有 Radiance、Ecotect 等。

动态采光模拟软件可以依据项目所属区域的全年气象数据逐时计算工作面的天然光照度，以此为基础，可以得出全年人工照明产生的能耗，为照明节能控制策略的制定提供数据支持。动态采光模拟软件主要有 Adeline、Lightswitch Wizard、Sport 和 Daysim，前三款软件存在计算精度不足的缺陷，相比较 Daysim 的计算精度较高。

2. BIM 模型与 Ecotect Analysis 软件的对接

BIM 模型与 Ecotect Analysis 软件之间的信息交换是不完全双向的，即 BIM 模型信息可以进入 Ecotect Analysis 软件中模拟分析，反之则只能誊抄数据或者通过 DXF 格式文件到 BIM 模型文件里作为参考，如图 3.5-6 所示。从 BIM 到 EcotectAnalysis 的数据交换主要通过 gbXML 或 DXF 两种文件格式进行。

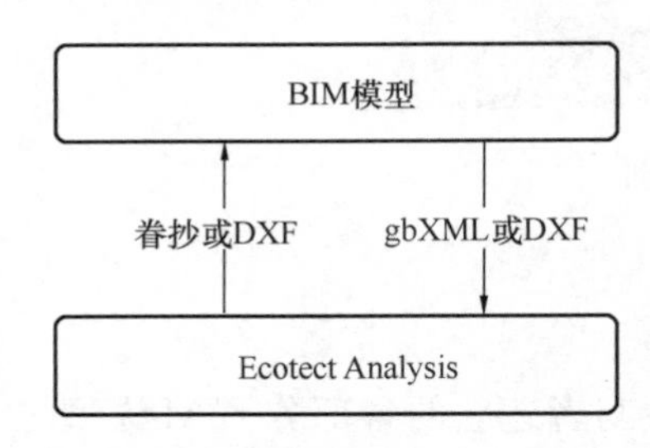

图 3.5-6 BIM 模型与 Ecotect Analysis 之间的信息交换

（1）通过 gbXML 格式的信息交换

gbXML 格式的文件主要可以用来分析建筑的热环境、光环境、声环境、资源消耗量与环境影响、太阳辐射分析，也可以进行阴影遮挡、可视度等方面分析。gbXML 格式的文件是以空间为基础的模型。房间的维护结构，包含“屋顶”、“内墙和外墙”、“楼板和板”、“窗”、“门”以及“窗口”，都是以面的形式简化表达的，并没有厚度。BIM 模型通过 gbXML 格式与 Ecotect Analysis 间的数据交换时，必须对 BIM 模型进行一定的处理，主要是在 BIM 模型中创建“房间”构件。

（2）通过 DXF 格式的信息交换

DXF 格式的文件适用于光环境分析、阴影遮挡分析、可视度分析。DXF 文件是详细的 3D 模型，因为其建筑构件有厚度，同 gbXML 文件相比，分析的结果显示效果更好一些。但是对于较为复杂的模型来说，DXF 文件从 BIM 模型文件导出或者导入 Ecotect Analysis 的速度都会很慢，建议先对 BIM 模型进行简化。

3.6　设计阶段 BIM 实施案例

这里以某文化中心项目设计阶段 BIM 应用为例，结合本文知识点，进行了相关介绍，供参考和借鉴，更多的案例可以在案例教材中去学习和了解。

该项目总建筑面积 31.2 万平方米，全部采用 BIM 技术进行设计。地上建筑面积 19.4 万平方米，由伞状长廊将五个形态各异的文化场馆自然地衔接起来，其内部空间变化丰富，富有韵律单体。地下建筑面积 11.8 万平方米，不仅是地上建筑向下延伸的部分，还是相互结合，相互融合的空间，分布着大量各类设备用房。为了便利周边交通，有市政道路从正中穿过使得地下空间更为复杂。由于项目规模大，合作单位多达 15 家，BIM 模型汇总各参与单位设计信息形成了平台，使项目完整全面的展示出来，见图 3.6-1。

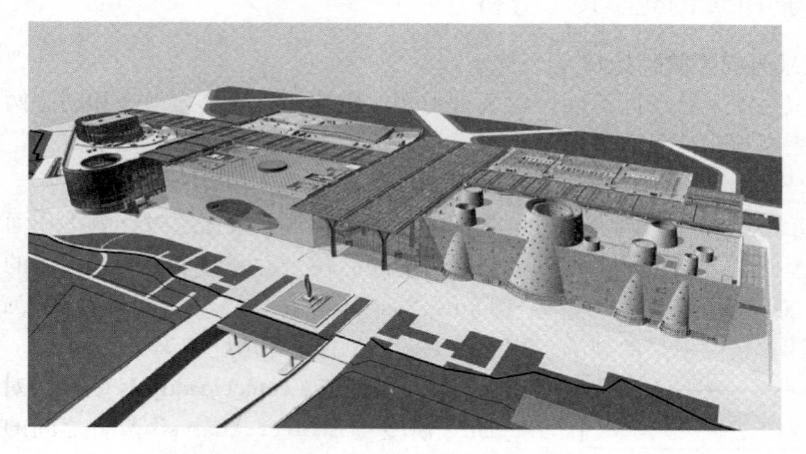

图 3.6-1　某文化中心模型鸟瞰图

本项目 BIM 应用的设计阶段项目管理效益：

1. 更有力的全局控制力

由于 BIM 模型面对所有的参与建设者，为了使不同参与者建立的各部分 BIM 模型之间有统一的深度，能够互通信息、便于识别构件等、使设计工作在同一个大框架下进行，TADI－BIM 作为 BIM 模型的主导者基于近年来的研究积累 ，制定了设计全程的模型统一的建立、深化、交付标准。标准的执行有效地整合了各单体模型，强化了对项目的整体控制。具有不同专业水平的参建者通过查看模型，能够正确理解建筑的设计要求、能够清楚空间特点、构件的位置、尺寸、材质等，减少了因理解造成的失误，见图 3.6-2。

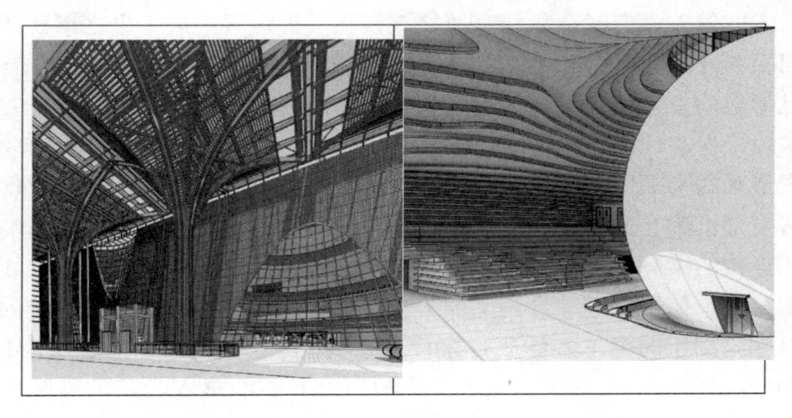

图 3.6-2 模型室内人视图

2. 助力设计方案的优化、深化

经典源于细节完美，对于文化中心这样的地标性建筑，设计师们需要对每一个细节详尽的了解。借助 BIM 技术，在内外部空间节点控制及协调；构件尺度参数化；复杂曲面参数有理化等方面的深化优化程度形成了突破。

如景观的恰当尺度。整个项目的南侧，需要设立一座雕塑，在百米长，几十米高的大背景下，距离多远、放置多大雕塑才能取得最佳的效果？这样的问题，即使是经验丰富的设计师，也需要依赖深厚的设计功底，绘制多张透视图进行分析、计算，所需要的时间较长，实际的效果不直观。借助 BIM 技术，TADI-BIM 在实际的整体模型中放置了雕塑，不断调整雕塑及基座的位置，尺寸、高度等数据，同时微调作为背景的建筑物相关部分尺寸，并从多个角度观察，不断试错，最终得到了与建筑整体相匹配的尺寸和定位的数据。未来雕塑设计时只要满足结论中的数据，就可以达到效果，见图 3.6-3。

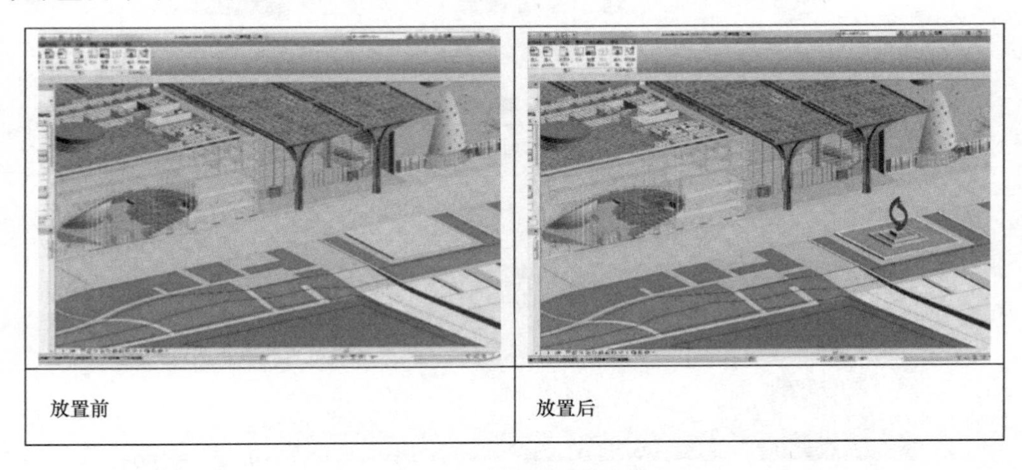

图 3.6-3 景观节点的方案模拟

3. 更有利的室内天花高度

在实际的管线施工现场，由于施工工序的变化和其他因素的共同影响，现场施工同设计图纸会有一定的偏差，有时会积聚毫厘之差，在关键位置形成千里之谬，严重影响建筑室内效果。BIM 技术模型建立过程，就是施工效果的验证过程，可以对整个建设过程进行预判，对已形成的复杂节点各构件进行调整；重新规划通过此处的管线；并对施工工序提出一定要求，确保空间的正确形成。

本项目中最难的是 B1 层的管道综合，整个地块内所有建筑物同城市市政网连接所需要的设备机房全部汇集在此；还有从中贯通的市政道路；由于地块坡地的影响，各个建筑同地下一层相连接的梁高度变化很多；上层建筑穿透楼板转移到负一层的管线和负一层本身的管线紧密交织，使得管线综合难上加难。在综合的过程中，各管线系统的作用范围不一样，不可以就局部论局部，需要全局考虑，统筹安排。利用 BIM 模型对 B1 层的梁高进行统计后，得出高度 800mm 的梁占大部分，故以 800 高的梁底为基准高度，对管线进行空间布置：在管线排布时尽量保持各管线的相对竖向关系不变化；利用各梁之间的高度差，建筑的消极空间，进行管线的交叉及避让；遇到复杂的节点，调整管线路由，将管线均匀的铺散开。由于 BIM 模型的直观性、全局性，大大加快了管综工作的速度，也提升了管综的质量，及时发现并处理潜在的问题，保障了施工的顺利进行。通过优化管线路由，提升了空间的高度，见图 3.6-4。

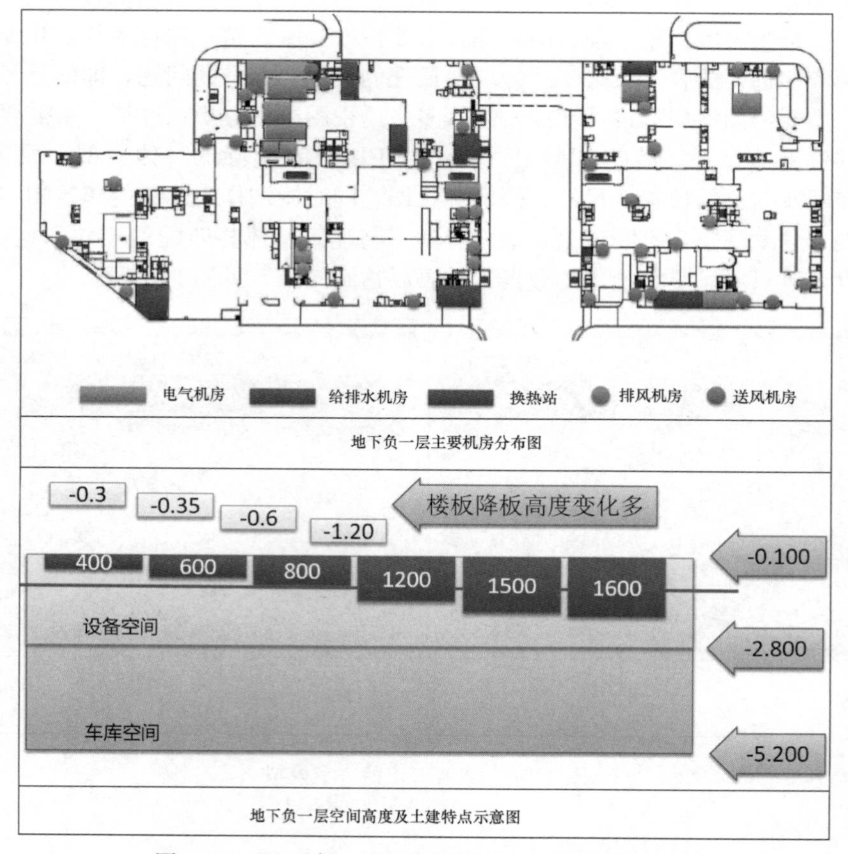

图 3.6-4　地下负一层机房分布与空间高度管线优化

4. 更准确的施工图纸

在经过优化、调整、纠错工序后的模型，可以近似的认为就是实际的建筑物了。由于模型已经完成，因此可以在极短的时间出具大量的图纸，可以按需要在模型的任意位置进行剖切，生成平剖面、局部大样、任意角度的三维图纸，便于指导不方便查看模型的场合时指导施工。这是传统绘图方式所不能实现的。而且传统图纸中因各设计者绘图手法不一致，深度不一致导致的图纸理解错误，图纸间相互矛盾等问题，在统一的模型中生成的图纸则不会发生，见图 3.6-5。

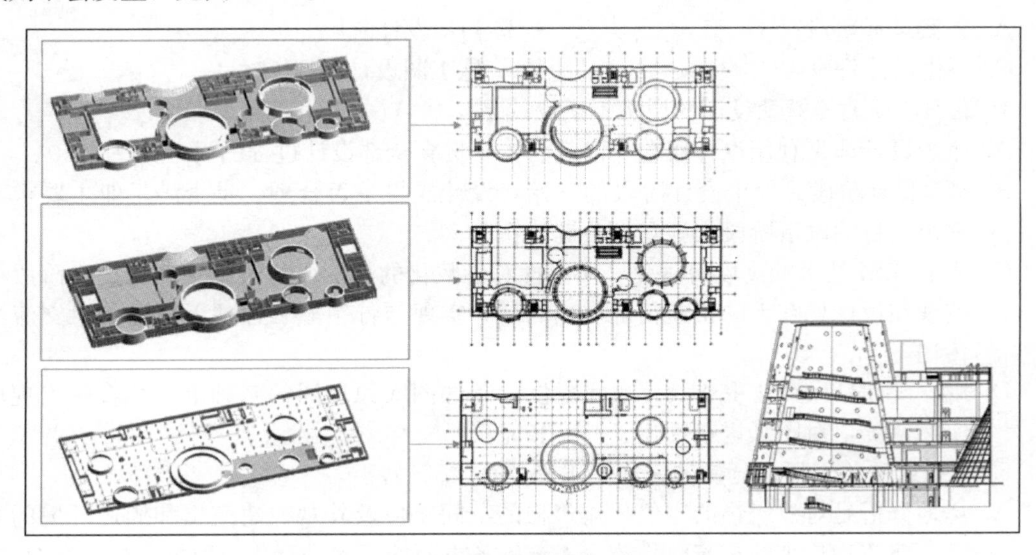

图 3.6-5　模型生成图纸过程示意

小　结

与传统设计相比，由于设计深度加深，使得 BIM 设计具有更多的设计环节；由于大量的数据交换，引入了更多的并行设计和更多的参与者；由于设计精度的提升，可以为施工现场可行性提供分析及依据。虽然 BIM 设计的组成部分远远多于传统设计，但是由于成果以高精度仿真的形式集成于模型内，增强了项目整体的可控性。对于这样超大面积的项目而言，可控行的增强，即意味着整体质量的提升。

课 后 习 题

一、单项选择题

1. 下列选项不属于设计阶段的是(　　)。

A. 方案设计阶段　　　　B. 初步设计阶段

C. 深化设计阶段　　　　D. 施工图设计阶段

2. 下列选项不属于 BIM 技术在设计阶段质量控制的体现的是(　　)。

A. 通过创建模型，更好地表达设计意图，突出设计效果，满足业主需求

B. 利用模型进行专业协同设计，可减少设计错误，通过碰撞检查，有效避免了类似空间障碍等问题

C. 可视化的设计会审和专业协同，基于三维模型的设计信息传递和交换将更加直观、有效，有利于各方沟通和理解

D. 满足全寿命周期管理要求，BIM模型可以保存设计开始到竣工，甚至运维的所有信息，以满足全寿命周期各方对项目信息的需求

3. 根据建筑项目的设计条件，研究分析满足建筑功能和性能的总体方案，提出空间架构设想、创意表达形式及结构方式的初步解决方法。下列选项中主要体现了上述内容任务的是(　　)。

A. 方案设计阶段　　B. 初步设计阶段

C. 深化设计阶段　　D. 施工图设计阶段

4. 下列选项关于概念设计的说法不正确的是(　　)。

A. 概念设计即是利用设计概念并以其为主线贯穿全部设计过程的设计方法。

B. 概念设计阶段是整个设计阶段的开始，设计成果是否合理、是否满足业主要求对整个项目的以下阶段实施具有关键性作用

C. 基于BIM技术的高度可视化、协同性和参数化的特性，建筑师在概念设计阶段可实现在设计思路上的快速精确表达的同时实现与各领域工程师无障碍信息交流与传递

D. 概念设计是指在业主或设计顾问提供的条件图或原理图的基础上，结合施工现场实际情况，对图纸进行细化、补充和完善

5. 下列选项关于场地分析的说法不正确的是(　　)。

A. 场地分析是对建筑物的定位、建筑物的空间方位及外观、建筑物和周边环境的关系、建筑物将来的车流、物流、人流等各方面的因素进行集成数据分析的综合

B. 场地设计需要解决的问题主要有：建筑及周边的竖向设计确定、主出入口和次出入口的位置选择、考虑景观和市政需要配合的各种条件

C. 传统的场地分析存在诸如定量分析不足、主观因素过重、无法处理大量数据信息等弊端

D. 基于BIM技术可将两个不同专业的模型集成为二个模型，通过软件提供的空间冲突检查功能查找两个专业构件之间的空间冲突可疑点

6. 下列选项不属于BIM技术在结构分析的应用的是(　　)。

A. 基于BIM技术对建筑能耗进行计算、评估，进而开展能耗性能优化

B. 通过IFC或StructureModelCenter数据计算模型

C. 开展抗震、抗风、抗火等结构性能设计

D. 结构计算结果存储在BIM模型或信息管理平台中，便于后续应用

7. 下列选项不属于设备分析内容流程的是(　　)。

A. 管道、通风、负荷等机电设计中的计算分析模型输出

B. 冷、热负荷计算分析

C. 舒适度和气流组织模拟

D. 建筑、小区日照性能分析

8. BIM模型与CFD计算分析的配合不包括(　　)。

A. BIM模型配合CFD计算热岛强度

B. BIM 模型配合 CFD 计算结构安全分析
C. BIM 模型配合 CFD 计算室外风速
D. BIM 模型配合 CFD 计算室内通风
9. 下列关于基于 BIM 的室外声学分析流程说法正确的是(　　)。
A. 首先建立 BIM 模型，然后导出几何模型，接着进行模型简化，而后将模型导入声学分析软，最后输出结果
B. 首先导出几何模型，然后建立 BIM 模型，接着进行模型简化，而后将模型导入声学分析软，最后输出结果
C. 首先建立 BIM 模型，然后进行模型简化，接着导出几何模型，而后将模型导入声学分析软，最后输出结果
D. 首先建立 BIM 模型，然后导出几何模型，接着将模型导入声学分析软，而后进行模型简化，最后输出结果
10. 下列关于基于 BIM 的采光模拟分析说法不正确的是(　　)。
A. 按照模拟对象及状态的不同，建筑采光模拟软件大致可分为静态和动态两大类
B. 静态采光模拟软件可以模拟某一时间点建筑采光的静态图像和光学数据
C. 动态采光模拟软件可以依据项目所属区域的全年气象数据逐时计算工作面的天然光照度，以此为基础，可以得出全年人工照明产生的能耗，为照明节能控制策略的制定提供数据支持
D. BIM 模型与 Ecotect Analysis 软件之间的信息交换是完全双向的

参考答案：

1. C　2. D　3. A　4. D　5. D　6. A　7. D　8. B　9. A　10. D

二、多项选择题

1. BIM 在设计管理中的任务主要包括(　　)。
A. 进度控制　　B. 造价控制
C. 安全管理　　D. 质量控制
E. 信息管理　　F. 合同管理
J. 组织协调
2. BIM 在方案设计阶段的应用内容主要包括(　　)。
A. 概念设计　　B. 结构分析
C. 安全管理　　D. 方案比选
3. BIM 技术在概念设计中应用主要体现在(　　)。
A. 空间设计　　B. 饰面装饰初步设计
C. 结构设计　　D. 室内装饰初步设计
4. BIM 技术在场地规划中的应用主要包括(　　)。
A. 场地分析　　B. 整体规划
C. 结构设计　　D. 碰撞检查
5. 初步设计阶段 BIM 应用主要包括(　　)。
A. 结构分析　　B. 整体规划
C. 性能分析　　D. 工程算量

6. 性能分析主要包括(　　)。

A. 能耗分析　　B. 光照分析

C. 设备分析　　D. 绿色评估

7. 工程算量主要包括(　　)。

A. 土石方工程　　B. 基础

C. 混凝土构件　　D. 钢筋

E. 人员工作量　　F. 墙体

J. 门窗工程　　H. 装饰工程

8. BIM 在绿色建筑设计中的应用途径主要有(　　)。

A. BIM 核心模型增加相应信息，在 BIM 模型创建完成后，通过统计功能判定是否达到绿色建筑评价相应条文要求

B. 第三方模拟分析软件共享 BIM 核心模型，通过在核心模型中提取所需信息，进行专项计算分析

C. 基于 BIM 技术对建筑进行仿真性环境模拟

D. 基于 BIM 技术结合有限元分析软件对建筑结构进行计算分析

9. 绿色建筑评价的内容主要有(　　)。

A. 节地与室外环境　　B. 节能与能源利用

C. 节水与水资源利用　　D. 节材与材料资源利用

E. 室内质量环境　　F. 提高与创新

10. 基于 BIM 的声学模拟分析主要可分为(　　)。

A. 室外声学分析　　B. 个别设备声学分析

C. 噪声分析　　D. 室内声学分析

参考答案：

1. ABCDEFJ　2. ACD　3. ABD　4. AB　5. ACD
6. ABCD　7. ABCDFJH　8. AB　9. ABCDEF　10. AD

第四章　BIM 技术在施工阶段的应用

本章导读

本章主要从招投标、深化设计、建造准备、建造和竣工支付等五个阶段分别介绍了 BIM 技术在施工阶段的应用。首先从技术方案展示和工程量计算及报价两方面介绍了招投标阶段的 BIM 技术的应用；然后介绍了 BIM 技术在深化设计阶段的应用，包括管线综合深化设计、土建结构深化设计、钢结构深化设计和幕墙深化设计；接着介绍了 BIM 技术在建造准备阶段中虚拟施工管理的应用，如施工方案管理、关键工艺展示和施工过程模拟；而后介绍了 BIM 技术在建造阶段中管理应用，包括预制加工管理、进度管理、质量管理、安全管理、成本管理、物资管理、绿色施工管理和技术资料管理；最后简单介绍了 BIM 技术在竣工交付阶段中的应用。

本章二维码

8. BIM 技术应用之招投标阶段
9. BIM 技术应用之施工准备阶段
10. BIM 深化设计之管线综合
11. BIM 深化设计之土建结构
12. BIM 深化设计之钢结构
13. BIM 深化设计之玻璃幕墙
14. BIM 深化设计之内装修
15. BIM 深化设计之预制构件
16. BIM 技术在建造阶段的应用之数字化加工管理
17. BIM 技术在建造阶段的应用之进度管理
18. BIM 技术在建造阶段的应用之质量管理
19. BIM 技术在建造阶段的应用之安全管理
20. BIM 技术在建造阶段的应用之成本管理
21. BIM 技术在建造阶段的应用之物资管理
22. BIM 技术在建造阶段的应用之绿色施工管理
23. BIM 技术在建造阶段的应用之变更管理
24. BIM 技术在验收交付阶段的应用
25. BIM 技术项目管理案例

4.1　BIM技术应用清单

BIM在施工项目管理中的应用主要分为五各阶段的应用，分别为招投标阶段、深化设计阶段、建造准备阶段、建造阶段和竣工支付阶段。每个阶段的具体应用点见表4.1。

BIM应用清单　　**表4.1**

阶段	序号	应用点
招投标阶段	1	BIM技术辅助商务标编制
	2	BIM技术辅助技术标编制
深化设计阶段	1	管线综合深化设计
	2	土建结构深化设计
	3	钢结构深化设计
	4	幕墙深化设计
建造准备阶段	1	施工方案管理
	2	关键工艺展示
	3	施工过程模拟
建造阶段	1	预制加工管理
	2	进度管理
	3	安全管理
	4	质量管理
	5	成本管理
	6	物料管理
	7	绿色施工管理
	8	工程变更管理
竣工支付阶段	1	基于三维可视化的成果验收

4.2　BIM技术在招投标阶段的应用

基于BIM技术的信息化、参数化、可视化等特点，并结合的网络技术、云技术、大数据、自动化设备等先进的软硬件设施，使BIM技术的特点得到充分的发挥，使其在招投标阶段得到广泛的应用，大大提高招投标工作的效率和质量。基于以上特点，BIM技术在施工企业投标阶段的主要应用优势体现在以下几方面：

（1）通过可视化，可以使标书得到更好的展示和表达，提升标书的表现力；

（2）通过数据化，可以提高投标算量的速度和准确性，节省大量的人力物力；

（3）通过信息化，可以提升技术标、商务标编制的联动性，促进技术方案和商务报价的协调统一；

（4）通过BIM技术的综合应用，可以优化技术标方案选型，提升质量、安全、工期、文明施工等多方面的施工水平，进而提升履约品质、降低施工成本，提升竞标实力和中标率。

4.2.1 BIM技术辅助商务标编制

宏观上概括商务标的编制，可以总结为两方面的核心内容，其一：准确的计算工程量；其二：合理地进行清单项的报价，进而确定工程总价。由于市场竞争日趋透明、激烈，同时施工的不确定性因素日益增多，使得报价技巧在商务标编制中显得更加重要，投标人员必须将更多的时间花费在投标报价技巧上。这就给商务标编制提出了两方面要求，一：算量工作要更加快速；二：投标报价要更加合理。

1. 基于BIM技术的商务标算量

基于BIM模型可以快速地提取各类工程量，并且方便的对各类工程量进行整理、合并和拆分，以满足投标中不同参与人员对工程量的不同需求。与传统的手动计算工程量相比，基于BIM技术的商务标算例具有以下明显的优势：

（1）算量效率大大提高：在模型精度能够满足投标需要的情况下，可通过软件自动提取各类工程量，整个工程量提取过程仅需数分钟，较手动算量节约大量的时间。同时BIM模式下，所有人的工程量提取均基于同一个模型，而不是每人进行一遍算量工作，可明显的降低人员投入。

（2）算量准确性提高：软件自动算量可以精准的计算到每个构件的工程量，既不会有重复也不会出现遗漏，可达到与模型100%的吻合。同时生成的工程量清单与模型存在内在的数据关系，当模型发生变化时，相应的工程量会随之改变，不会出现因更新不及时造成的工程量偏差情况出现。

但是目前国内基于BIM的商务标算量往往也存在种种问题：

首先投标阶段业主很少提供BIM模型给投标单位，投标单位需要基于二维图纸重新建模，在考虑到算量准确的基础上重新建模所花时间较长，从而影响投标效率。

其次，国内目前投标阶段BIM模型建立人员往往为技术人员或BIM专职人员，普遍缺乏商务知识，建模规则往往无法满足商务算量需求。

另外，国内目前商务算量普遍采用图形算量，及根据二维图纸通过建立三维模型来得到工程算量。故商务系统在投标阶段通常会建立三维算量模型。但此三维模型仅具备算量所需的几何信息与材质信息，不能算作真正意义上的BIM模型。但考虑到投标阶段的BIM工作以可视化为主（详见第4.2.2节，BIM技术辅助技术标编制），投标团队可使用商务算量模型作技术标的可视化展示用。所以在使用BIM技术辅助商务标算量技术系统与商务系统时需进行协同，确定建模标准，避免重复建模的线性发生。

2. 基础BIM技术的商务标报价

商务标报价是商务标编制中极为重要的工作内容，该报价将对投标结果起到决定性的影响，因此必须足够准确。同时商务标报价也是体现施工企业技术水平、管理水平的重要指标，因此该报价数据更多地取决于企业自身。

传统的商务报价多是商务人员根据自身从业经验及对分包的询价进行填报，这种填报方法对投标人的经验有很大的依赖性，往往会因为头辨认经验的局限性不能真实体现企业的真实管理水平。而投标期间的频繁询价，也会对投标效率产生相应影响。

基于BIM技术的商务标报价是以大数据为核心的报价方式。以Vico Office及

Rib iTWO等 5D 平台为例，工程造价 BIM 平台。

企业首先根据在施工程真实成本情况收集各工程列项的大数据，通过统计分析的方法得到能够真实反应企业管理水平的报价，形成投标报价数据库，该数据库将随着大数据的不断丰富实时更新。商务标报价过程中，根据工程项直接在报价数据库中提取相应数据即可。这样的报价方式不仅节省大量的询价、组件的时间，同时填报的数据能够真实反映企业实际水平，是最准确、最有效的报价值。

4.2.2　BIM 技术辅助技术标编制

宏观上概括技术标的编制，可以总结为两方面的核心内容，其一：根据招标图纸的内容和招标文件的要求选择合适施工部署、工艺方案和管理方法；其二：将所选的部署、方案和方法通过直观的、准确的、简明的方法表达给招标人。

传统的施工单位投标过程中，受技术手段和表现方法的限制，这两方面工作始终面临很大的困难，尤其是在面对结构复杂、体量大、技术难度大的工程和业主对技术标的苛刻要求时，这种困难就更加明显。一方面是施工工艺和管理方法更加复杂，难以攻破；另一方面通过传统的文字和二维图纸也难以简明、清晰的对复杂工艺进行准确的表达。这就使得技术标编制的质量在很长一段时间没有明显的改观。

而 BIM 技术的应用恰好能够帮助投标人员解决这两方面为题：

首先，BIM 技术可视化能力能够方便帮助投标人员进行施工部署和方案选型工作，通过方法推敲、验证得到最优化的施工部署；

其次，BIM 技术的综合应用能为项目管理提供更有效的方法和更高效的协同机制，能够发挥各部门、各岗位人员的作用，通过协同和联动解决管理上的难题。

最后，BIM 技术能够进行直观、美观的可视化表达，方便的生成有关的图表、数据，提高标书的表现力。

基于此下面将从可视化展示和施工管理辅助两方面分析 BIM 技术在技术标编制中的应用。

1. BIM 可视化应用在技术标编制中的应用

BIM 技术可视化的能力在投标文件编制中主要体现在标书文件中的配图，通过配图对文字描述内容进行辅助的表达。根据标书文件各章节内容的不同，每章节配图的内容和方法也有所不同。下面根据一般投标文件中的章节分布分章节进行可视化配图应用的阐述，见表 4.2-1。

分章节可视的应用　　**表 4.2-1**

序号	章节名称	配图内容	实现方法	示例
1	工程概况	以 BIM 模型图片的方式展示建筑、结构、钢结构、机电等设计概况及工程周边环境概况等。	采用 Revit、Tekla、Rhino 等自行建模，采用 Revit、Navisworks、Fuzor、Lumion 等进行渲染出图。或采用 3Dmax 建模并渲染出图。	项目效果图

续表

序号	章节名称	配图内容	实现方法	示例
2	工程重难点分析及对策	利用BIM模型图片进行进一步的阐述及说明，使分析更加合理、准确	通过BIM技术绘制重难点涉及的相关节点图、工况图、环境图等	 梁柱节点钢筋穿插密集
3	施工总体部署及施工准备及施工进度	应用BIM模型配图阐述施工部署思路	通过BIM技术绘制施工分区分段图、各阶段典型工况图，重要施工节点工况图等	 幕墙施工分段图
4	主要分项工程施工方案	对传统施工方案，应用BIM模型图片辅助阐述复杂节点、工艺及专业间配合	通过BIM技术绘制各方案相关配图、效果图、工艺流程图、工序穿插图等	 钢柱校正施工工艺图
5	施工现场总平面布置	利用BIM配图阐述现场平面布置思路	通过BIM技术绘制各阶段平面布置图，表现主要运输路线、主要机械设备、主要材料加工、堆放区域等信息	 施工现场平面布置图
6	质量、安全管理相关章节	利用BIM配图阐述质量、安全管理要求的标准做法	通过BIM技术绘制质量、安全管理中标准的质量节点构造、安全防护措施图片，用于指导现场实施	 钢结构安全防护设施

2. BIM技术施工管理辅助中在技术标编制中的应用

BIM技术施工管理辅助指运用BIM技术的方法解决施工管理中的难题，发挥BIM技术信息化的优势提高信息的利用率，并结合各类BIM管理平台、设备的应用加快信息在项目间的流转的速度和准确性。而对于标书的编写则在于根据各章节内容的特点准确的阐述BIM技术如何发挥管理作用，以及选取什么样的管理平台或硬件设备。总体来说对于工程管理中常见的各类管理难点有以下的BIM技术进行克服，见表4.2-2。

工程管理中常见管理难点　　**表4.2-2**

序号	常见重难点	针对性BIM措施	主要技术方案
1	工期管理	1）进度优化； 2）基于BIM平台的PDCA进度管控方法	1）4D进度管理； 2）BIM协同平台综合管理
2	施工工艺管理	1）基于BIM可视化优势的方案验证、优化和交底； 2）3D打印和VR技术的方案预演	1）施工方案辅助； 2）虚拟/混合现实技术； 3）放样机器人
3	质量管理	1）模型带到现场； 2）质量问题上传协同平台； 3）激光扫描技术实测实量	1）施工过程管理； 2）三维激光扫描技术
4	安全管理	1）安全措施可视化； 2）安全问题上传协同平台； 3）虚拟现实安全体验馆	1）施工过程管理； 2）协同平台管理； 3）虚拟/混合现实技术
5	专业协调管理	管理平台在总承包管理中的应用	1）协同平台管理； 2）运维信息模型
6	造价管理	1）BIM综合协调提前解决下项目潜在问题； 2）BIM精细化管理优化资源配置； 3）工程量提取及变更管理	1）综合协调管理； 2）BIM4D管理； 3）BIM5D管理

下面分别就每一类管理难点的BIM针对性应用进行详细阐述：

2.1　工期管理

以BIM技术为工具的计划的PDCA管理方法是进度管理的有效方法。并通过平台应用把项目管理的有关人员全部纳入进度管理工作中来，并在PDCA循环管理的各个过程中各司其职，形成管理的闭环。同时可将进度计划进行进一步的延伸，同步实现对资源计划、劳动力计划、配合工作开展计划的全面管理。目前能够实现全面管理的进度管理平台包括广联达BIM5D、VICO OFFICE等多款可供选择。

2.2　施工工艺管理

随着BIM技术的不断发展，其在施工方案实施中的应用也日益增多，这不仅对一般的施工工艺起到了效率、质量同步提升的作用。同时也创新出现了多种新的施工工艺。将这些工艺在工程中实施可以明显改善施工工艺管理的效果。主要施工方案的BIM辅助工艺包括以下几方面，见表4.2-3。

主要施工方案的BIM辅助工艺 **表4.2-3**

序号	施工方案	BIM技术的专项应用
1	测量方案	放样机器人在测量中的应用
2	钢结构、机电、幕墙、装修、施工方案	1）BIM技术在下料、加工中的应用 2）RFID技术在构件运输跟踪中的应用
3	模板脚手架施工方案	1）BIM技术在架体计算、架体排布、材料统计中的应用 2）BIM技术在架体监测中的应用
4	基坑工程施工方案	BIM技术在基坑监测中的应用
5	大型机械施工安拆、使用方案	1）BIM技术在群塔作业监控中的应用 2）BIM技术在机械运行状态监控中的应用

2.3 质量管理

基于BIM的质量管理主要包括事前、事中和事后三个部分，事前管理在于精细的深化设计和方案设计工作，施工管理在于利用精准的模型指导现场施工，事后管理在于复核施工成果进而改善工艺的工程，具体来说BIM技术在提供质量管理水平方面包括以下几方面内容：

（1）基于BIM技术的深化设计及协调、施工工艺模拟；

（2）模型带到现场：利用各类轻量化模型处理平台及云端存储技术，将轻量化模型带至施工现场，利用模型指导施工；

（3）质量问题上传BIM协同平台：利用协同管理平台进行质量问题的协同管理，并积累质量管理数据；

（4）激光扫描技术实测实量：利用激光扫描技术辅助进行工程的实测实量，真实地反应已完实体的施工质量。

2.4 安全管理

基于BIM的安全管理主要包括以下几方面内容：

（1）安全措施可视化：依托BIM技术可视化的优势，展示各类安全防护的具体措施；

（2）安全问题上传BIM协同平台：利用协同管理平台进行安全问题的协同管理，并积累质量管理数据；

（3）虚拟现实安全体验馆；

（4）基于BIM技术的噪声、扬尘监测。

2.5 专业协调管理

工程施工管理中需要涉及多个专业、多家分包单位，如何协调好各单位的工作是保证施工管理顺利开展的重要保证。基于BIM技术的专业协调管理主要以协同管理平台实现，总包单位需搭建合适的BIM协同管理平台，建立内部本地服务器，用于BIM实施过程中的各参与方协作过程，所有BIM成果通过协同平台进行传输与共享。确保项目信息及时有效地传递。同时制定合适的管理流程和管理制度，促进各方将工作有关信息共享到同一个平台上，进而开展协同管理。

2.6 造价管理

BIM技术在造价管理中的应用主要目的在于利用BIM可视化优势提前发现潜在问题，

利用BIM信息化优势辅助对资源的配置及工程量的管理，实现设计合理、资源节约进而达到降低造价的目的。利用BIM进行造价管理的实现手段包括以下几方面：

（1）通过深化设计和综合协调，提前消除现场冲突，提升生产效率；

（2）通过4D模型，进行进度检查、跟踪、分析和优化以及资源配置，加快施工进度，降低人力、物力资源的浪费；

3）通过BIM 5D自动生成的工程量，实现工程招标、采购、物资进场、施工结算数据的统一，方便项目造价的预估、过程管控和最终结算。

4.3　BIM技术在施工准备阶段的应用

施工准备阶段的工作是指工程施工前所做的一切工作。它不仅在开工前要做，开工后也要做，它是有组织、有计划、有步骤分阶段地贯穿于整个工程建设的始终。在施工准备阶段应用BIM技术的主要目的是辅助做好施工准备工作，充分发挥各方面的积极因素，合理利用资源，加快施工速度、提高工程质量、确保施工安全、降低工程成本及获得较好经济效益。

在美国等发达国家，施工准备阶段的工作包含三个核心内容：设计，进度，造价。VDC及虚拟建造，

BIM技术在项目建造阶段的应用主要体现在虚拟施工的管理。虚拟施工的管理指的是通过BIM技术结合施工方案、施工模拟和现场视频监测进行基于BIM技术的虚拟施工，其施工本身不消耗施工资源，却可以根据可视化效果看到并了解施工的过程和结果，可以较大程度地降低返工成本和管理成本，降低风险，增强管理者对施工过程的控制能力。

虚拟施工管理在项目实施过程中带来的好处可以总结为以下三点。

1. 施工方法可视化

虚拟施工使施工变得可视化，随时随地直观快速地将施工计划与实际进展进行对比，同时进行有效的协同，施工方、监理方、甚至非工程行业出身的业主领导都对工程项目的各种问题和情况了如指掌。施工过程的可视化，使BIM成为一个便于施工方参与各方交流的沟通平台。通过这种可视化的模拟缩短了现场工作人员熟悉项目施工内容、方法的时间，减少了现场人员在工程施工初期因为错误施工而导致的时间和成本的浪费。还可以加快、加深对工程参与人员培训的速度及深度，真正做到质量、安全、进度、成本管理和控制的人人参与。

5D全真模型平台虚拟原型工程施工，对施工过程进行可视化的模拟，包括工程设计、现场环境和资源使用状况，具有更大的可预见性，将改变传统的施工计划、组织模式。施工方法的可视化使是所有项目参与者在施工前就能清楚地知道所有施工内容以及自己的工作职责，能促进施工过程中的有效交流，它是目前评估施工方法、发现问题、评估施工风险简单、经济、安全的方法。

2. 施工方法验证过程化

BIM技术能全真模拟运行整个施工过程，项目管理人员、工程技术人员和施工人员可以了解每一步施工活动。如果发现问题，工程技术人员和施工人员可以提出新的施工方

法，并对新的施工方法进行模拟来验证其是否可行，即判断施工过程，它能在工程施工前识别绝大多数的施工风险和问题，并有效地解决。

3. 施工组织控制化

施工组织是对施工活动实行科学管理的重要手段，它决定了各阶段的施工准备工作内容，协调施工过程中各施工单位、各施工工种以及各项资源之间的相互关系。BIM可以对施工的重点或难点部分进行可见性模拟，按网络时标进行施工方案的分析和优化。对一些重要的施工环节或采用施工工艺的关键部位、施工现场平面布置等施工指导措施进行模拟和分析，以提高计划的可执行性。利用BIM技术结合施工组织设计进行电脑预演，以提高复杂建筑体系的可施工性。借助BIM对施工组织的模拟，项目管理者能非常直观地理解间隔施工过程的时间节点和关键工序情况，并清晰地把握在施工过程中的难点和要点，也可以进一步对施工方案进行优化完善，以提高施工效率和施工方案的安全性。可视化模型输出的施工图片，可作为可视化的工作操作说明或技术交底分发给施工人员，用于指导现场的施工，方便现场的施工管理人员拿图纸进行施工指导。

BIM在虚拟施工管理中根据设计和现场施工环境的五维模型、根据构件选择施工机械及机械的运行方式、确定施工的方式和顺序、确定所需临时设施及安装位置等施工信息进行。场地布置方案、专项施工方案、关键工艺展示、施工模拟（土建主体及钢结构部分）、装修效果模拟等内容模拟。

4.3.1 施工图BIM模型建立及图纸会审

建立施工图BIM模型是施工阶段BIM应用的第一步，也是所有BIM工作的基础。在理想状态下，设计院应直接将BIM作为设计的工具，利用模型出图，并在施工阶段将BIM模型传递给施工单位。但目前大部分中小规模设计院还无BIM应用的能力，或无法直接利用BIM出图。所以施工单位往往在施工阶段无法收到设计院BIM模型，需自己建模；或因设计院提供的BIM模型为翻模所建，故存在大量的图模不一致的情况。

由于施工在建模过程中需要对图纸进行反复查阅，所以施工管理人员应在施工图BIM模型建立过程中同时对图纸进行会审，将两者工作结合起来。如设计院提供BIM模型，施工管理人员需对模型的准确性、标准性进行审核，在对模型进行审核的过程中，施工管理人员也可结合图纸，利用BIM可视化的优势对图纸进行会审。

根据BIM建立人员的不同况，施工准备阶段施工图BIM模型建立及图纸会审可分为以下几种情况：

1. 设计院提供模型

部分项目业主会要求设计院建立施工图BIM模型，并提交给总包单位在施工时进行应用。针对此情况，总包单位在接收到BIM模型后，应组织各分包单位对BIM模型进行模型会审，模型会审与图纸会审可同时进行，协助工作团队发现图纸中的问题。与传统的图纸审核不同，结合设计院提供的施工图BIM模型与二维图纸的叠合，利用BIM的可视化优势，项目管理人员可检查单专业二维图纸的准确性、多专业图纸的协调性。发现并解决图纸中的问题，提前在图纸会审中反应，减少后期设计变更。

检查设计院模型以及利用设计院模型辅助图纸会审的主要工作内容见图4.3-1。

（1）组织各专业分包对各自BIM模型进行模型审核。审核内容包括模型与图纸是否一致、设计模型深度和精度是否满足业主对施工图 BIM 模型的要求以及自身对施工模型的要求、各专业间的冲突、配合图纸会审查找图纸中存在的问题。

（2）总包需要起到 BIM 总协调的作用，综合各专业模型，协调机电、钢结构、幕墙等专业分包单位进行模型审核，并汇总各专业的模型审核问题，向业主汇报。

（3）模型的标准化程度。根据后期的 BIM 实施点，检查设计院的模型是否满足后期总包单位应用的要求。如有需要，需对设计模型进行调整，如对模型进行分段分节以辅助后期的 BIM 进度管理、模型命名标准化以辅助后期的 BIM 5D 管理等。

（4）检查图纸的可施工性。BIM 的一个优势就是将各个专业的设计成果以三维可视化的形式综合在一起，通过综合的三维模型，施工人员可根据所需施工方法来检查设计的可施工性，如构件安装的操作空间等。

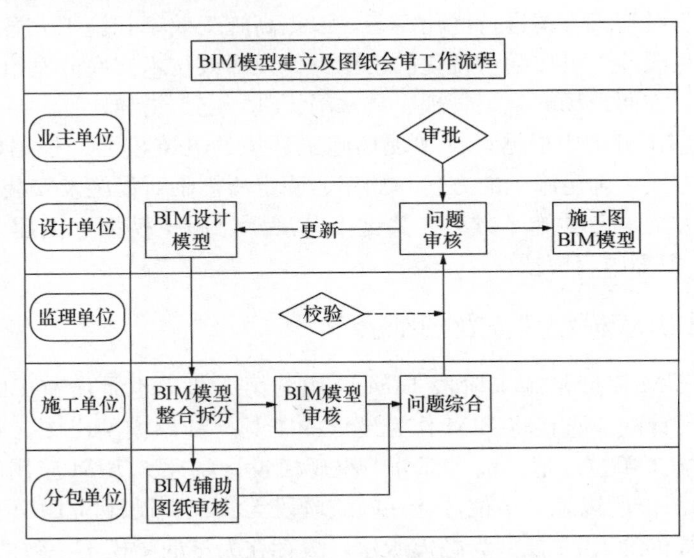

图 4.3-1　设计院提供模型的图纸会审工作流程

因为目前大部分设计单位还是先出图再翻模，所以在模型审核时，模型与图纸是否一致是重要工作内容。另外由于设计院对施工工艺理解的不足，部分专业的设定：如管线的排布、劲性结构的节点设置等会有不合理现象。项目在收到设计院模型时不可直接使用设计模型，必须结合图纸先开展模型审核工作再进行模型的使用。

2. BIM 人员自建模型

如果设计院不提供模型，项目需要自行建立施工图模型。在建立模型前项目需做好建模的标准化工作。

（1）确定好各个专业建模所使用的软件，确立模型成果文件间的协同规则和交付格式。

（2）根据后期所需要的 BIM 应用点，统一各专业模型的坐标点、文件架构、模型名称、构件名称、模型深度、建模规则等内容。

（3）制定模型划分原则，包括本专业的模型划分原则、按照施工区域的划分原则等。制定模型设定，如过滤器、制图标准等。

（4）模型建立参照依据，过程中模型修改及管理标准等。

BIM建模人员需具备专业知识，在模型建立过程中实时将建模过程中发现的图纸、设计问题记录，形成图纸会审记录，见图4.3-2。

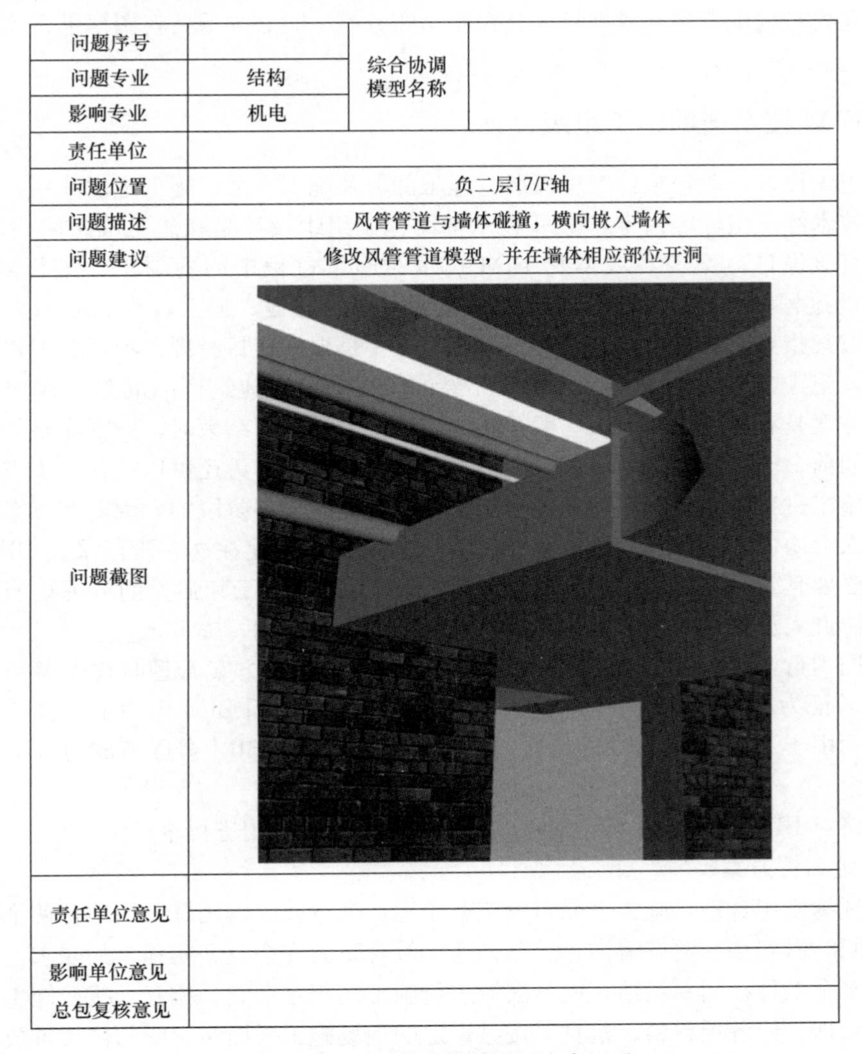

问题序号		综合协调模型名称	
问题专业	结构		
影响专业	机电		
责任单位			
问题位置	负二层17/F轴		
问题描述	风管管道与墙体碰撞，横向嵌入墙体		
问题建议	修改风管管道模型，并在墙体相应部位开洞		
问题截图			
责任单位意见			
影响单位意见			
总包复核意见			

图4.3-2 BIM技术辅助图纸会审记录

3. 使用商务算量模型

目前国内大部分使用图形算量软件进行工程量计算，图形算量的过程即通过对二维图纸的识别进行三维建模，通过三维模型得到材质工程量。故国内大部分项目均有三维算量模型。目前国内主流图形算量均可通过IFC格式将算量模型导入至BIM平台生成相应的BIM模型。项目可使用算量转化的BIM模型进行施工阶段的应用。但在使用算量模型时需注意以下几点：

（1）商务建立算量模型时以工程量计量准确为主，部分标高、位置等信息不会着重关注，所以项目技术员如要使用商务模型，必须对模型的正确性进行核对。

（2）算量模型能保证大部分几何信息的正确，但缺乏项目其他信息。算量模型可用于综合协调、碰撞检测等基本应用，在深层次应用中效果较为一般，模型后期处理工作量较大。

(3) 商务人员普遍缺乏施工技术知识，图纸中相关的设计缺陷和可施工性问题商务人员无法在建模过程中发现。故项目人员在使用商务模型时必须重新将图模进行比对，以发现图纸问题。

4.3.2 BIM技术辅助施工组织设计

施工组织设计一般包括：工程概况、施工部署及施工方案、施工进度计划、施工平面图、主要技术经济指标等内容。BIM技术辅助施工组织设计是在施工准备阶段利用BIM作为工具直接设计方案节点或依托BIM技术对施工过程中的各项工作进行复核校对。BIM建模的过程就是虚拟施工的过程，是先试后建的过程，施工过程的顺利实施是在有效的施工方案指导下进行的，施工方案的制定主要是根据项目经理、项目总工程师及项目部的经验，施工方案的可行性一直受到业界的关注，由于建筑产品的单一性和不可重复性，施工方案具有不可重复性。一般情况，当某个工程即将结束时，一套完整的施工方案才展现于面前。虚拟施工技术不仅可以检测和比较施工方案，还可以优化施工方案。

因为施工过程中与施工有关的各项工作都是变化的、多阶段的，因此在方案编制阶段完全依靠人力协调各项工作是极其复杂、难以实现的。为此在这一阶段采用BIM技术辅助是极其必要且效果良好的，这一阶段的BIM应用重点在于其强大的可视化能力，通过可视化向协调人员直观的表达策划的信息，协助其进行协调、决策。

目前国内行业里大部分项目在进行BIM技术辅助施工方案管理时均先编制方案后用BIM进行验证为主，项目的施工管理人员还不具备直接使用BIM作为工具进行方案设计的能力。而由于BIM其工具性的特质，在未来的发展中，BIM会逐渐成为方案编制和管理的工具。

本节将对BIM技术辅助场地布置方案、施工方案的应用进行重点阐述。

1. 场地布置方案

为使现场使用合理，施工平面布置应有条理，尽量减少占用施工用地，使平面布置紧凑合理，同时做到场容整齐清洁，道路畅通，符合防火安全及文明施工的要求。施工过程中应避免多个工种在同一场地，同一区域进行施工而相互牵制、相互干扰。施工现场应设专人负责管理，使各项材料、机具等按已审定的现场施工平面布置图的位置推放。

应用BIM技术协调场地布置，主要是为解决多阶段平面布置协调中依靠二维图纸堆叠查看的复杂和各阶段平面布置信息不连续的问题。BIM作为工具可代替传统的CAD直接进行施工场地布置工作。基于建立的BIM三维模型及搭建的各种临时设施，可以对施工场地进行布置，合理安排塔吊、库房、加工厂地和生活区等的位置，解决现场施工场地平面布置问题，解决现场场地划分问题；通过与业主的可视化沟通协调，对施工场地进行优化，选择最优施工路线。

利用BIM进行三维动态展现施工现场布置，划分功能区域，便于场地分析。某工程基于BIM的施工场地布置方案规划示例如图4.3-3（*a*～*c*）所示。

场地布置方案BIM应用过程中应遵循以下的流程：

（1）标准化族库建立

为规范模型表现行驶、方便模型统一管理，平面布置模型建立前要依照企业标准、设

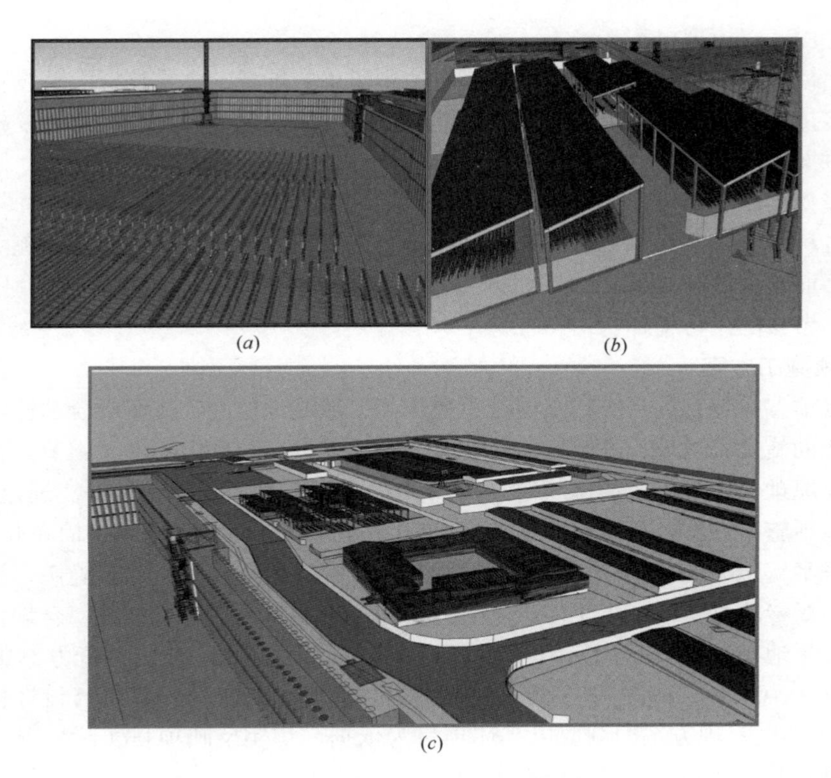

图 4.3-3 基于 BIM 的场地布置示例图
(a) 钢筋笼堆放区；(b) 原材堆放区；(c) 厂区设备区

计图纸、设备选型建立临时设施族库，族库应包含必要的可调参数。

公司在 BIM 协同平台上收集并整理了各个项目在进行施工平面布置时所建立的族，项目可直接登录查看族并申请下载。

(2) 主体模型简化

由于平面布置重点在于展现堆场、机具、临设的布置情况，因此可对主体模型进行必要的简化处理以降低模型复杂程度。对周围的主要建筑物、道路、环境应以外轮廓的形式予以体现。

(3) 模型信息建立

模型信息是后期平面布置优化调整的重要依据，因此充足的、标准的模型信息对平面布置协调具有重要意义。项目在执行此项应用前应有清晰的目标，不同的应用目的要求了不同的模型信息。各类型模型信息见表 4.3-1。

平面模型建立要求 **表 4.3-1**

序号	平面模型类型	应包含的模型信息
1	材料堆场	位置、面积、使用单位、进出场时间、限用条件
2	运输通道	位置、限宽、限高、限载、限速、可用时间
3	机械设备	外观尺寸、重量、主要工作性能、责任单位
4	材料构件	责任单位、重量

（4）平面布置模拟

在以上模型及信息完备的基础上，可对使用紧张的堆场、大重物资大型设备进场、重型材料吊装进行平面布置模拟，对材料运输路径、堆放场地、起重半径进行复核，从而确定最优化方案。

（5）模型信息的使用

上述各种模型信息均是日后平面管理的重要依据，通过信息整合，可将孤立的平面布置连续成平面布置变化过程，系统的统筹各阶段平面布置，作为平面管理、分包堆场申请、使用、考核的参考指标。

2. 专项施工方案

施工专项方案编制的目的在于检查重要施工区域或部位施工方案的合理性，检查方案的不足，协助施工人员充分理解和执行方案的要求，内容包含但不限于：节点大样、内部构造、工作原理、作业工艺、施工顺序等，形式可为图片、视频文件等。通过BIM技术指导编制专项施工方案，可以直观地对复杂工序进行分析，将复杂部位简单化、透明化，提前模拟方案编制后的现场施工状态，对现场可能存在的危险源、安全隐患、消防隐患等提前排查，对专项方案的施工工序进行合理排布，有利于方案的专项性、合理性。

与施工场地布置相同，BIM作为工具可代替传统的CAD直接进行方案编制：利用BIM直接对节点大样、方案阐述等进行绘制并出图，而非通过CAD进行设计再翻模。利用BIM技术辅助专项方案编制要以具体项目为依据，切实反映项目实际情况，具体实施流程包括以下几方面：

（1）施工专项方案编制策划

在传统施工方案的基础上，具体策划依靠BIM技术进行方案编制的目的、成果形式等问题，策划方案脚本，见表4.3-2。

方案编制BIM要求 **表4.3-2**

编制目的	成果形式	展现内容
重要节点展示	节点图片	节点设计、主要材质、尺寸标注、重要文字说明
	爆炸图	节点构造组成、主要构配件形式
施工工艺展示	工艺图片	施工工艺操作步骤、各步骤注意事项、各步骤前置条件和完成标准。 图片数量取决于步骤划分，步骤的划分应能保证完成的展示施工工艺的全过程
	工艺视频	施工工艺操作步骤、各步骤注意事项、各步骤前置条件和完成标准。 视频画幅应以宏观展现工艺操作为主，细部操作采用画中画形式表达
施工方案完整模拟	模拟视频	施工方案部署：场地及交通组织部署、材料运输部署、人员安排部署； 施工方案设计：各阶段工作内容模拟、主要工况展示、工况衔接表达
方案深化设计配合	深化图纸	方案编制中深化设计成果的建模、节点设计、加工图、拼装图制作

以某工程为例根据其具体工程内容可对施工方案进行策划，从而按照需要BIM辅助的内容进一步细分，具体情况见表4.3-3。

专项施工方案表　　表 4.3-3

序号	各专项方案	说明
1	土方开挖方案（如图 4.3-4 所示）	1. 利用三维模型进行土方开挖方案的验证； 2. 对支护方案进行优化，节约了近 14m 的支护成本
2	基础浇筑方案（如图 4.3-5 所示）	基础变标高连接做法、集水坑以及电梯井模型——进入方案库
3	测量方案模拟（如图 4.3-6 所示）	1. 平台共享测量数据 2. 吊装顺序对测量影响 3. 结合两台塔吊的运输配合
4	幕墙方案（如图 4.3-7 所示）	对幕墙专业设计图纸进行模型建立后，同厂家一同进行幕墙三维深化设计，同时加入幕墙安装方式模拟、施工工序交叉、运输作业
5	精装修方案（如图 4.3-8 所示）	由总包负责精装修模型建立，根据模型验证装修效果，提出对各分包深化的意见

图 4.3-4　土方开挖方案

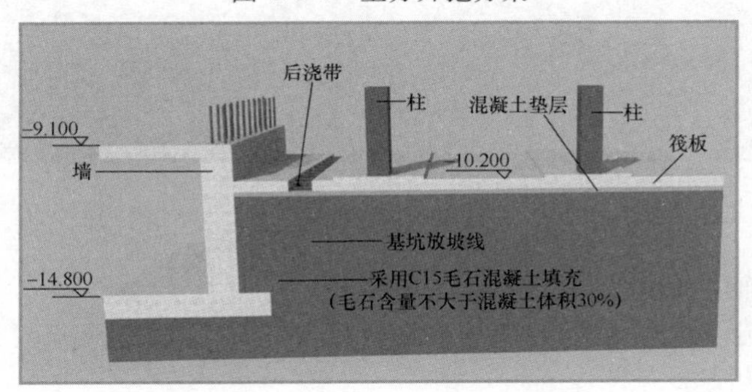

图 4.3-5　基础浇筑方案

图 4.3-6　桁架层定位测量

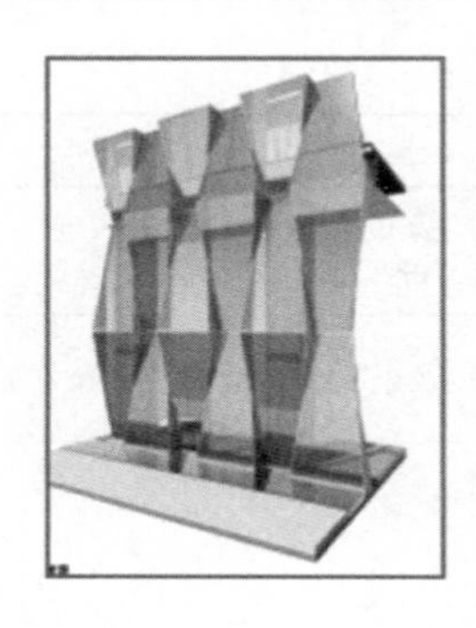
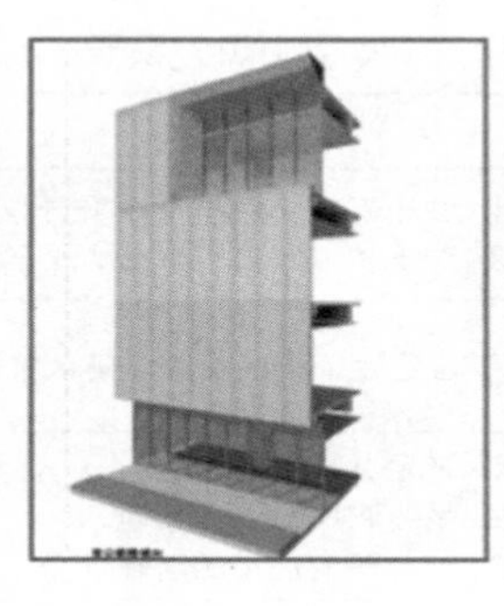
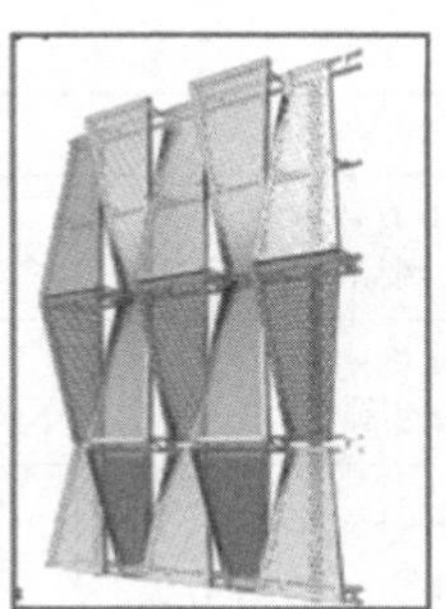

图 4.3-7　幕墙方案

图 4.3-8　精装修方案

（2）BIM 技术辅助施工及工艺模拟

根据以上施工专项方案编制策划的内容，策划应用 BIM 进行施工模拟的各项工作，包括但不限于以下几点，见图 4.3-9。

①确定模型文件的主要外观效果和视野范围；

②依据目标成果，确定模型精度和模型中构件的拆分程度；

③若目标成果形式为图片形式，应确定图片数量（即工况划分细度）、展示角度、文字说明等内容；

④若目标成果形式为视频形式，应确定视频的场景划分、转场设计、配音设计等内容，并根据场景划分情况确定模型拆分细度；

（3）模型建立

模型建立应以“BIM 施工模拟策划”内容为依据，在满足模拟要求的前提下尽量的轻量化，同时应结合视频中的场景划分分别制作模型，不宜将所有工况建立在同一模型内。

（4）成果的制作、合成和后期处理

为使对工人交底的内容更形象直观，项目可采用多软件联合应用完成这一阶段工作，

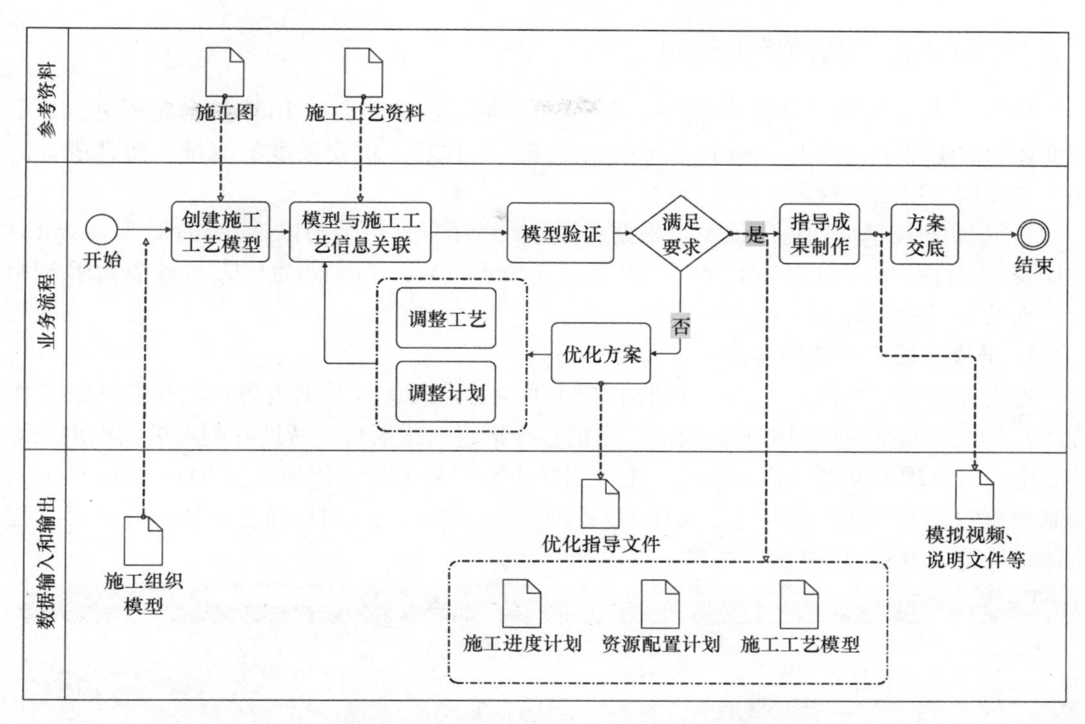

图 4.3-9 BIM 技术辅助施工及工艺模拟工作流程

现阶段可用于这一阶段制作的工具较多，如 Camtasia、Corel Studio 等。制作过程中应注意文件交互的规范性：一方面应注意文件相对路径的固定，不可随意调整文件位置；另一方面注意文件内容变化的传递性，对于不是以附件、链接等可实时更新的方式关联的文件要注意数据的同步；最后要注意文件的效力，在没有形成最终成果前，尽量以可修改内容和链接的形式存储文件。

（5）成果发布

成果发布要根据目标用途合理选择成果格式和清晰度，尽量保证成果的通用性和流畅性，建议模拟视频输出格式为 avi，mp4 等常用格式，至少需达到 15 帧每秒，画面像素建议达到 1620×1200 以上。

3. 施工组织设计交底应用

BIM 的技术交底应用是对前述各项 BIM 应用成果的表达和传递，为的是将前述各项成果所包含的信息准确传达给有关人员，虽然 BIM 技术的应用使得施工方案交底更为直观，但受表现形式的制约往往会造成信息传递的不足或冗余，因此应在 BIM 技术交底应用中注意以下几点：

①应用 BIM 技术交底应针对交底的对象和需求开展差异化的交底，使交底内容切实反映接受交底人员所需内容，不宜同一交底针对所有人员。

②BIM 技术交底宜以会议方式为主，不仅要展示方案辅助和工艺模拟的成果，还宜展示模型文件，复杂施工方案还应有相应的提问环节，以保证交底信息的充分传递。

③受文件效力和确认方式的限制，现阶段 BIM 技术交底宜与传统方式交底结合进行，BIM 技术交底作为传统交底方式的补充和直观反映。

4.3.3 BIM技术辅助进度编制

与BIM技术辅助全过程的进度管理不一样，施工准备阶段的BIM技术应用更侧重于进度计划的编排中，利用BIM技术可视化信息化的优势，优化进度的编排，使其逻辑性和专业穿插性更强、资源分配更合理。

利用BIM技术辅助进度编制，根据工作方式的不同，可分为以Autodesk Navisworks为代表的进度挂接模型的工作方式，以及以Trimble Vico Office为代表的直接利用BIM模型辅助计划编排的工作方式。

1. 进度挂接模型工作方式

进度挂接模型工作方式是一种利用BIM手段对已有进度计划进行可视化表达的工作方法，其工作发生在计划编制完成后，目的在于通过三维展现，帮助管理人员判别出二维计划中不易发现的问题，进而优化二维计划并重新挂接模型。例如通过Microsoft Project编制而成的施工进度计划与施工现场3D模型集成一体，引入时间维度，能够完成对工程主体结构施工过程的4D施工模拟，见图4.3-10。

图4.3-10 进度挂接模型工作方式

因此其主要目的在于宏观展示，工作内容可能需要多次重复，因此在开展该项工作中应注意以下方面：

(1) 确立统一的WBS分解：该工作模式下，计划的编制与挂接是两个独立的工作步骤，二者之间通过统一的WBS分解进行关联，因此需在计划工作开始前根据计划应用的目的和精度，确定统一的 WBS 分解，并在使用过程中尽量保持 WBS 分解不变。二维进度的编制和模型的拆分建立均应以此 WBS 分解为准。

（2）确定合适的模型深度：该工作模式下，进度挂接的主要目的在于宏观上的进度展现，个别情况下可能会使用该进度进行工程量提取，因此应根据不同目标选取合适的模型深度。对于只做宏观展示的进度，模型只需体现主要轮廓和重要构件即可，或以颜色划分各专业工作，而不必追求模型的完全精准。

（3）确定合适的计划细度：二维计划中，根据计划目的的不同可能有多种细度的计划体系，而在进度挂接模型的工作方式中，该计划细度还应考虑与模型精度相对应，计划中的部分工作项在模型中没有实体与之对应或不能对实体产生实质性的变化时，在该工作模型下可不予考虑。

（4）进度逻辑要畅通、全面：传统的二维计划中，常常仅是表象上与原设想一致，但在实际逻辑上常出现缺陷和漏洞，该种计划在与模型挂接后进行计划调整时，常常因为逻辑链不贯通，造成进度计划出现逻辑偏差，且调整不便，因此在进度计划编制过程中要注意保持逻辑的畅通、全面，见图 4.3-11。

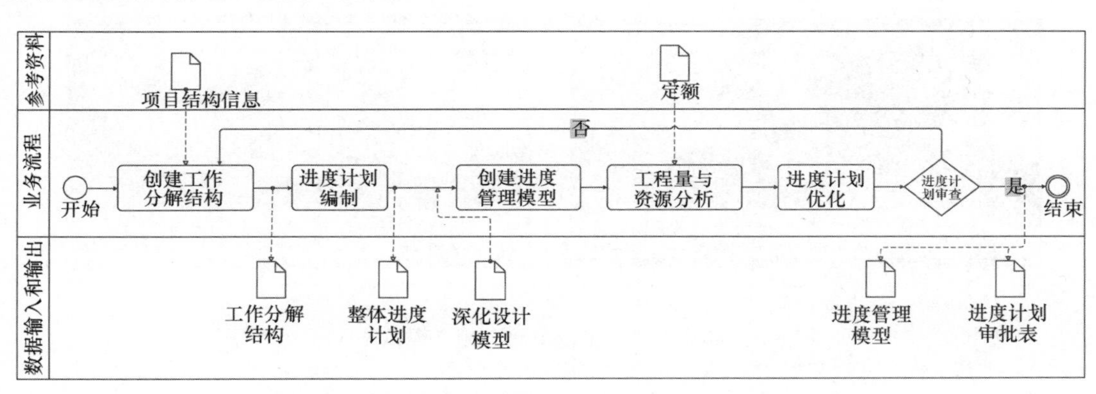

图 4.3-11　BIM 技术辅助进度编制工作流程

某工程土建主体施工模拟如图 4.3-12（a～f）所示。

目前部分 BIM 平台，如广联达 BIM5D 平台，除通过进度挂接模型进行 4D 施工模拟外，还可以通过挂接商务、物资、合约等资料，使设备材料进场、劳动力配置、机械排班等各项工作安排的更加经济合理，从而加强了对施工进度、施工质量的控制。详细内容见第 4.3.4 节，见图 4.3-13。

2. BIM 直接编排计划工作方式

如上文所阐述，目前国内外大部分 BIM 4D 工作流程仅仅是将进度和模型进行挂接，4D 流程进度计划编制与 BIM 过程为两条工作路径，通过 Project 等工具编制计划，计划编制完成后再将计划挂接到模型中。所以大部分 4D BIM 平台没有把 BIM 模型中包含的大量建筑信息，作为计划编排的依据，包括：材质、工程量、施工区域等。进度挂接模型的工作方法一方面增加了管理人员的工作量，另一方面计划与 BIM 模型的脱节使得 4D 不能很好地作为检查计划合理性的工具。虽然部分 BIM 4D 平台能够通过挂接商务、物资等其他信息以查看计划合理性，但是无法做到在编排计划前就利用 BIM 模型的信息来编制合理的计划。

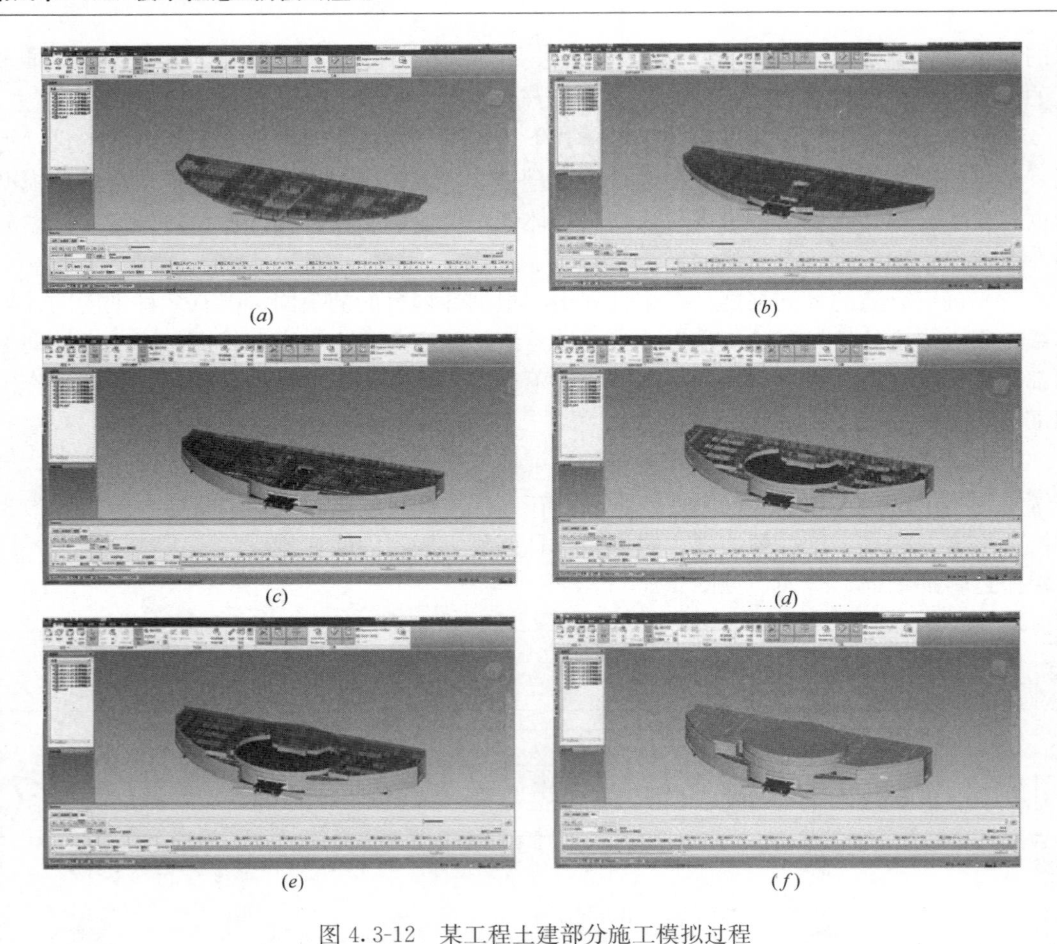

(*a*)　(*b*)

(*c*)　(*d*)

(*e*)　(*f*)

图 4.3-12　某工程土建部分施工模拟过程

(*a*) 一层施工前；(*b*) 一层施工后；(*c*) 二层施工前；(*d*) 二层施工后；(*e*) 顶层施工前；(*f*) 顶层施工完成

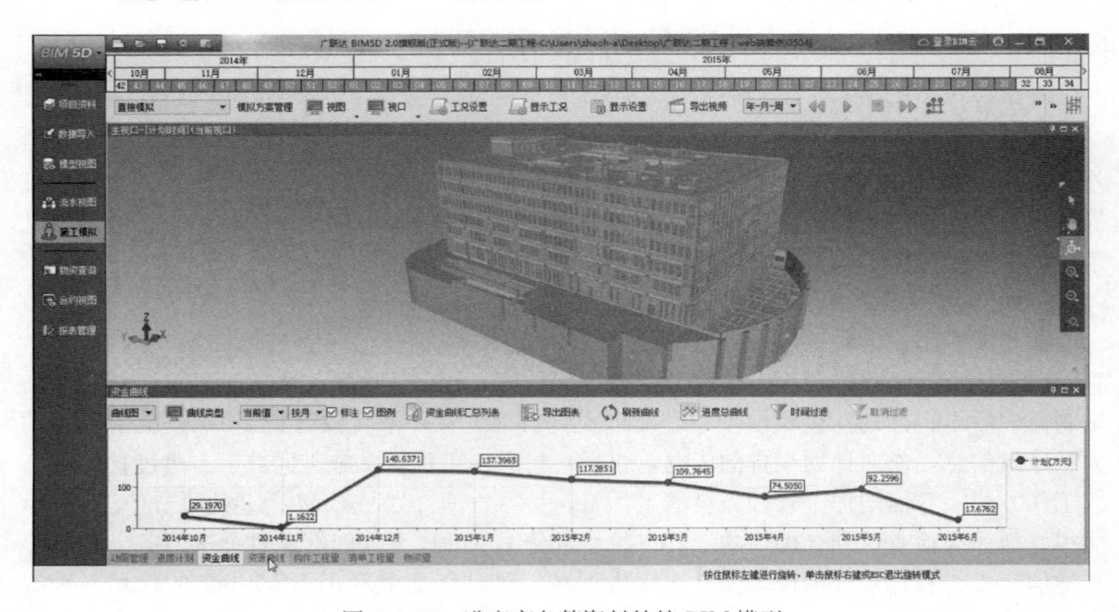

图 4.3-13　进度商务等资料挂接 BIM 模型

目前行业内还有部分BIM平台可直接作为进度编制的工具，如Vico Office，Asta Powerproject BIM等。不同于其他4D BIM平台将进度挂接模型，此类BIM平台本身就是一个计划编排的工具。项目可直接从BIM模型中提取信息，作为计划编排的决策依据，同时直接利用平台编排计划，形成与BIM模型相关联的进度计划。以天宝公司的Vico Office为例，Vico Office中的Schedule Planner本身就是计划编排工具，用户可以将基于模型提取的工程量信息、成本计划模块中的资源数量和基于模型与WBS分解的施工任务，通过赋予逻辑关系直接编排计划，见图4.3-14。

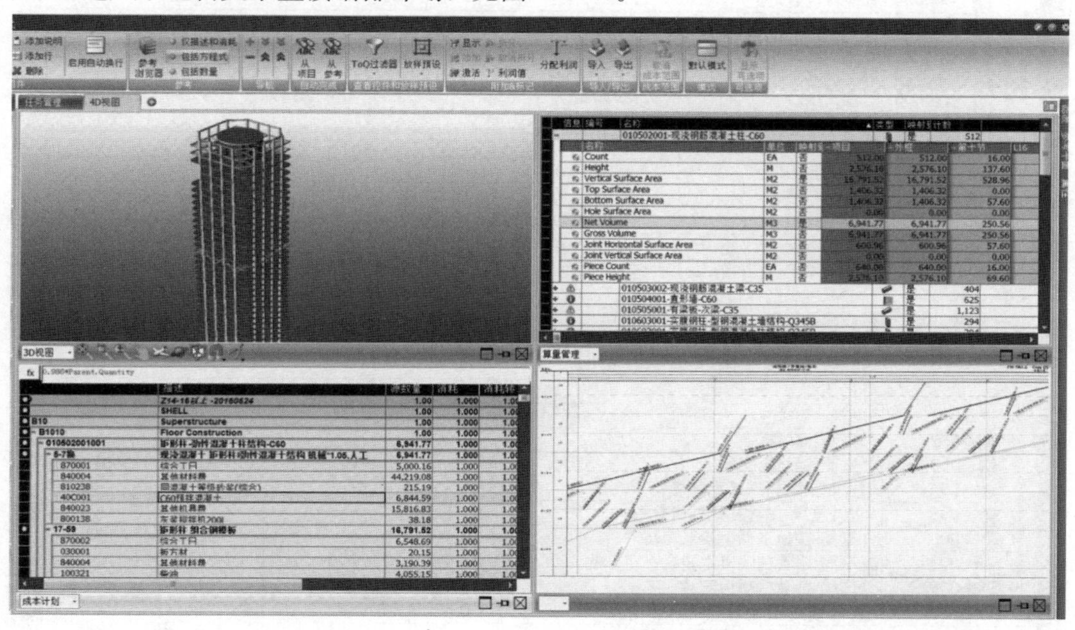

图4.3-14 Vico Office直接利用模型编排计划

采用此类BIM平台直接编制进度计划的工作流程如下：

（1）整理施工图BIM模型，删除冗余构件，按照进度编排需求对模型进行标准化处理工作。或者在自建施工图模型时，按照进度编制标准建模。

（2）将模型导入BIM平台，由BIM模型构件生成工程量和进度任务，对工程量进行校核，并将模型深度无法达到的构件工程量手动录入或通过二维算量工具计算，见图4.3-15。

（3）对工程量进行组价或套取定额（非必要工作流程，进行组价在计划管理时可以对现金流及资源配置进行管理，详细内容参见第4.3.4节）

（4）录入各项工作项的生产效率。同时基于模型构件的分类、工程量分类、计划编排需求制定计划任务。

（5）施工流水段划分。

（6）资源配置，计划逻辑编排，形成计划，并根据计划衍生出的报表优化资源配置。

（7）在后期施工阶段计划实施中，对计划实施情况进行跟踪，录入现场实际生产效率，对风险管理及预测，根据计划预测和各类资源分布图对过程计划进行PDCA循环管理，见图4.3-16。

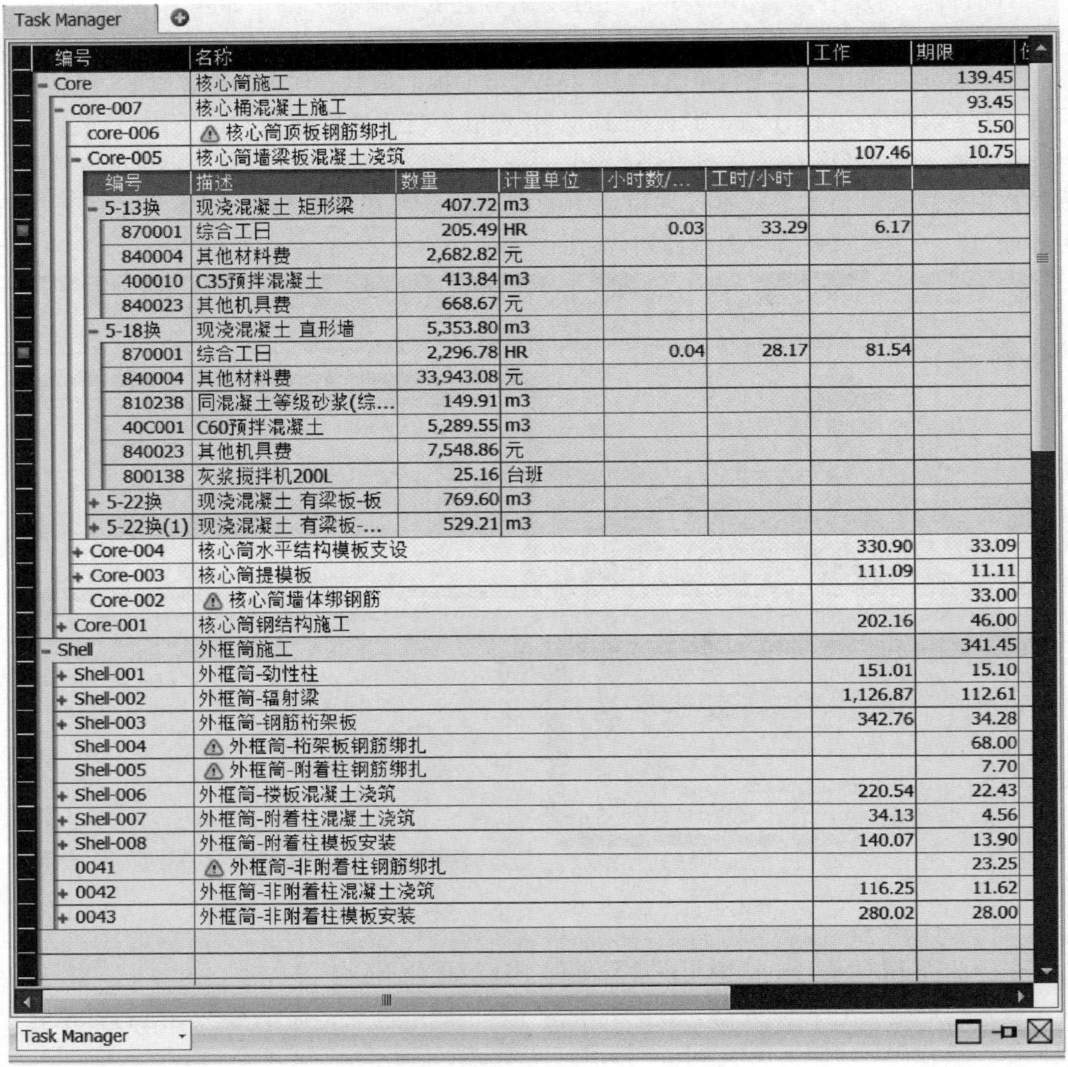

Task Manager

编号	名称	工作	期限
- Core	核心筒施工		139.45
- core-007	核心桶混凝土施工		93.45
core-006	⚠ 核心筒顶板钢筋绑扎		5.50
- Core-005	核心筒墙梁板混凝土浇筑	107.46	10.75

编号	描述	数量	计量单位	小时数/...	工时/小时	工作
- 5-13换	现浇混凝土 矩形梁	407.72	m3			
870001	综合工日	205.49	HR	0.03	33.29	6.17
840004	其他材料费	2,682.82	元			
400010	C35预拌混凝土	413.84	m3			
840023	其他机具费	668.67	元			
- 5-18换	现浇混凝土 直形墙	5,353.80	m3			
870001	综合工日	2,296.78	HR	0.04	28.17	81.54
840004	其他材料费	33,943.08	元			
810238	同混凝土等级砂浆(综...	149.91	m3			
40C001	C60预拌混凝土	5,289.55	m3			
840023	其他机具费	7,548.86	元			
800138	灰浆搅拌机200L	25.16	台班			
+ 5-22换	现浇混凝土 有梁板-板	769.60	m3			
+ 5-22换(1)	现浇混凝土 有梁板-...	529.21	m3			

编号	名称	工作	期限
+ Core-004	核心筒水平结构模板支设	330.90	33.09
+ Core-003	核心筒提模板	111.09	11.11
Core-002	⚠ 核心筒墙体绑钢筋		33.00
+ Core-001	核心筒钢结构施工	202.16	46.00
- Shell	外框筒施工		341.45
+ Shell-001	外框筒-劲性柱	151.01	15.10
+ Shell-002	外框筒-辐射梁	1,126.87	112.61
+ Shell-003	外框筒-钢筋桁架板	342.76	34.28
Shell-004	⚠ 外框筒-桁架板钢筋绑扎		68.00
Shell-005	⚠ 外框筒-附着柱钢筋绑扎		7.70
+ Shell-006	外框筒-楼板混凝土浇筑	220.54	22.43
+ Shell-007	外框筒-附着柱混凝土浇筑	34.13	4.56
+ Shell-008	外框筒-附着柱模板安装	140.07	13.90
0041	⚠ 外框筒-非附着柱钢筋绑扎		23.25
+ 0042	外框筒-非附着柱混凝土浇筑	116.25	11.62
+ 0043	外框筒-非附着柱模板安装	280.02	28.00

Task Manager

图 4.3-15　BIM 模型构件生成计划任务及工程量

目前国内施工企业直接使用 BIM 作为工具编排计划的情况较少，而在欧美等发达国家，此类工作方式已较为常见。使用 BIM 编排计划对企业的工作标准化要求较高，对 BIM 模型的 LOD 规划、企业进度 WBS 架构、企业定额等都需要有一套标准化的标准来支持。将 BIM 模型与进度编制结合成整体，使编制的进度计划具有了充分的数据基础和逻辑关系，并能够将各参与方的进度计划合成整体，所产生的进度不仅能够从时间、资源、逻辑等多方面全面反映计划进度情况，同时能够根据实时进度和工程量变化不断推算和调整后续进度，是一种精细化的进度管理方法，符合进度管理的原理。对改善大型项目进度管理、促进进度目标的实现、辅助资源成本的管控具有重大的积极意义。随着国内 BIM 技术应用水平的整体提高，利用 BIM 技术编排计划的工作方式在我国建筑行业中会得到更好的推广与普及。

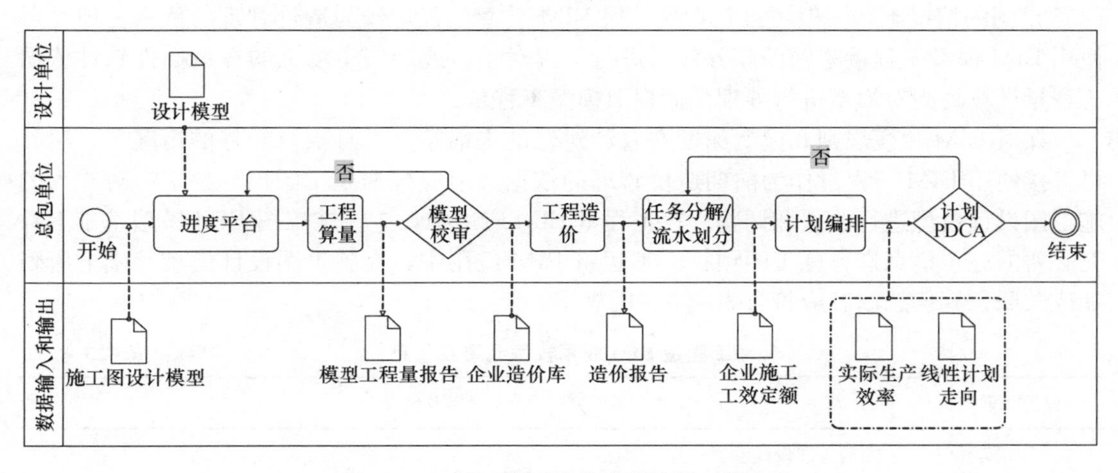

图 4.3-16　BIM 模型编排进度计划工作流程

4.3.4　BIM 技术辅助工程量及造价管理

在传统的造价管理中，都是通过造价软件作为整个造价管理的平台，在造价软件中进行相关的造价活动，但是整个的管理过程无法与项目实施实时链接，整个进度的管理中时效性较差。基于 BIM 技术的过程造价管控，将造价信息和模型结合，实现模型变化与工程量变化同步，充分利用建筑模型进行造价管理（图 4.3-17）。

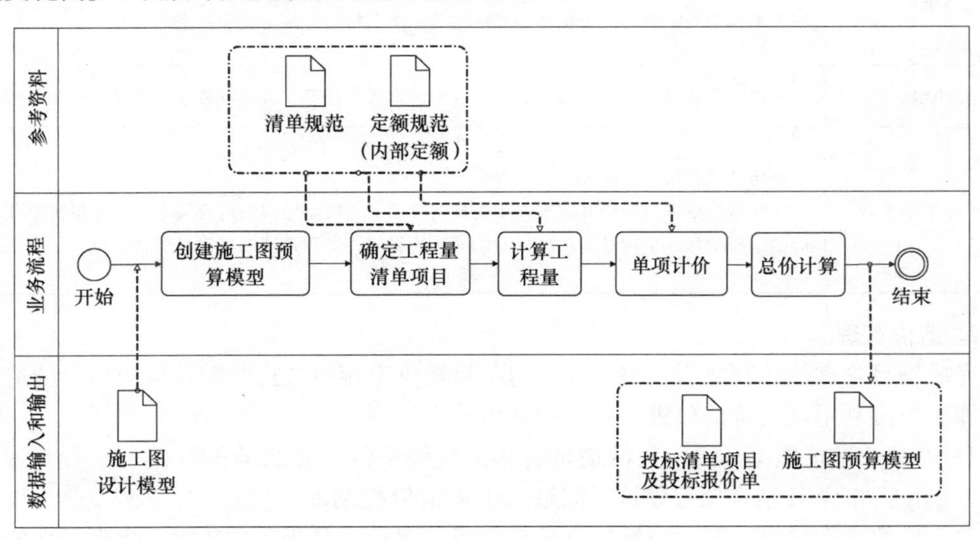

图 4.3-17　工程量及造价管理工作流程

1. 工程量管理

造价管理的核心工作就是工程量管理，基于 BIM 的三维算量，就是利用施工图 BIM 模型，直接得到工程量。在施工准备阶段，项目管理人员可直接从 BIM 模型中提取工程量信息。但由于 BIM 土建模型扣减关系和 BIM 翻模可能存在的模型偏差，在无法达到

BIM出图的情况下，一般不推荐直接使用BIM模型工程量作为造价管理的依据。项目可使用BIM模型工程量来辅助商务部门进行工程对量，或利用市场上的算量插件软件依据工程量计算规则对模型进行处理从而提取模型工程量。

在对BIM建模规则和模型深度有着针对性的提前策划，且执行较好的情况下，项目可直接使用BIM工程量作为前期造价管理的依据，但应根据施工图预算要求，对导入的施工图设计模型进行检查和调整。在工程量BIM应用中，应在施工图BIM模型基础上补充必要的施工信息进行施工图预算。工程量BIM应用中，在施工图设计模型基础上所附加或关联预算信息内容应符合表4.3-4的规定。

工程量BIM应用模型元素及信息 **表4.3-4**

模型元素类型	模型元素及信息
上游模型	施工图设计模型元素及信息
土建	混凝土浇筑方式（现浇、预制）、钢筋连接方式、钢筋预应力张拉类型（无预应力、先张、后张）、预应力粘结类型（有粘结、无粘结）、预应力锚固类型、混凝土添加剂、混凝土搅拌方法等。 脚手架模型元素信息：脚手架类型、脚手架获取方式（自有、租赁）。 混凝土模板模型元素信息：模板类型、模板材质、模板获取方式等
钢结构	钢材型号和质量等级；连接件的型号、规格；加劲肋做法；焊缝质量等级；防腐及防火措施；钢构件与下部混凝土构件的连接构造；加工精度；施工安装要求等
机电	机电设备规格、型号、材质、安装或敷设方式等信息，大型设备还应具有相应的荷载信息
工程量清单项目	措施项目、规费、税金、利润等。 工程量清单项目的预算成本，工程量清单项目与模型元素的对应关系，工程量清单项目对应的定额项目，工程量清单项目对应的人机材量，工程量清单项目的综合单价

2. 造价管理

完成项目管理的计算之后，将工程量与项目造价定额库进行匹配，形成项目的造价清单，施工单位利用该造价清单进行项目的造价管理。

利用BIM进行施工准备阶段的造价管理的优势不仅仅是快速提取模型工程量，BIM的5D应用是指BIM结合项目建设时间轴与工程造价控制的应用模式，及3D＋时间＋费用的应用模式。在该模式下，建筑信息模型集成了建设项目所有的几何、物理、性能、成本、管理等信息，在应用方面为建设项目各方提供了施工计划对于造价控制的所有数据。项目各方人员在施工之前就可以通过信息模型确定不同时间节点的施工进度、施工成本、资源分配，可以直观的按月、周、日或单体、楼层、流水段查看观看到项目的具体实施情况及所需投入的资源情况，方便快捷的进行施工进度资源配置优化，优化项目实施方案，实现项目精细化成本管控，见图4.3-18。

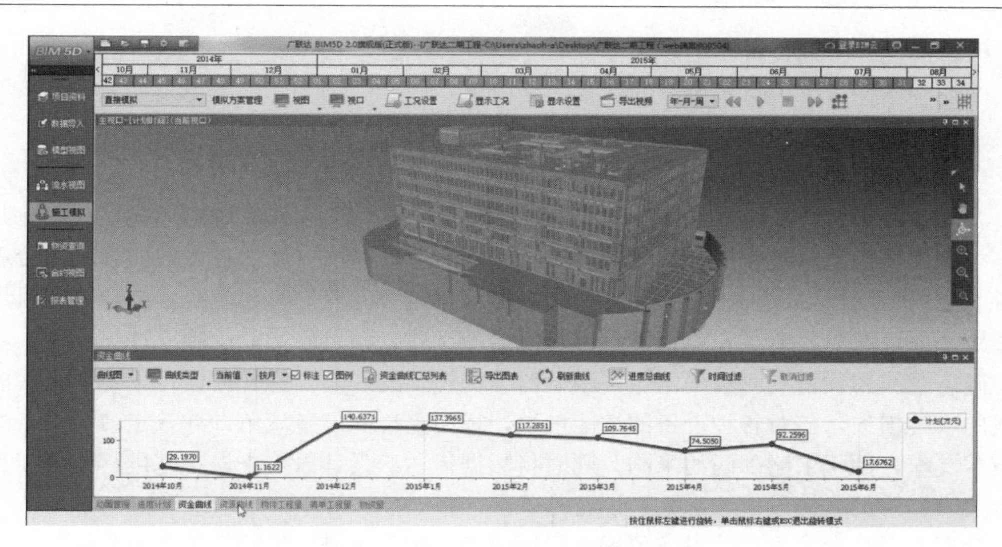

图 4.3-18 基于5D模型的资源管理

4.4 BIM技术在深化设计阶段的应用

4.4.1 管线综合深化设计

随着建筑物规模和使用功能复杂程度的增加，无论设计企业还是施工企业甚至是业主对机电管线综合的要求愈加强烈。在CAD时代，设计企业主要由建筑或者机电专业牵头，将所有图纸打印成硫酸图，然后各专业将图纸叠在一起进行管线综合，由于二维图纸的信息缺失以及缺少直观的交流平台，导致管线综合成为建筑施工前让业主最不放心的技术环节。利用BIM技术，通过搭建各专业的BIM模型，设计师能够在虚拟的三维环境下方便地发现设计中的碰撞冲突，从而大大提高了管线综合的设计能力和工作效率，见图4.4-1。这不仅能及时排除项目施工环节中可能遇到的碰撞和冲突，显著减少由此产生的变更申请单，更大大提高了施工现场的生产效率，降低了由于施工协调造成的成本增长和工期延误。

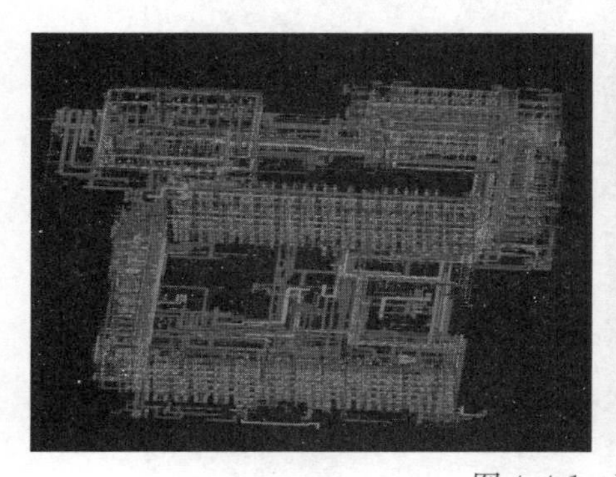

图 4.4-1 BIM模型

（1）管综主要依据：

①业主提供的初设图或施工图；

②合同文件中的设备明细表；

③业主招标过程中对承包方的技术答疑回复；

④相关的国家及行业规范。

（2）深化设计的目的

合理布置各专业管线，最大限度地增加建筑使用空间，减少由于管线冲突造成的二次施工。

综合协调机房及各楼层平面区域或吊顶内各专业的路由，确保在有效的空间内合理布置各专业的管线，以保证吊顶的高度，同时保证机电各专业的有序施工。综合排布机房及各楼层平面区域内机电各专业管线，协调机电与土建、精装修专业的施工冲突。

确定管线和预留洞的精确定位，减少对结构施工的影响，弥补原设计不足，减少因此造成的各种损失。核对各种设备的性能参数，提出完善的设备清单，并核定各种设备的订货技术要求，便于采购部门的采购。同时将数据传达给设计以检查设备基础、支吊架是否符合要求，协助结构设计绘制大型设备基础图。

合理布置各专业机房的设备位置，保证设备的运行维修、安装等工作有足够的平面空间和垂直空间。

综合协调竖向管井的管线布置，使管线的安装工作顺利地完成，并能保证有足够多的空间完成各种管线的检修和更换工作。

完成竣工图的制作，及时收集和整理施工图的各种变更通知单。在施工完成后，绘制出完成的竣工图，保证竣工图具有完整性和真实性。

以北京城市副中心为例，由于工程工期紧，任务重，设计院出图周期短，各专业之间交流较少，所有管线均没有标注标高。施工方拿到图纸之后，迅速建模并依靠现场施工经验给各系统制定相应标高。又因甲方净高要求较高，我们在综合各系统之间关系的前提下，尽量紧密的排列管线，对于不满足净高要求的地方，给设计院提出建议做了修改，并通过管综找出许多设计中出现的问题，及时反馈给设计，避免了返工。最后通过BIM模型对复杂节点及复杂节点的支吊架进行设计，保证施工质量和科学性，见图4.4-2。

图4.4-2　管综优化前后对比

对建筑物内错综复杂的机电管线及设备进行优化排布，根据碰撞点合理调整管线的位置，最优的利用有限的空间，提前消除各专业间的管线碰撞，加大室内的净空，减少变更洽商的发生，为后期的管线的维护提供便利，保证施工进度及质量。本项目目前地下管综已基本完成，解决碰撞点20000余处，见图4.4-3。

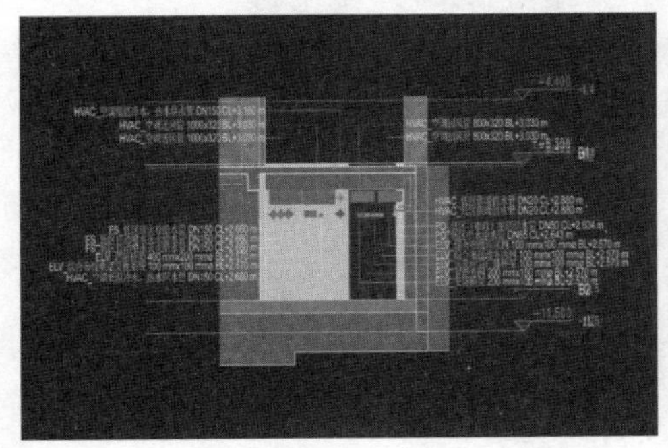

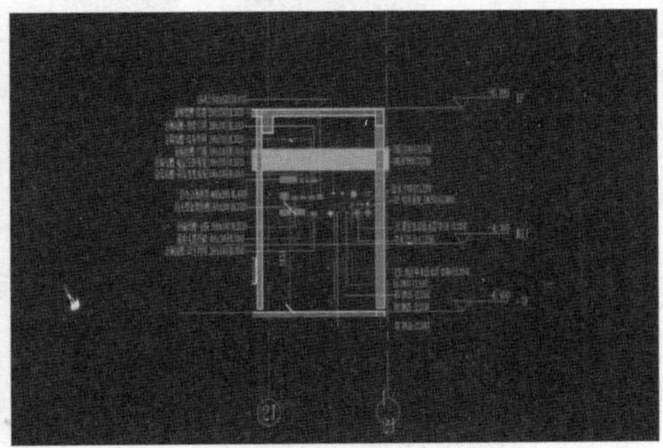

图4.4-3　管综碰接解决

4.4.2　土建结构深化设计

基于BIM模型对土建结构部分，包括土建结构与门窗等构件、预留洞口、预埋件位置及各复杂部位等施工图纸进行深化，对关键复杂的墙板进行拆分，解决钢筋绑扎、顺序问题，能够指导现场钢筋绑扎施工，减少在工程施工阶段可能存在的错误损失和返工的可能性。

某工程复杂墙板拆分如图4.4-4所示，某工程复杂节点深化设计如图4.4-5所示。

4.4.3　钢结构深化设计

钢结构BIM三维实体建模出图进行深化设计的过程，其本质就是进行电脑预拼装、实现“所见即所得”的过程。首先，所有的杆件、节点连接、螺栓焊缝、混凝土梁柱等信息都通过三维实体建模进入整体模型，该三维实体模型与以后实际建造的建筑完全一致；其次，所有加工详图（包括布置图、构件图、零件图等）均是利用三视图原理投影生成，图纸中所有尺寸，包括杆件长度、断面尺寸、杆件相交角度等均是从三维实体模型上直接投影产生的。

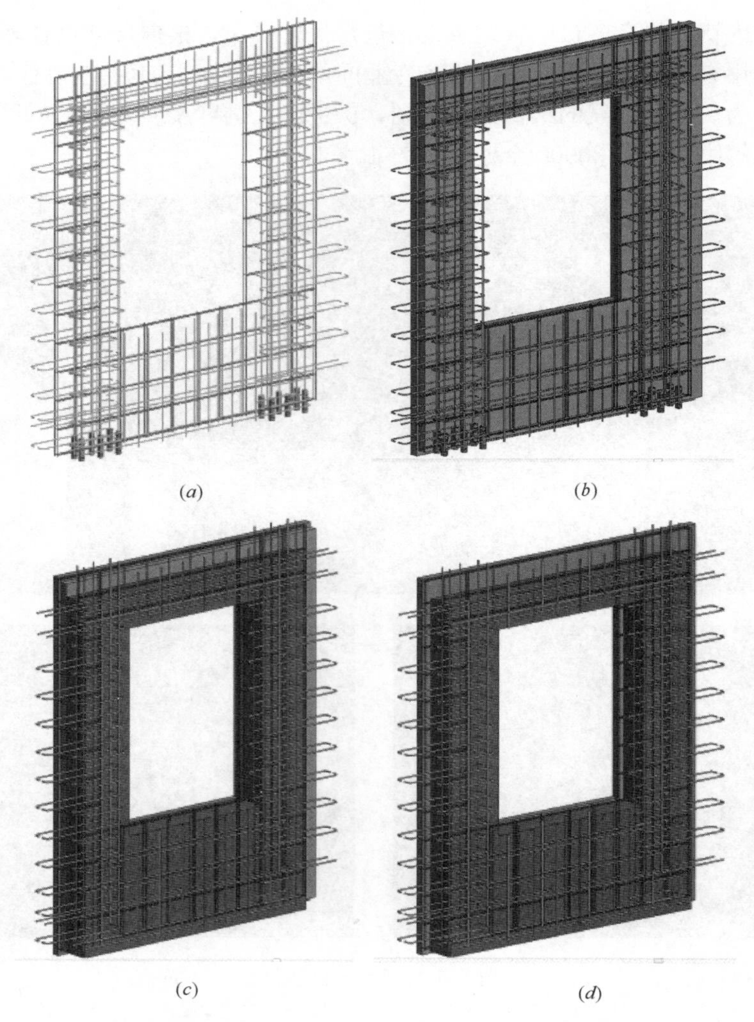

图 4.4-4　某工程基于 BIM 的复杂墙板拆分

(*a*) 第一步；(*b*) 第二步；(*c*) 第三步；(*d*) 第四步

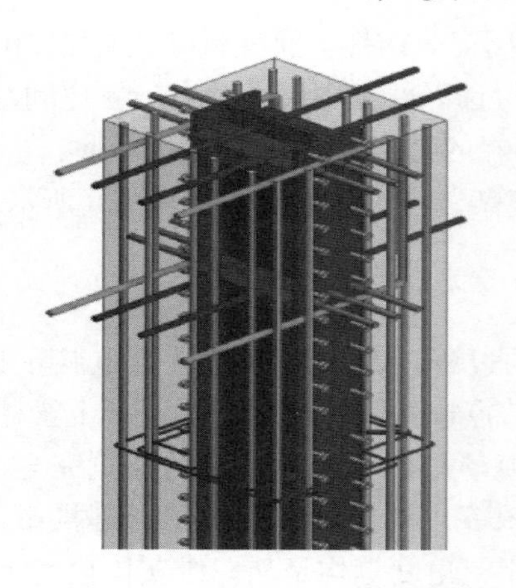

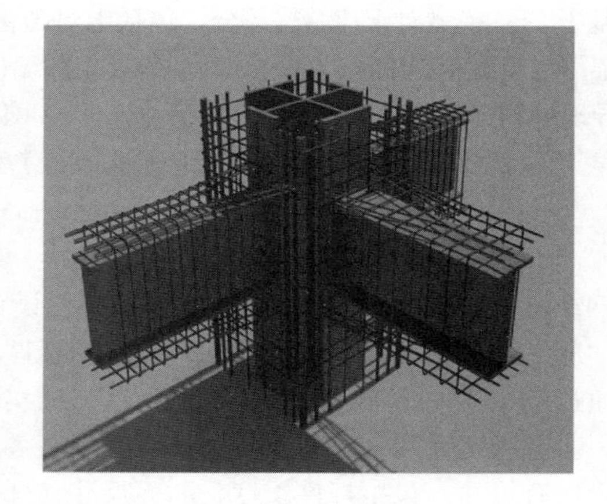

图 4.4-5　某工程角柱十字形钢及钢梁节点钢筋绑扎 BIM 模型

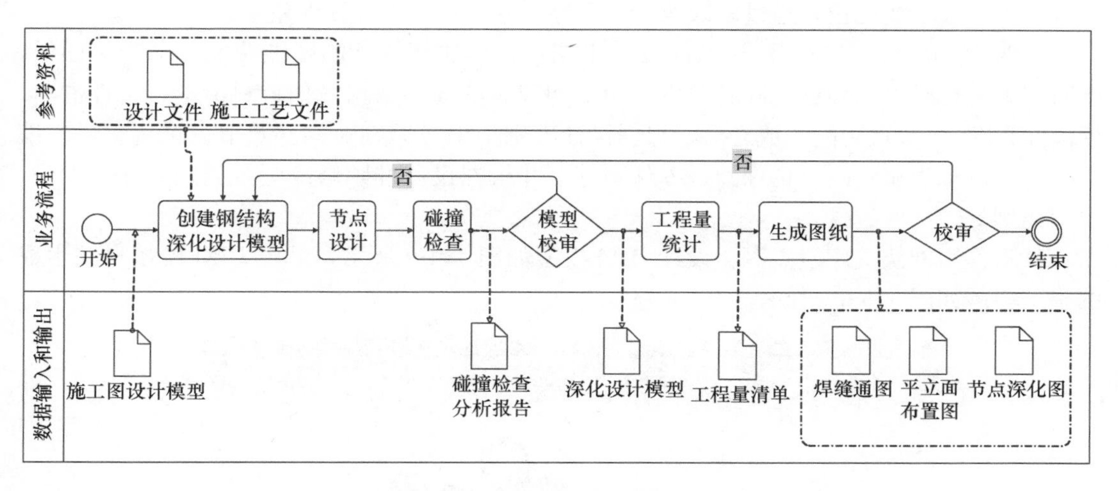

图 4.4-6　钢结构深化设计流程示意图

三维实体建模出图进行深化设计的过程，基本可分为四个阶段，具体流程如图 4.4-6 所示，每一个深化设计阶段都将有校对人员参与，实施过程控制，由校对人员审核通过后才能出图，并进行下一阶段的工作。

第一阶段，根据结构施工图建立轴线布置和搭建杆件实体模型。导入 AutoCAD 中的单线布置，并进行相应的校合和检查，保证两套软件设计出来的构件数据理论上完全吻合，从而确保了构件定位和拼装的精度。创建轴线系统及创建、选定工程中所要用到的截面类型、几何参数。

第二阶段，根据设计院图纸对模型中的杆件连接节点、构造、加工和安装工艺细节进行安装和处理。在整体模型建立后，需要对每个节点进行装配，结合工厂制作条件、运输条件，考虑现场拼装、安装方案及土建条件。某工程整体拼接模型如图 4.4-7 所示，局部拼接如图 4.4-8 所示。

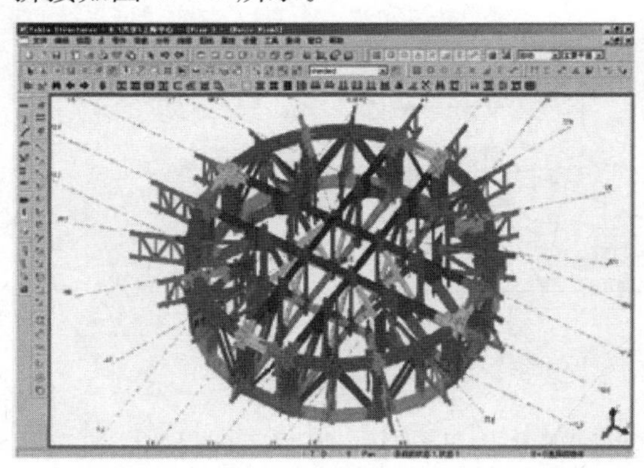

图 4.4-7　整体拼接模型

图 4.4-8　局部拼接图

第三阶段，对搭建的模型进行“碰撞校核”，并由审核人员进行整体校核、审查。所有连接节点装配完成之后，运用“碰撞校核”功能进行所有细微的碰撞校核，以检查出设计人员在建模过程中的误差，这一功能执行后能自动列出所有结构上存在碰撞的情况，以便设计人员去核实更正，通过多次执行，最终消除一切详图设计误差。

第四阶段，基于 3D 实体模型的设计出图。运用建模软件的图纸功能自动产生图纸，并对图纸进行必要的调整，同时产生供加工和安装的辅助数据（如材料清单、构件清单、油漆面积等）。节点装配完成之后，根据设计准则中编号原则对构件及节点进行编号。编号后就可以产生布置图、构件图、零件图等，并根据设计准则修改图纸类别、图幅大小、出图比例等。

某工程钢网架支座节点深化设计 BIM 模型如图 4.4-9 所示，基于 BIM 模型自动生成的施工图纸如图 4.4-10 所示。

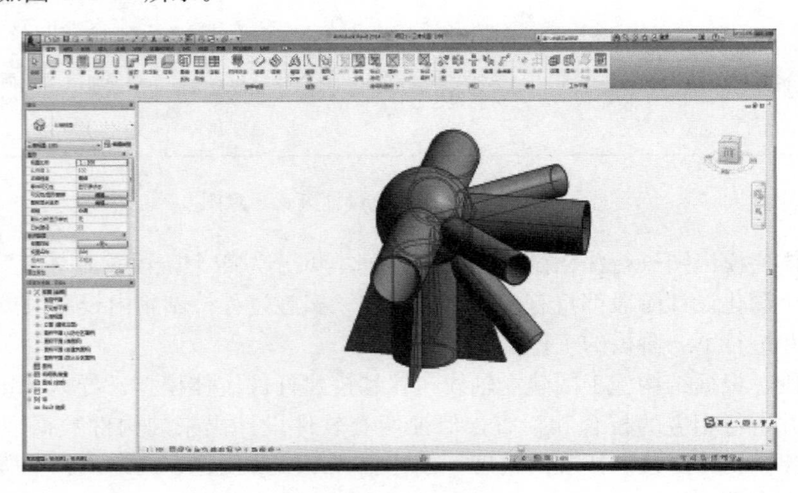

图 4.4-9　网架支座深化设计模型

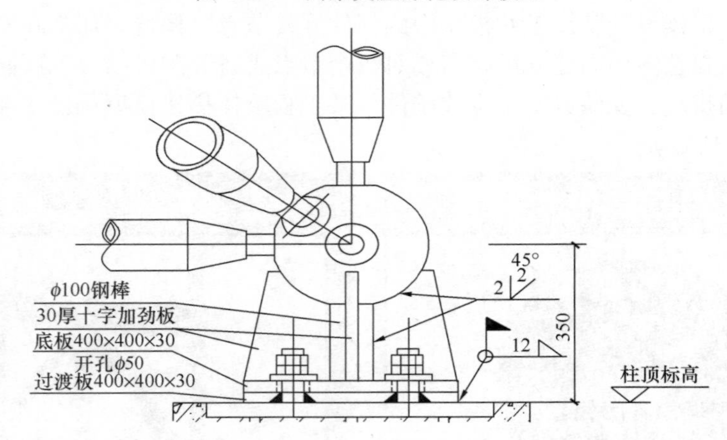

图 4.4-10　BIM 模型生成网架支座深化设计施工图

所有加工详图（包括布置图、构件图、零件图等）均是利用三视图原理投影、剖面生成深化图纸，图纸上的所有尺寸，包括杆件长度、断面尺寸、杆件相交角度均是在杆件模型上直接投影产生的。因此由此完成的钢结构深化图在理论上是没有误差的，可以保证钢构件精度达到理想状态。统计选定构件的用钢量，并按照构件类别、材质、构件长度进行归并和排序，同时还输出构件数量、单重、总重及表面积等统计信息。

通过 3D 建模的前三个阶段，我们可以清楚地看到钢结构深化设计的过程就是参数化建模的过程，输入的参数作为函数自变量（包括杆件的尺寸、材质、坐标点、螺栓、焊缝形式、成本等）及通过一系列函数计算而成的信息和模型一起被存储起来，形成了模型数据库集，而第四各阶段正是通过数据库集的输出形成的结果。可视化的模型和可结构化的参数数据库，构成了钢结构BIM，我们可以通过变更参数的方式方便地修改杆件的属性，也可以通过输出一系列标准格式（如IFC、XML、IGS、DSTV等），与其他专业的BIM进行协同，更为重要的是几乎成为钢结构制作企业的生产和管理数据源。

采用BIM技术对钢网架复杂节点进行深化设计，提前对重要部位的安装进行动态展示、施工方案预演和比选，实现三维指导施工，从而更加直观化的传递施工意图，避免二次返工。

4.4.4　玻璃幕墙深化设计

玻璃幕墙深化设计主要是对于整幢建筑的幕墙中的收口部位进行细化补充设计，优化设计和对局部不安全不合理的地方进行改正。

基于BIM技术根据建筑设计的幕墙二维节点图，在结构模型以及幕墙表皮模型中间创建不同节点的模型。然后根据碰撞检查、设计规范以及外观要求对节点进行优化调整，形成完善的节点模型。最后，根据节点进行大面积建模。通过最终深化完成的幕墙模型，生成加工图、施工图以及物料清单。加工厂将模型生成的加工图直接导入数控机床进行加工，构件尺寸与设计尺寸基本吻合，加工后根据物料清单对构件进行编号，构件运至现场后可直接对应编号进行安装。

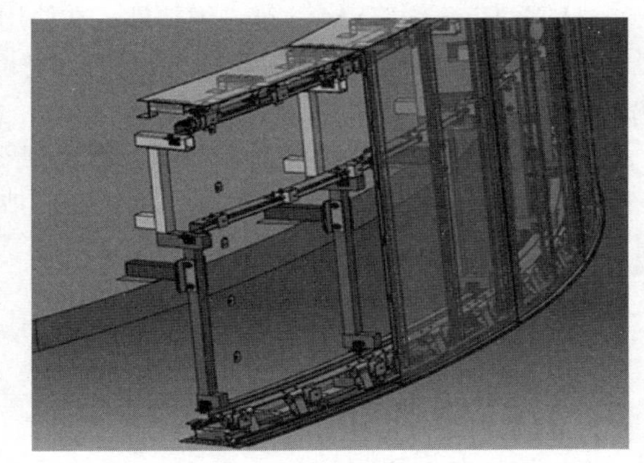

图4.4-11　幕墙深化设计图

某工程幕墙深化设计如图4.4-11所示。

4.4.5　建筑内装修深化设计

1. 建筑内装修深化设计概述

建筑装饰装修工程具有建筑工程的相同特点：工程量大工期长；机械化施工程度差、生产效率低；工程资金投入大。同时，它与建筑工程相比较具有如下不同特性：单一性（不可重复性），在特定建筑物内进行单项或者局部施工，并影响整体建筑物的质量；附着性，将各种装饰材料科学有序地固定在被装饰的实体上；组合性（复杂性），各种材质的装饰材料拼接及各专业外露设备与装饰材料的拼接；多功能性，满足建筑物的声、光、感观、使用等多用途；可更换性，装饰施工应既牢固又便于拆卸，方便修理；工艺转换快，施工工序多，单道工序施工时间短，工种交叉作业，要求不同工种衔接严密。因此，建筑装饰装修施工组织设计的任务是在施工前根据合同要求、工程特点及与之配套的专业施工要求，对人力、资金、材料、机具、施工方法、施工作业环境等主要因素，运用科学的方法和手段进行科学的计划、合理的组织和有效的控制，从而在保证完成合同约定的工程质量、施工进度、环境保护等目标的基础上，最大限度地降低工程成本和消耗。

采用BIM技术进行深化设计是在建筑装饰装修工程施工组织设计的统一安排下，按科学规律组织施工，建立正常的施工程序，有计划地开展各项施工作业，保证劳动力和各项资源的正常供应，协调各施工队、组、各工种、各种资源之间以及空间安排布置与时间的相互关系等，完成合同目标的重要技术手段。

目前行业内精装修单位BIM应用水平整体处于起步阶段，大多数单位还无法直接利用BIM进行深化设计，还停留在二维深化设计BIM翻模的阶段。项目管理人员在应用BIM技术进行内装修深化设计前需提前进行策划，确定应用BIM进行深化设计的范围与深度，以及模型出图后再进行图纸深化的配合过程，使图纸和模型互为参考、相互补充，提高整个深化设计图纸的质量。目前内装修单位的BIM深化设计工作主要针对容易和其他专业产生碰撞的内容，包括隔墙龙骨、吊顶龙骨、天花吊杆等。

2. 建筑内装修深化设计工具介绍

由于建筑内装修深化设计涉及细节多，造型复杂内容多，故目前市场上深化设计工具种类较多。有诸如Autodesk Revit，Graphisof ArchiCAD等BIM类设计软件，也包含SketchUp，Rhino，3D Max等三维软件。在使用类似SketchUp等三维软件进行深化设计时，需要确保模型元素的相关信息能准确反映建筑装饰装修工程的真实数据，模型可与其他BIM平台进行共享与应用。

建筑内装修深化设计BIM软件宜具有下列专业功能：

（1）具备建筑地面、抹灰工程（内外墙面地面）、外墙防水工程、地面防水工程、门窗、吊顶、饰面板、涂饰、裱糊与软包、细部等建模的能力；

（2）节点设计计算；

（3）模型的碰撞检查；

（4）深化设计图生成。

3. 建筑内装修深化设计流程

（1）基准模型获取

由于建筑内装修的特殊性，其深化设计BIM模型必须在主体结构BIM模型基础上以此为基础进行深化设计。基准模型的获取可来源于主体结构深化设计BIM模型或三维激光扫描点云模型。

①主体结构深化设计BIM模型

建筑内装修深化设计可直接在主体结构深化设计BIM模型基础上进行，但由于主体结构施工时不可避免的人为误差和施工偏差，使得现场实际施工模型往往存在与深化设计成果不一致的情况。在深化设计成果与现场实施存在偏差的情况下，如果还以进行建筑内装修的深化设计，势必对深化设计的精确度造成影响。故在主体结构未实施时，可采用主体结构深化设计BIM模型作为基准模型进行深化设计，在主体结构实施完成后，需要将主体结构模型与现场实际施工情况比对，修正模型后，才能作为建筑内装修深化设计的基准模型。

②三维激光扫描点云模型

三维激光扫描技术又称“实景复制技术”，是利用激光测距的原理，通过记录被测物体表面大量的密集的点的三维坐标、反射率和纹理等信息，可快速复建出被测目标的三维模型及线、面、体等各种图件数据。应用三维激光扫描技术可针对现有三维实物快速测得物体的轮廓集合数据，并加以建构，编辑，修改生成通用输出格式的曲面数字化模型，从而为现场施工，改造、修缮等提供指导。

由于主体结构施工时不可避免的人为误差和施工偏差，使得现场实际施工模型往往存在与深化设计成果不一致的情况。在理论值（主体结构深化设计成果）与实际值（现场实际施工成果）不一致的情况下，如果还以理论值进行建筑内装修的深化设计，势必对深化设计的精确度造成影响。为解决此问题，项目可引入三维激光扫描技术来获取基准模型。

项目管理人员在结构施工完成之后可开展扫描工作，得到与实际坐标和高程相匹配的高精度主体结构点云模型。此点云数据通过相应的插件载入到深化设计 BIM 平台后，点云模型便可以作为参考导入深化设计 BIM 模型之中，设计师可以直观的对比“现场实际情况”进行深化设计，提前避免应现场施工误差造成的返工与拆改，提前确认本专业深化设计成果的可靠性，有效提高深化设计的效率和准确性，见图 4.4-12。

图 4.4-12 基于激光扫描模型的内装修深化设计

（2）内装修深化设计

建筑内装饰深化设计模型以方案设计模型为基础直接利用进行三维可视化深化设计。或以二维深化设计图纸为基础，在建模过程中发现的设计问题及时反馈给设计师，设计师在深化设计时以模型中各构件的相对关系作为重要的参考依据，共同完善与提高项目深化设计质量。

建筑内装饰的非异形模型元素可采用 Autodesk Revit，Graphisoft ArchiCAD 等常规 BIM 软件进行设计。对于异形元素，深化设计人员可通过其他三维软件进行设计，并导入至 BIM 平台。以 Rhino 为例，深化设计人员可通过 Rhino 将异形元素监理，然后将 Rhino 模型导出为 SketchUp 的 skp 格式文件或者 acis 的 sat 格式文件，导入 Revit 体量或者内建体量环境，在 Revit 中赋予模型元素相应的非几何信息，见图 4.4-13。

建筑内装饰深化设计模型细度需满足表 4.4-1 的要求。

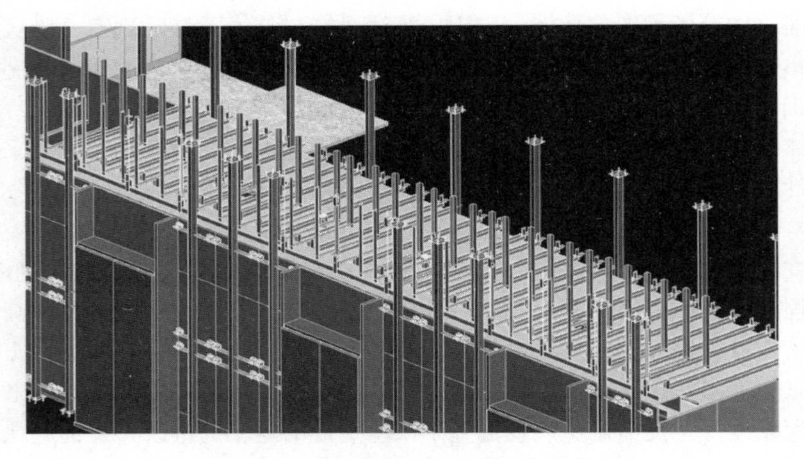

图 4.4-13 建筑内装饰深化设计综合模型

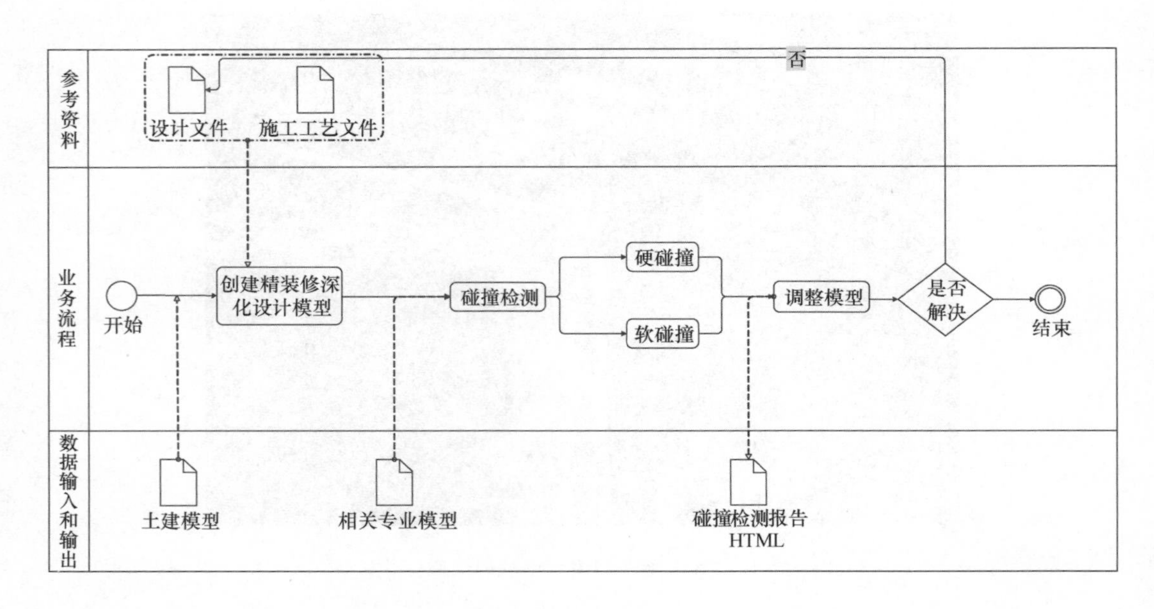

图 4.4-14 建筑内装饰深化设计工作流程

建筑内装饰深化设计模型元素及信息 **表 4.4-1**

模型元素类型	模型元素	模型元素信息
上游模型	施工图设计模型元素	施工图模型元素信息
地面	面层、粘结层、防水层、找平层、结构层	几何信息：尺寸大小等形状信息。平面位置、标高等定位信息。 非几何信息：规格型号、材料和材质信息、技术参数等产品信息。系统类型、连接方式、安装部位、安装要求、施工工艺等安装信息。
墙面	饰面层、面砖、涂料、龙骨、粘结层、踢脚	
吊顶	矿棉板、石膏板、龙骨骨架、吊杆、检修口、灯槽	
门窗	门窗洞、门板、门窗套、门窗框、玻璃	
固定家具	固定家具、活动家具	
卫生间	马桶、洗脸盆、浴缸、淋浴间、地漏、配件	

4.4.6 预制构件深化设计

1. 预制构件深化设计概述

预制构件深化设计的BIM应用与其他专业深化设计类似，即通过BIM工具对预制构件的复杂节点及细部构、拆分等进行深化。利用BIM进行深化设计内容包含：预制构件平面布置、拆分、设计，以及节点设计等。预制构件深化设计BIM应用的基本流程是：编制预制构件深化设计方案并组织开展深化设计工作、创建深化设计模型、绘制深化合计施工详图、将深化设计模型与其他专业BIM模型进行协调。预制构件深化设计主要流程如图4.4-15所示。

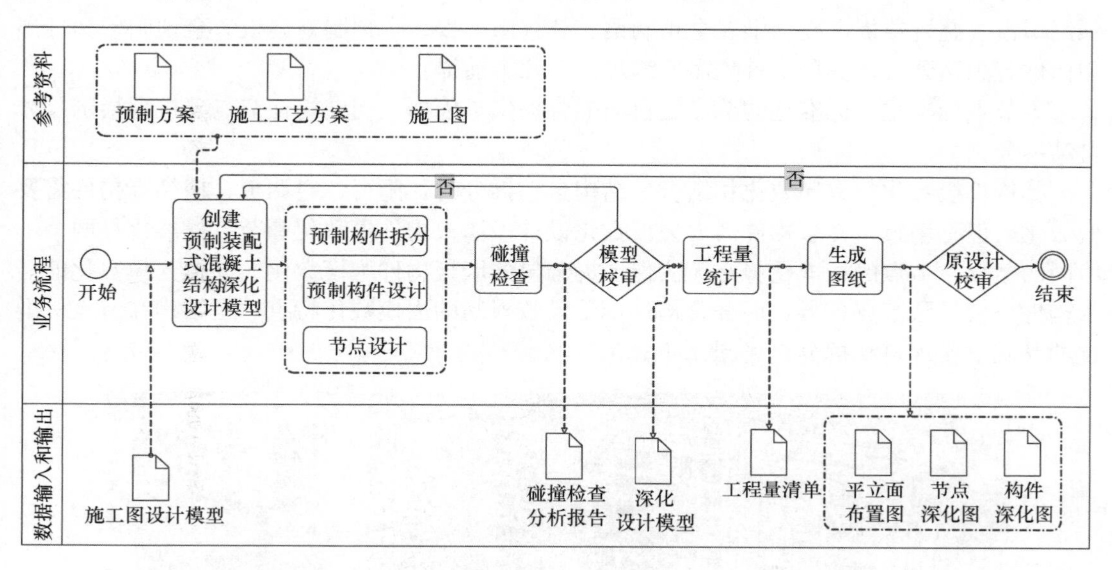

图4.4-15 预制构件深化设计BIM应用典型流程

2. 预制构件深化设计工具介绍

目前，预制构件深化设计软件主要有专业结构深化设计软件（如Tekla Structures、Allplan等）和通用设计软件（如AutoCAD、Autodesk Revit等）两大类，国内常用的是Tekla Structures，Autodesk Revit，ArchiCAD等。以Autodesk Revit软件为例，进行混凝土预制构件深化设计工作。Autodesk Revit作为深化设计软件，主要实现三维实体建模、预制构件内部碰撞检查、构配件族库管理、施工详图绘制、生成加工明细表。使用Autodesk Revit软件进行混凝土预制构件深化设计建模，模型完成后输出的模型信息包括：图纸、清单、其他格式的模型信息等，用于结构分析、模型参考、渲染出图、施工图纸管理、清单处理等。

不管采用哪类BIM平台进行预制构件深化设计，该平台均应具备如下专业功能：

（1）预制构件拆分；

（2）预制构件设计计算；

（3）节点设计计算；

（4）预留洞、预埋件设计；

（5）模型的碰撞检查；

（6）深化设计图生成。

3. 预制构件深化设计流程

（1）构件拆分

预制构件深化设计之前，需对主体结构构件进行合理的构建拆分设计，主要是指依据装配式构件拆分的原则，将预制构架拆分为满足生产及现场装配要求的单体构件，它是混凝土主体结构设计后的构件深化设计，也是建筑结构的二次设计，之后在施工现场通过专业的安装连接技术进行单体构件间的组装。构件的拆分的前提原则及要求如下：

剪力墙、PCF墙板、夹心保温墙板、叠合板式剪力墙、女儿墙、预制柱、外挂墙板、预制飘窗、叠合楼板、叠合梁、全预制梁、叠合阳台板、全预制空调板。全预制楼梯灯预制构件若想达到自动拆分，首先需要满足以下几个前提：

①节点标准化。标准化的节点给自动拆分提供了依据，使结构在节点处根据指定尺寸自动拆分。

②构件模数化与去模数化相结合。结构自动拆分时，阳台、空调板、楼梯等构件需要模数化，但是墙板、楼板构件需要去模数化设计。墙板构件模数化和节点标准化是两个不协同的概念，节点的标准化势必无法保证拆分出的墙板构件为模数化；同样，模数化的墙板构件也会导致节点各异，而叠合构件不受模数限制的去模数化特点，是结构在节点标准化的基础上实现自动拆分，见图4.4-16。

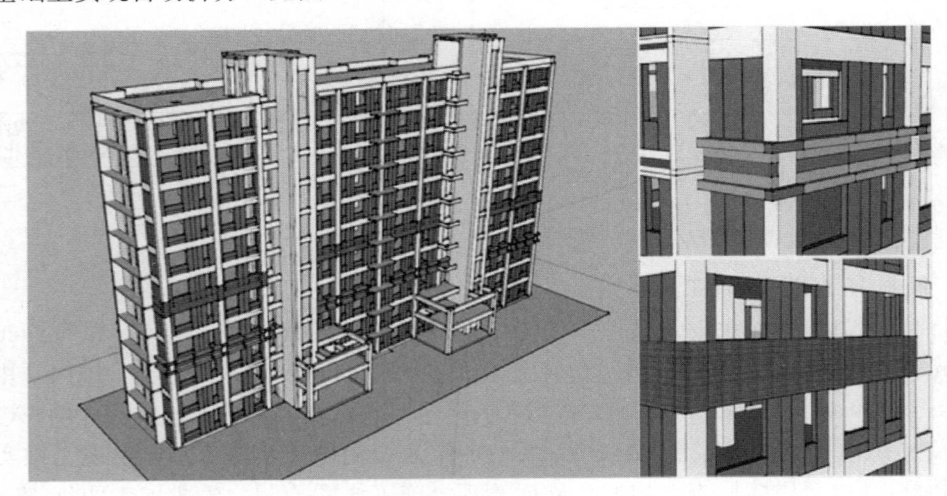

图4.4-16 结构拆分

预制构件拆分时，首先应依据施工吊装工况、吊装设备、运输设备和道路条件、预制厂家生产条件以及标准模数等因素确定其位置和尺寸等信息。

而针对结构平面布置，装配式结构的平面布置要规则、均匀具体体现在如下几点：

①户型模数化、标准化，依据《建筑模数协调标准》GB/T 50002—2013。

②厨房的模数化、标准化，依据《住宅厨房及相关设备基本参数》GB/T 11228—2008。

③卫生间的模数化、标准化，依据《住宅卫生间功能及尺寸系列》GB/T

11977—2008。

④楼梯的模数化、标准化，依据《建筑模数协调标准》GB/T 50002—2013。

平面形状依据《装配式混凝土结构技术规程》JGJ 1—2014，平面长宽比、高宽比不能过大，局部突出或凹入部分的尺度也不能过大，平面形状要简单、规则、对称、质量、刚度分布均匀。

对于竖向布置，构件拆分要规则、均匀，竖向抗侧力构件的截面尺寸和材料要自下而上逐渐减小，避免抗侧力结构的侧向刚度和承载力竖向突变，承重构件要上下对齐，结构侧向刚度需下大上小。

构件划分，结构相关预制构件（柱、梁、墙、板）的划分，遵循受力合理、连接简单、施工方便、少规格、多组合，能组装成形式多样的结构系列原则，其中：

①预制梁截面尺寸尽量统一，配筋采用大直径、少种类。

②预制剪力墙两端边缘构件对称配筋。

③预制带飘窗墙体、阳台、空调板、楼梯尽量模数化。

④楼梯与相邻剪力墙的链接在受力合理的情况下尽量简单。

（2）深化设计

在预制构件深化设计BIM应用中，可基于施工图设计模型或施工图，以及预制方案、施工工艺方案等创建深化设计模型，输出平立面布置图、构件深化设计图、节点深化设计图、工程量清单等，见图4.4-17。预制构件深化设计模型除应包括施工图设计模型元素外，还应包括预埋件和预留孔洞、节点和临时安装措施等类型的模型元素，其内容应符合表4.4-2的规定。

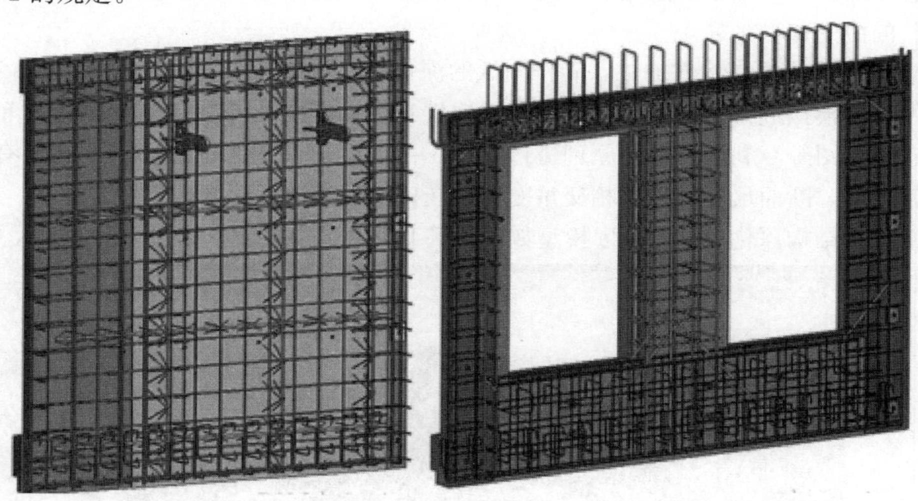

图4.4-17 预制构件深化设计

预制构件深化设计模型元素及信息 **表4.4-2**

模型元素类型	模型元素及信息
上游模型	施工图设计模型元素及信息
预埋件和预留孔洞	预埋件、预埋管、预埋螺栓等，以及预留孔洞。几何信息应包括：位置和几何尺寸。非几何信息应包括：类型、材料等信息

续表

模型元素类型	模型元素及信息
节点	节点连接的材料、连接方式、施工工艺等。几何信息应包括：位置、几何尺寸及排布。非几何信息应包括：节点编号、节点区材料信息、钢筋信息（等级、规格等），型钢信息、节点区预埋信息等
临时安装措施	预制构件安装设备及相关辅助设施。非几何信息应包括：设备设施的性能参数等信息

在深化设计过程中，项目管理人员应用深化设计模型进行安装节点、专业管线与预留预埋、施工工艺等的碰撞检查以及安装可行性验证。预制构件深化设计 BIM 应用交付的成果可包括深化设计模型、碰撞检查分析报告、设计说明、平立面布置图，以及节点、预制构件深化设计图和计算书、工程量清单等。

4.5　BIM 技术在建造阶段的应用

4.5.1　数字化加工管理

1. 构件加工详图

通过 BIM 模型对建筑构件的信息化表达，可在 BIM 模型上直接生成构件加工图，不仅能清楚地传达传统图纸的二维关系，而且对于复杂的空间剖面关系也可以清楚表达，同时还能够将离散的二维图纸信息集中到一个模型当中，这样的模型能够更加紧密地实现与预制工厂的协同和对接。

BIM 模型可以完成构件加工、制作图纸的深化设计。如利用 Tekla Structures 等深化设计软件真实模拟进行结构深化设计，通过软件自带功能将所有加工详图（包括布置图、构件图、零件图等）利用三视图原理进行投影、剖面生成深化图纸，图纸上的所有尺寸，包括杆件长度、断面尺寸、杆件相交角度均是在杆件模型上直接投影产生的。

某工程钢结构深化设计 Tekla 模型如图 4.5-1 所示，构件加工如图 4.5-2 所示。

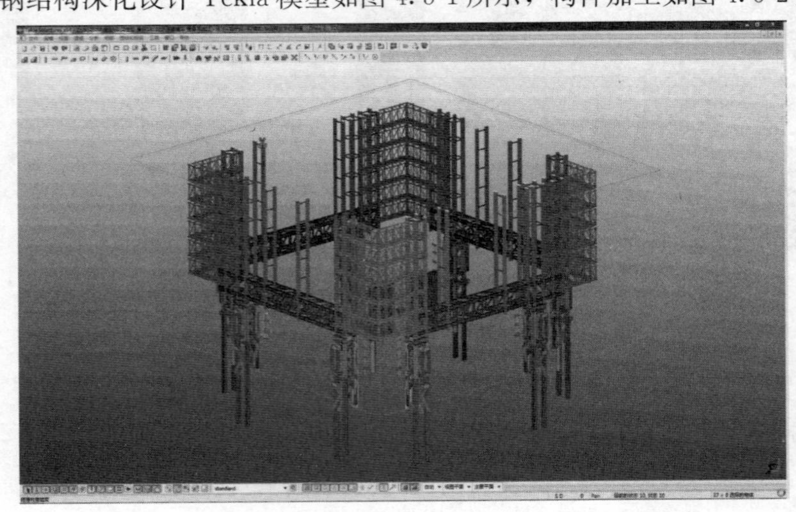

图 4.5-1　Tekla 钢结构模型

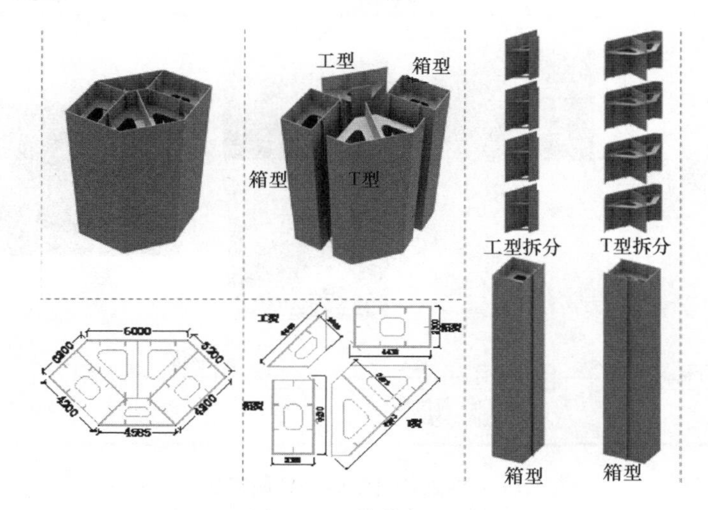

图 4.5-2 构件加工图

2. 构件生产指导

BIM建模是对建筑的真实反映，在生产加工过程中，BIM信息化技术可以直观地表达出配筋的空间关系和各种参数情况（如图 4.5-3 所示），能自动生成构件下料单、派工单、模具规格参数等生产表单，并且能通过可视化的直观表达帮助工人更好地理解设计意图，可以形成BIM生产模拟动画、流程图、说明图等辅助培训的材料，有助于提高工人生产的准确性和质量效率。

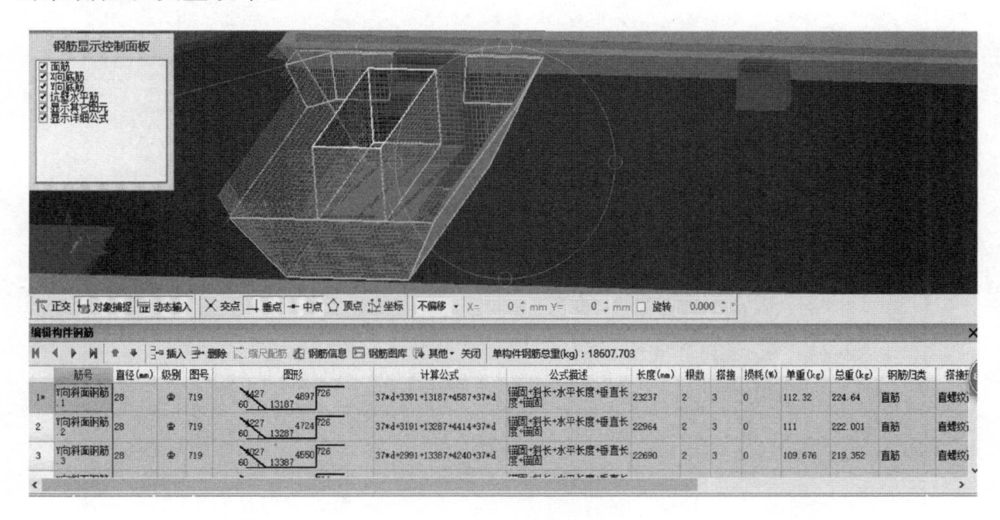

图 4.5-3 钢筋图

3. 通过BIM实现预制构件的数字化制造

借助工厂化、机械化的生产方式，采用集中、大型的生产设备，将BIM信息数据输入设备，就可以实现机械的自动化生产（如图 4.5-4 所示），这种数字化建造的方式可以大大提高工作效率和生产质量。比如现在已经实现了钢筋网片的商品化生产，符合设计要求的钢筋在工厂自动下料、自动成形、自动焊接（绑扎），形成标准化的钢筋网片。

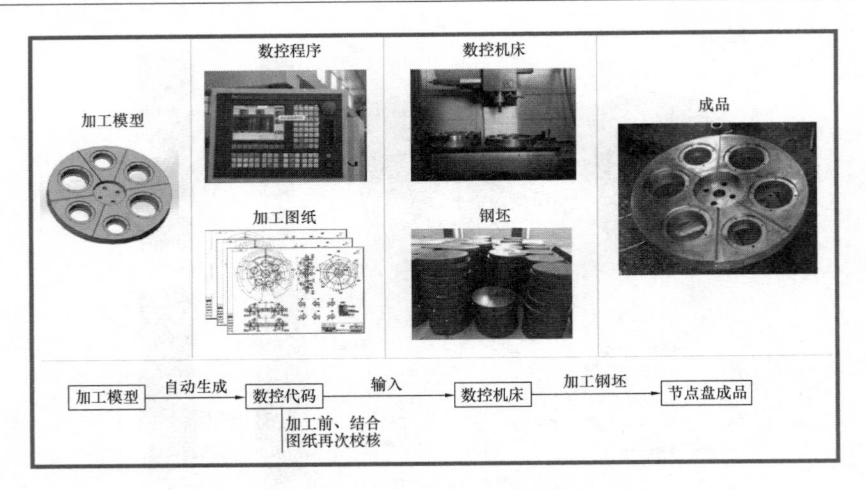

图 4.5-4 预制构件的数字化制造加工图

4. 构件详细信息全过程查询

作为施工过程中的重要信息，检查和验收信息将被完整地保存在BIM模型中，相关单位可快捷地对任意构件进行信息查询和统计分析，在保证施工质量的同时，能使质量信息在运维期有据可循。某工程利用BIM模型查询构件详细信息如图 4.5-5 所示。

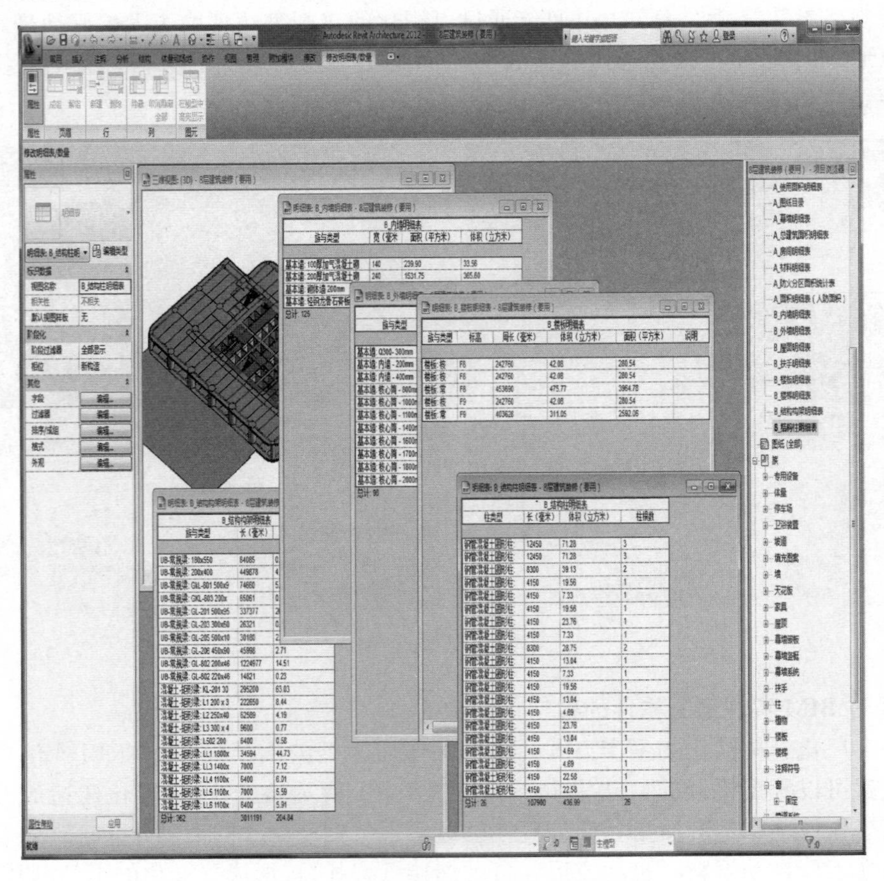

图 4.5-5 利用BIM模型查询构件详细信息

4.5.2 进度管理

进度管理是以一个项目为核心，为了保证项目的顺利进行，通过全面的计划、调节和控制，一方面使项目达到规定的质量标准，并最大限度地缩减工期，减少成本。

进度管理主要的内容：

项目的前期、中期以及后续工作，这整体过程都在施工项目进度管理系统的统筹范围内。施工前期，施工方案的设计，风险预测和规避，并且管理人员必须在前期对施工的总进度进行规划。在施工过程中，管理人员要根据实际情况与计划做对比，方便对下一步的工作进行提前准备，要对过程中出现的问题尽快处理，对出现的意外进行反思与记录，对工程的质量做好实时的监督。在这个过程中，管理人员还需要对项目计划做出更好的改进，以此保证整体项目能够顺利往下进行。施工后期的管理内容也非常重要，后期整体工程的验收，整理工程的财务，以及整体的项目资料，项目总结是项目管理的重要一环。

一般的施工项目进度管理系统在很大程度上依赖于管理人员自身的经验，在工程施工方面的时间计划不够准确，网格图是多数管理人员安排施工计划的方式，这种方式对于规模较小的施工项目来说能够解决，但对于规模较大的项目，其中涉及的方面众多，传统的一般管理方式不能满足其庞大的需求量。相较于传统网络图，BIM技术的核心就是多维数字模型，在施工项目进度管理系统中发挥着实时监测项目进程的重任。

以北京城市副中心为例，根据生产部门提供的施工进度计划Project表，其中包括施工部位、时间、劳动力安排等重要信息，由BIM人员将其导入BIM5D软件中，对整个工程进行施工进度模拟，时时体现施工过程中某一时间节点的材料使用量、劳动力安排、工程量完成情况等重要信息，实现任意指定时间下的工程计划进度与实际进度的对比分析，通过对施工流水段的相关工序进行分析和优化调整，直接掌控该任务现状对总工期的影响，确保工程项目按时完工，见图4.5-6。

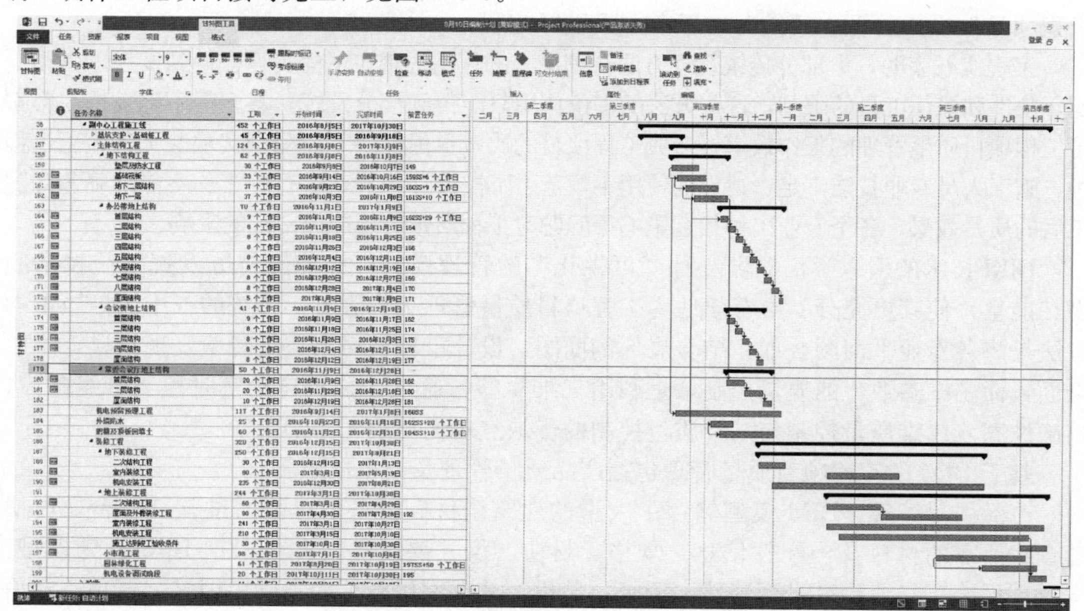

图4.5-6 施工进度计划Project表

进度模拟分析：将模型与施工进度计划进行关联，通过视频演示方式，查看施工计划进展情况。并将实际进度与计划进度形成对比，直观的展示提前或延后情况，见图 4.5-7。

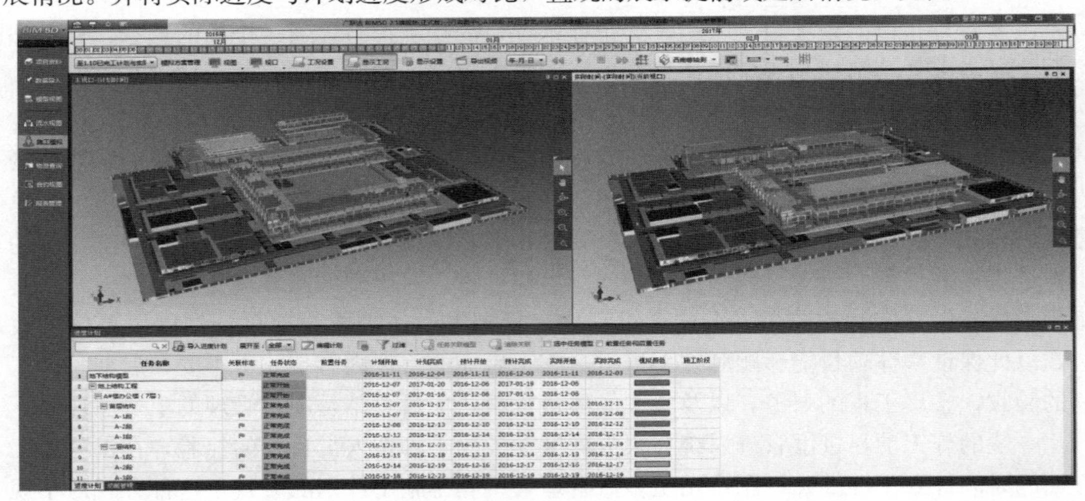

图 4.5-7　实际进度与计划进度对比

4.5.3　质量管理

ISO 9000—2000 对质量的定义为：一组固有特征满足要求的程度。质量的主体不但包括产品，而且包括过程、活动的工作质量，还包括质量管理体系运行的效果。工程项目质量管理是指在力求实现工程项目总目标的过程中，为满足项目的质量要求所开展的有关管理监督活动。

在工程建设中，无论是勘察、设计、施工还是机电设备的安装，影响工程质量的因素主要有“人、机、料、法、环”等五大方面，即：人工、机械、材料、方法、环境。所以工程项目的质量管理主要是对这五个方面进行控制。

工程实践表明，大部分传统管理方法在理论上的作用很难在工程实际中得到发挥。由于受实际条件和操作工具的限制，这些方法的理论作用只能得到部分发挥，甚至得不到发挥，影响了工程项目质量管理的工作效率，造成工程项目的质量目标最终不能完全实现。工程施工过程中，施工人员专业技能不足、材料的使用不规范、不按设计或规范进行施工、不能准确预知完工后的质量效果、各个专业工种相互影响等问题对工程质量管理造成一定的影响。

BIM 技术的引入不仅提供一种“可视化”的管理模式，亦能够充分发掘传统技术的潜在能量，使其更充分、更有效地为工程项目质量管理工作服务。传统的二维管控质量的方法是将各专业平面图叠加，结合局部剖面图，设计审核校对人员凭经验发现错误，难以全面，而三维参数化的质量控制，是利用三维模型，通过计算机自动实时检测管线碰撞，精确性高。二维质量控制与三维质量控制的优缺点对比见表 4.4-11。

基于 BIM 的工程项目质量管理包括产品质量管理及技术质量管理。

产品质量管理：BIM 模型储存了大量的建筑构件、设备信息。通过软件平台，可快速查找所需的材料及构配件信息，规格、材质、尺寸要求等，并可根据 BIM 设计模型，可对现场施工作业产品进行追踪、记录、分析，掌握现场施工的不确定因素，避免不良后果的出现，监控施工质量。

传统二维质量控制与三维质量控制优缺点对比　　表 4.4-11

传统二维质量控制缺陷	三维质量控制优点
手工整合图纸，凭借经验判断，难以全面分析	电脑自动在各专业间进行全面检验，精确度高
均为局部调整，存在顾此失彼情况	在任意位置剖切大样及轴测图大样，观察并调整该处管线标高关系
标高多为原则性确定相对位置，大量管线没有精确确定标高	轻松发现影响净高的瓶颈位置
通过“平面+局部剖面”的方式，对于多管交叉的复制部位表达不够充分	在综合模型中进行直观的表达碰撞检测结果

技术质量管理：通过BIM的软件平台动态模拟施工技术流程，再由施工人员按照仿真施工流程施工，确保施工技术信息的传递不会出现偏差，避免实际做法和计划做法不一样的情况出现，减少不可预见情况的发生，监控施工质量。

下面仅对BIM在工程项目质量管理中的关键应用点进行具体介绍。

1. 施工工艺模拟

为保证工程质量，BIM团队借助BIM模型对施工方案进行施工模拟，利用视频对施工过程中的难点和要点进行说明，提供给施工管理人员及施工班组。对一些狭小部位、工序复杂的施工节点，项目团队借助BIM模型对施工工艺、工序的模拟，能够非常直观地了解整个施工工序安排，清晰把握施工过程，从而实现施工组织、施工工艺、施工质量的事前控制，见图4.5-8。

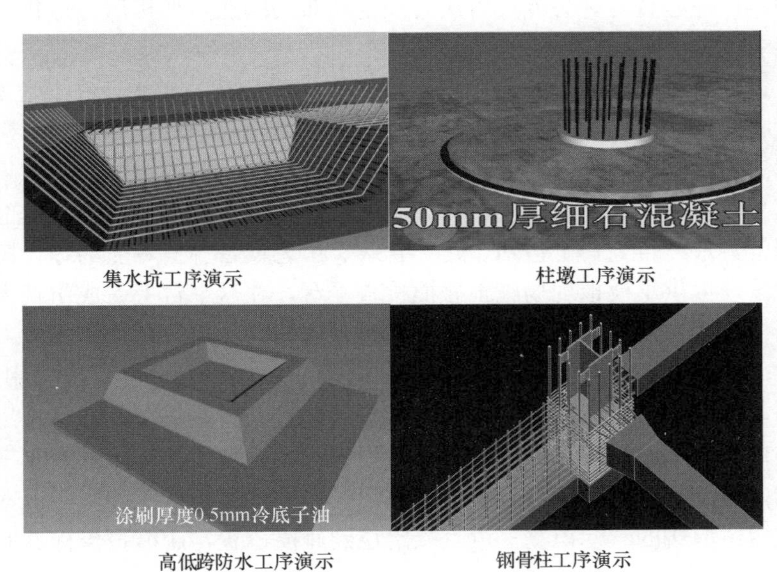

集水坑工序演示　　柱墩工序演示

高低跨防水工序演示　　钢骨柱工序演示

图 4.5-8　BIM技术对施工中难点模拟

2. 碰撞检测

传统二维图纸设计中，在结构、水暖电等各专业设计图纸汇总后，由总工程师人工发现和协调问题，人为的失误在所难免，使施工中出现很多冲突，造成建设投资巨大浪费，并且还会影响施工进度。另外，由于各专业承包单位实际施工过程中对其他专业或者工种、工序间的不了解，甚至是漠视，产生的冲突与碰撞比比皆是。但施工过程中，这些碰撞的解决方案，往往受限于现场已完成部分的局限，大多只能牺牲某部分利益、效能，而被动地变更。研究表明，施工过程中相关各方有时需要付出几十万元、几百万元、甚至上千万元的代价来弥补由设备管线碰撞引起的拆装、返工和浪费。

目前，BIM技术在三维碰撞检查中的应用已经比较成熟，依靠其特有的直观性及精确性，于设计建模阶段就可一目了然地发现各种冲突与碰撞。在水、暖、电建模阶段，利用BIM随时自动检测及解决管综设计初级碰撞，其效果相当于将校审部分工作提前进行，这样可大大精确地提高成图质量。碰撞检测的实现主要依托于虚拟碰撞软件，其实质为BIM可视化技术，施工设计人员在建造之前就可以对项目进行碰撞检查，不但能够彻底消除硬碰撞、软碰撞，优化工程设计，减少在建筑施工阶段可能存在的错误损失和返工的可能性，而且能够优化净空和管线排布方案。最后施工人员可以利用碰撞优化后的三维方案，进行施工交底、施工模拟，提高施工质量、同时也提高了与业主沟通的能力。

碰撞检测可以分为专业间碰撞检测及管线综合的碰撞检测。专业间碰撞检测主要包括土建专业之间（如检查标高、剪力墙、柱等位置是否一致，梁与门是否冲突）、土建专业与机电专业之间（如检查设备管道与梁柱是否发生冲突）、机电各专业间（如检查管线末端与室内吊顶是够冲突）的软、硬碰撞点检查。管线综合的碰撞检测主要包括管道专业系统内部检查，暖通专业系统内部检查，电气专业系统内部检查，以及管道、暖通、电气、结构专业之间的碰撞检查等。另外，解决管线空间布局问题，如机房过道狭小等问题也是常见碰撞内容之一。

在对项目进行碰撞检测时，要遵循如下检测优先级顺序：首先，进行土建碰撞检测；然后，进行设备内部各专业碰撞检测；之后，进行结构与给排水、暖、电专业碰撞检测等；最后，解决各管线之间交叉问题。其中，全专业碰撞检测的方法如下：将完成各专业的精确三维模型建立后，选定一个主文件，以该文件轴网坐标为基准，将其他专业模型链接到该主模型中，最终得到一个包括土建、管线、工艺设备等全专业的综合模型。该综合模型真正地为设计提供了模拟现场施工碰撞检查平台，在这平台上完成仿真模式现场碰撞检查，并根据检测报告及修改意见对设计方案合理评估并作出设计优化决策，然后再次进行碰撞检测……如此循环，直至解决所有的硬碰撞，软碰撞剩下可接受的范围。

显而易见，面对常见碰撞内容复杂、种类较多，且碰撞点很多，甚至高达上万个，如何对碰撞点进行有效标识与识别？这就需要采用轻量化模型技术，把各专业三维模型数据以直观的模式，存储于展示模型中，模型碰撞信息采用“碰撞点”和“标识签”进行有序标识，通过结构树形式的“标识签”可直接定位到碰撞位置，碰撞报告标签命名规则如图4.5-9所示。

碰撞检测完毕后，在计算机上以该命名规则出具碰撞检查报告，方便快速读出碰撞点的具体位置与碰撞信息。例如：0014-PIP&HVAC-ZP&PF，表示该碰撞点是管道专业与暖通专业碰撞的第14个点，为管道专业的自动喷，碰撞检查后处理如图4.5-10所示。

管道专业三维碰撞检查报告见表4.5-1。

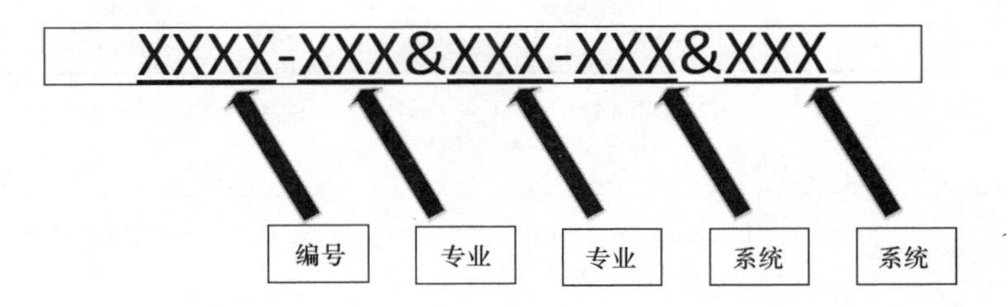

图 4.5-9 碰撞报告标签命名规则

测试 1	公差	碰撞	新建	活动的	已审阅	已核准	已解决	类型	状态
	0.001m	788	788	0	0	0	0	硬碰撞	确定

图像	碰撞名称	状态	距离	网格位置	说明	找到日期	碰撞点	项目 1 项目 ID	项目 1 图层	项目 1 项目 名称	项目 1 项目类型	项目 2 项目 ID	项目 2 图层	项目 2 项目 名称	项目 2 项目类型
	碰撞1	新建	-1.70	N-E-01-N-E-C：训练池底部	硬碰撞	2015/5/23 06:49.46	x:65839.74、y:43965.18、z:4.27	元素 ID: 3154227	承台底部标高	默认墙	实体	元素 ID: 2907786	1F	桥架	实体
	碰撞2	新建	-1.62	N-E-01-N-E-C：训练池底部	硬碰撞	2015/5/23 06:49.46	x:65839.71、y:43965.00、z:4.32	元素 ID: 3154227	承台底部标高	默认墙	实体	元素 ID: 2906663	1F	桥架	实体
	碰撞3	新建	-1.48	N-E-01-N-E-C：训练池底部	硬碰撞	2015/5/23 06:49.46	x:65839.68、y:43964.81、z:4.31	元素 ID: 3154227	承台底部标高	默认墙	实体	元素 ID: 2905838	1F	桥架	实体
	碰撞4	新建	-1.35	N-E-01-N-E-B：泳池底顶高	硬碰撞	2015/5/23 06:49.46	x:65838.79、y:43959.13、z:3.75	元素 ID: 3154227	承台底部标高	默认墙	实体	元素 ID: 2903208	1F	桥架	实体
	碰撞5	新建	-1.21	N-E-01-N-E-B：训练池底部	硬碰撞	2015/5/23 06:49.46	[illegible]	[illegible]	[illegible]	默认墙	实体	元素 ID: 2899427	1F	桥架	实体

图 4.5-10 BIM 三维碰撞检查与处理

管道专业三维碰撞检查报告 **表 4.5-1**

0001-PIP&-PIP-J&-XH	1-SOHO-BAS-PIP-B04-J-DN50-2 | SOHO-BAS-PIP-B04-XH-DN100-2 ‖ 0001-PIP&-PIP-J&-XH
0002-PIP&-PIP-J&-XH	2-SOHO-BAS-PIP-B04-J-DN50-2 | SOHO-BAS-PIP-B04-XH-（LG）DN65-2 ‖ 0002-PIP&-PIP-J&-XH
0003-PIP&-PIP-J&-W	3-SOHO-BAS-PIP-B04-J-DN80-4 | SOHO-BAS-PIP-B04-W-DN100-1 ‖ 0003-PIP&-PIP-J&-W
0004-PIP&-PIP-W&-YW	2-SOHO-BAS-PIP-B04-W-DN100-1 | SOHO-BAS-PIP-B04-YW-DN100-1 ‖ 0004-PIP&-PIP-W&-YW
0005-PIP&-PIP-W&-YW	3-SOHO-BAS-PIP-B04-W-DN100-2 | SOHO-BAS-PIP-B04-YW-DN80-4 ‖ 0005-PIP&-PIP-W&-YW
0006-PIP&-PIP-W&-T	4-SOHO-BAS-PIP-B04-W-DN100-4 | SOHO-BAS-PIP-B04-T-（LG）DN100-4 ‖ 0006-PIP&-PIP-W&-T
0007-PIP&-PIP-W&-ZP	5-SOHO-BAS-PIP-B04-W-DN100-6 | SOHO-BAS-PIP-B04-ZP-DN150-3 ‖ 0007-PIP&-PIP-W&-ZP

续表

0008-PIP&PIP-W&ZP	6-SOHO-BAS-PIP-B04-W-DN100-8 | SOHO-BAS-PIP-B04-ZP-DN150-3 ‖ 0008-PIP&PIP-W&ZP
0009-PIP&PIP-W&YW	7-SOHO-BAS-PIP-B04-W-DN80-1 | SOHO-BAS-PIP-B04-YW-DN80-5 ‖ 0009-PIP&PIP-W&YW
0010-PIP&PIP-W&YW	8-SOHO-BAS-PIP-B04-W-DN80-3 | SOHO-BAS-PIP-B04-YW-DN80-2 ‖ 0010-PIP&PIP-W&YW
0011-PIP&PIP-W&YW	9-SOHO-BAS-PIP-B04-W-DN80-4 | SOHO-BAS-PIP-B04-YW-DN80-3 ‖ 0011-PIP&PIP-W&YW
0012-PIP&PIP-W&YW	10-SOHO-BAS-PIP-B04-W-DN80-6 | SOHO-BAS-PIP-B04-YW-DN80-3 ‖ 0012-PIP&PIP-W&YW
0013-PIP&PIP-W&YW	11-SOHO-BAS-PIP-B04-W-DN80-8 | SOHO-BAS-PIP-B04-YW-DN80-1 ‖ 0013-PIP&PIP-W&YW
0014-PIP&PIP-XH&ZP	3-SOHO-BAS-PIP-B04-XH-DN200-3 | SOHO-BAS-PIP-B04-ZP-DN200-3 ‖ 0014-PIP&PIP-XH&ZP

在读取并定位碰撞点后，为了更加快速地给出针对碰撞检测中出现的“软”、“硬”碰撞点的解决方案，我们可以将碰撞问题为以下几类：

（1）重大问题，需要业主协调各方共同解决；

（2）由设计方解决的问题；

（3）由施工现场解决的问题；

（4）因未定因素（如设备）而遗留的问题；

（5）因需求变化而带来新的问题；

针对由设计方解决的问题，可以通过多次召集各专业主要骨干参加三维可视化协调会议的办法，把复杂的问题简单化，同时将责任明确到个人，从而顺利地完成管线综合设计、优化设计，得到业主的认可。针对其他问题，则可以通过三维模型截图、漫游文件等协助业主解决。另外，管线优化设计应遵循以下原则：

（1）在非管线穿梁、碰柱、穿吊顶等必要情况下，尽量不要改动。

（2）只需调整管线安装方向即可避免的碰撞，属于软碰撞，可以不修改，以减少设计人员的工作量。

（3）需满足建筑业主要求，对没有碰撞，但不满足净高要求的空间，也需要进行优化设计。

（4）管线优化设计时，应预留安装、检修空间。

（5）管线避让原则如下：有压管让无压管；小管线让大管线；施工简单管让施工复杂管；冷水管道避让热水管道；附件少的管道避让附件多的管道；临时管道避让永久管道。

某工程碰撞检测及碰撞点显示如图 4.5-11～图 4.5-12 所示。

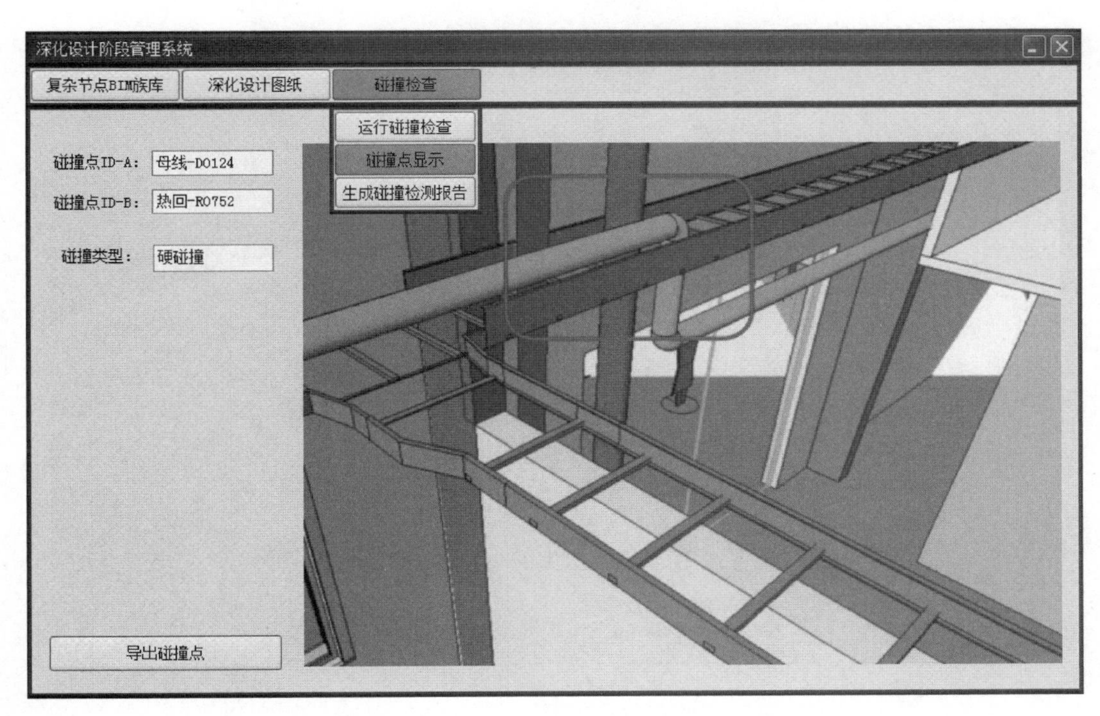

(*a*)

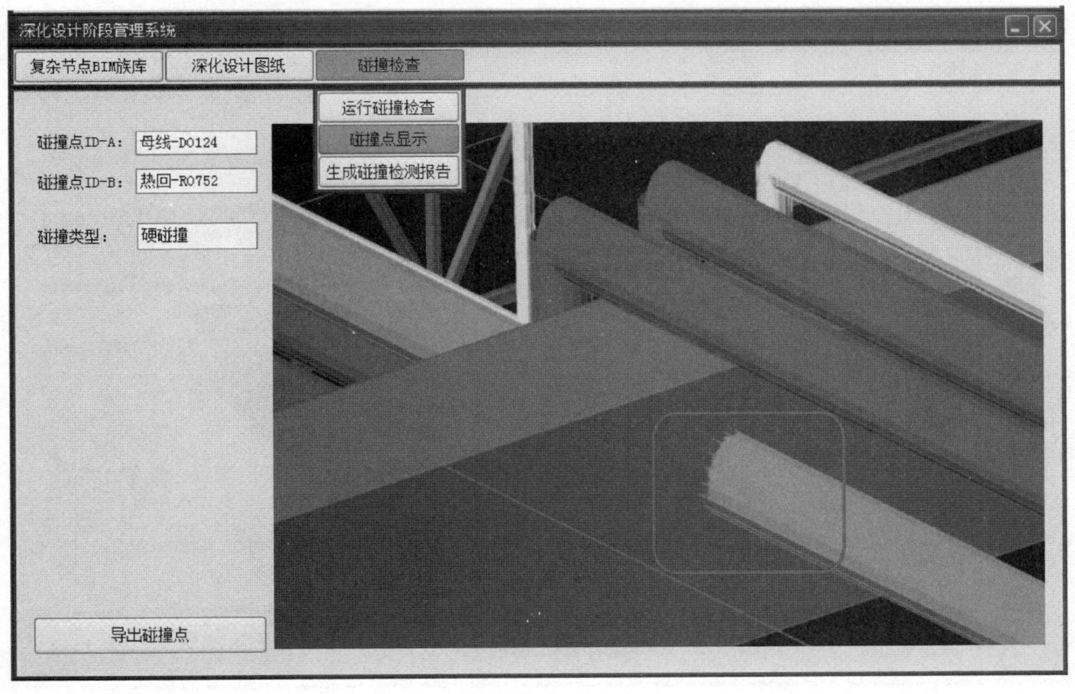

(*b*)

图 4.5-11　某工程碰撞检测及碰撞点显示（一）

（*a*）碰撞点一；（*b*）碰撞点二

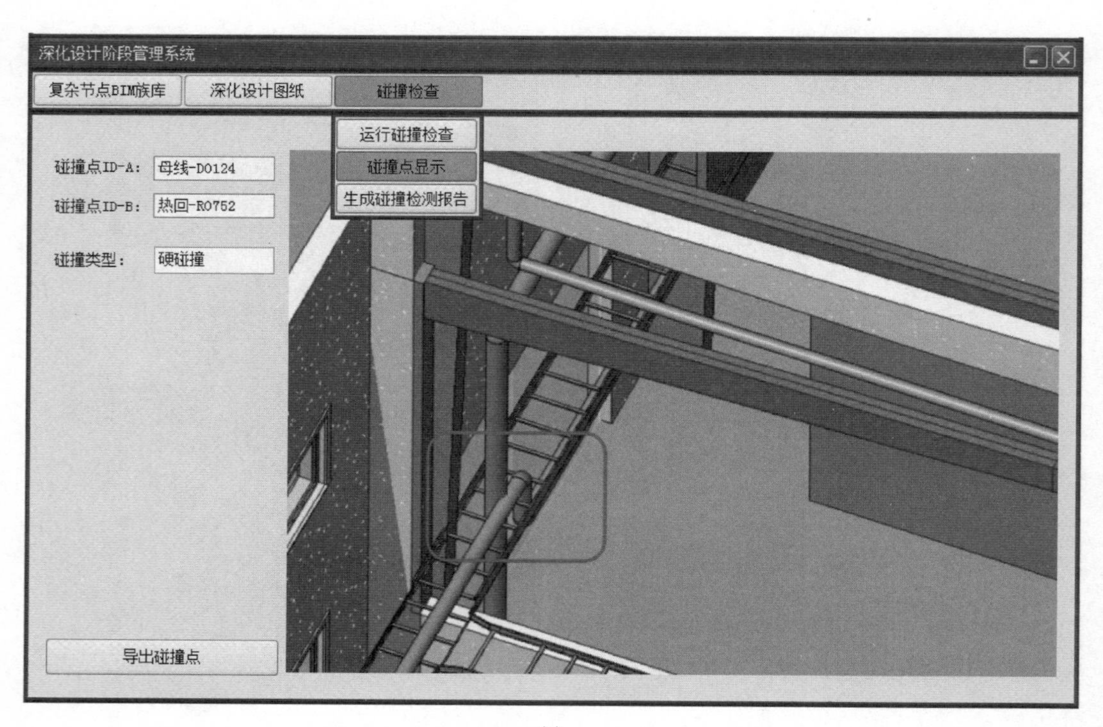

(a)

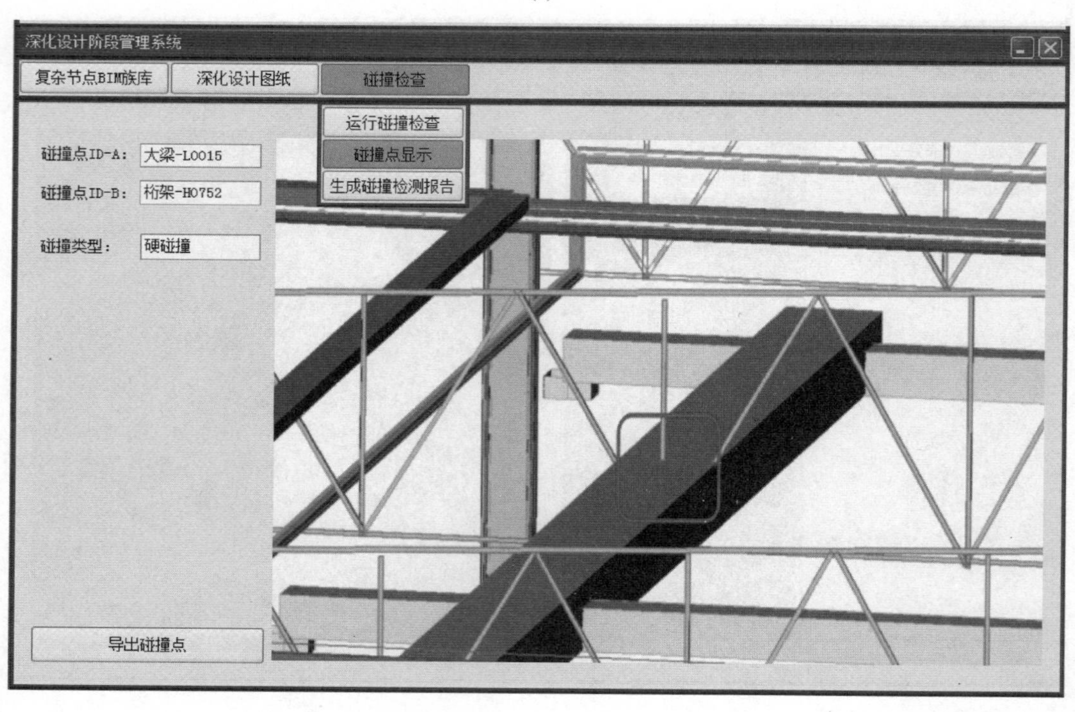

(b)

图 4.5-12 某工程碰撞检测及碰撞点显示（二）
(a) 碰撞点三；(b) 碰撞点四

3. 大体积混凝土测温

使用自动化监测管理软件进行大体积混凝土温度的监测，将测温数据无线传输汇总自动到分析平台上，通过对各个测温点的分析，形成动态监测管理。电子传感器按照测温点布置要求，自动直接将温度变化情况输出到计算机，形成温度变化曲线图，随时可以远程动态监测基础大体积混凝土的温度变化，根据温度变化情况，随时加强养护措施，确保大体积混凝土的施工质量，确保在工程基础筏板混凝土浇筑后不出现由于温度变化剧烈引起的温度裂缝。利用基于BIM的温度数据分析平台对大体积混凝土进行温度检测如图4.5-13所示。

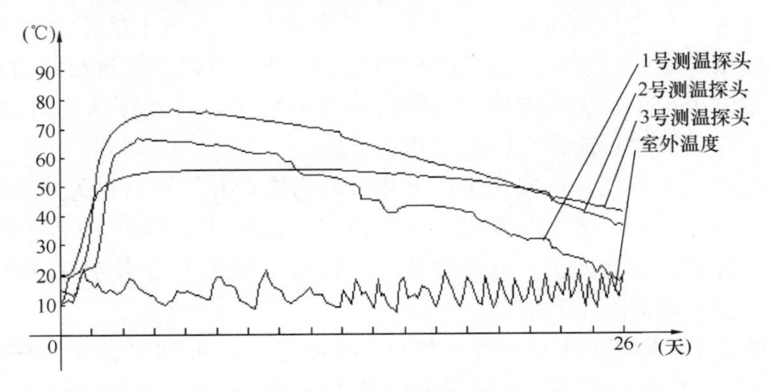

图4.5-13 基于BIM的大体积混凝土进行温度检测

4. 施工工序管理

工序质量控制就是对工序活动条件即工序活动投入的质量和工序活动效果的质量及分项工程质量的控制。在利用BIM技术进行工序质量控制时能够着重于以下几方面的工作：

（1）利用BIM技术能够更好地确定工序质量控制工作计划。一方面要求对不同的工序活动制定专门的保证质量的技术措施，作出物料投入及活动顺序的专门规定；另一方面要规定质量控制工作流程、质量检验制度。

（2）利用BIM技术主动控制工序活动条件的质量。工序活动条件主要指影响质量的五大因素，即人、材料、机械设备、方法和环境等。

（3）能够及时检验工序活动效果的质量。主要是实行班组自检、互检、上下道工序交接检，特别是对隐蔽工程和分项（部）工程的质量检验。

（4）利用BIM技术设置工序质量控制点（工序管理点），实行重点控制。工序质量控制点是针对影像质量的关键部位或薄弱环节确定的重点控制对象。正确设置控制点并严格实施是进行工序质量控制的重点。

5. 高集成化方便信息查询和搜集

BIM技术具有高集成化的特点，其建立的模型实质为一个庞大的数据库，在进行质量检查时可以随时调用模型，查看各个构件，例如预埋件位置查询，起到对整个工程逐一排查的作用，事后控制极为方便。

4.5.4 安全管理

科学技术和经济的发展让建筑行业越来越意识到建筑施工安全管理的重要性，开展建筑施工安全管理不仅能保障施工安全，更能保障建筑的质量和延长使用年限。同时，开展建筑施工安全管理是国家要求，也是对建筑行业负责。但是，即使越来越多的建筑企业意识到建筑施工安全管理的重要性，仍有部分建筑企业片面追求经济效益和节约成本，不顾施工安全和施工质量，导致了大量的建筑施工事故发生，这些事故给人民生命财产造成重大损失，产生了不良的社会影响，也阻碍了企业的经营和发展。在这样的前提下，BIM 技术应运而生，将 BIM 技术运用于建筑工程中，不仅能保障施工安全，更能保障建筑质量。

基于 BIM 的技术在安全生产施工中的应用有以下几点：

1. 临时设施

临时设施是为工程建设服务的，它的布置将影响到工程施工的安全、质量和生产效率，三维全真模型虚拟临时设施对施工单位很有用，不仅可以实现进行临时设施的布置及运用，还可以帮助施工单位事先准确地估算所需要的资源，以及评估临时设施的安全性，是否便于施工，以及发现可能存在的设计错误。

并根据所做的施工方案，将安全生产过程分解为维护和周转材料等建造构建模型，将他们的尺寸、重量、连接方式、布置形式直接以建模的形式表达出来，来选择施工设备、机具、确定施工方法，配备人员，通过建模，可以帮助施工人员事先有一个直观的认识，再进行深入的研究怎样去施工和安装。

施工现场场地布置模拟：根据施工现场总平面图进行场布 BIM 模型的搭建，三维展现施工现场布置情况，划分功能区域，便于进行场地分析；对施工场地进行合理规划，保证建筑材料的合理摆放和及时取用，方便材料的管理，提高施工现场的安全性，见图 4.5-14。

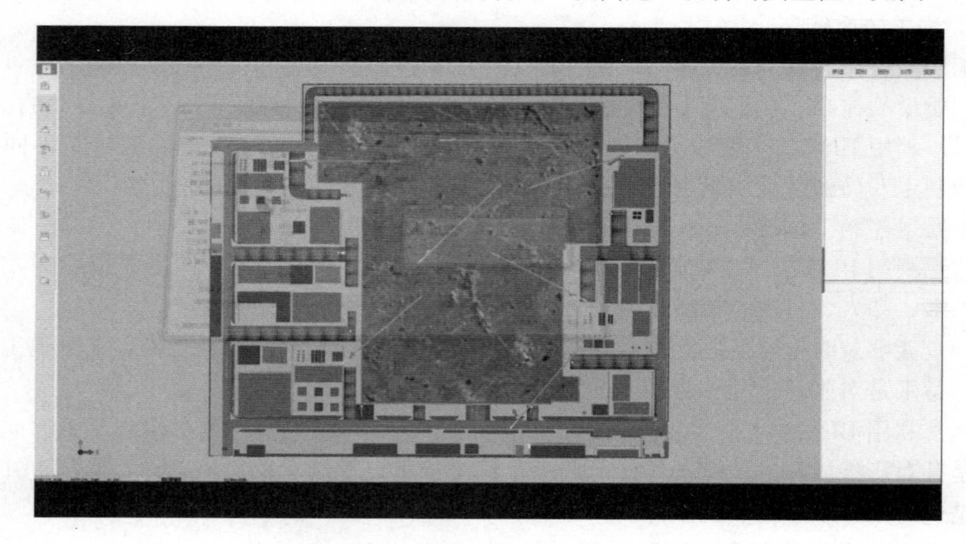

图 4.5-14　BIM 技术的施工现场模拟

2. 作业前，根据方案，先进行详细的施工现场查勘

重点研究解决施工现场整体规划、现场进场位置、材料区的位置、起重机械的位置及危险区域等问题，确保建筑构件在起重机械安全有效范围作业；利用三维建模，在模型施工过程，查看构件吊装路径、危险区域、车辆进出现场状况、装货卸货情况等。

施工现场虚拟三维全真模型可以直观、便利的协助管理者分析现场的限制，找出潜在的问题，制定可行的施工方法。有利于提高效率、减少传统施工现场布置方法中存在漏洞的可能，及早发现施工图设计和施工方案的问题，提高施工现场的生产率和安全性。在平面布置图中塔吊布置是施工总平面图中比较重要的一项，塔吊布置的是否合理会直接影响施工进度、安全。塔吊布置主要考虑覆盖范围、安装条件以及拆除。

在布置的过程中，一般施工单位前两项一般都做得比较出色，而往往会忽视掉最后拆除一项。因为塔吊是可以自行一节一节升高的，上升过程中没有建筑物对其由约束，而拆除的时候会出现悬臂约束、配重约束、道路约束等等一些甚至想不到的因素。在这些因素中有的建设项目可能没有考虑周全，也有整体布置没有更形象的空间比较的因素。

通过 BIM，将塔吊按照整个建筑的空间关系来进行布置和论证，会极大地提高布置的合理性。然后通过链接其他模型，如施工道路、临时加工场地、原材料堆放场地、临时办公设施、饮水点、厕所、临时供电供水设施及线路等。

塔吊的防碰撞模拟检测：模拟塔吊的工作情况，预先排布塔吊位置，确定塔吊的回转半径，使塔吊的布设位置更加合理，保证其在工作过程中同电源线、附近建筑物间的安全距离，将塔吊的碰撞的风险降到最小，提高现场施工安全，见图 4.5-15。

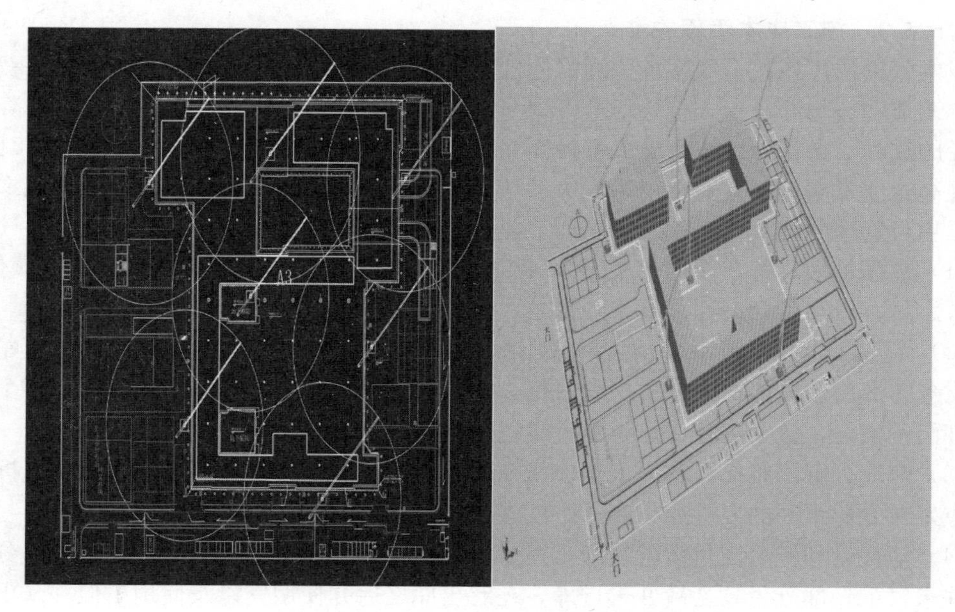

图 4.5-15 塔吊防碰撞模拟

3. 通过 BIM 的 3D 模拟平台虚拟工程安全施工

对整个工程的施工过程中的安全管理可以是可视化管理，达到全真模拟。通过这样的方法，可以使项目管理人员在施工前就可以清楚下一步要施工的所有内容以及明白自己的工作职能，确保在安全管理过程中能有序的管理，按照施工方案进行有组织的管理，能够了解现场的资源使用情况，把控现场的安全管理环境，会大大增加过程管理的可预见性，也能够促进施工过程中的有效沟通，可以有效地进行评估施工方法、发现问题，解决问题，真正的运用 PDCA 循环来提高工程的安全管控能力。这样就可以将改变原来传统的施工组织模式、工作流程和施工计划。

通过标识 BIM 模型中的危险部位和危险源，建立起危险防护体系，借助仿真动画进行第三人漫游，论证安全防护部署的可靠性，确保项目处处安全，见图 4.5-16。

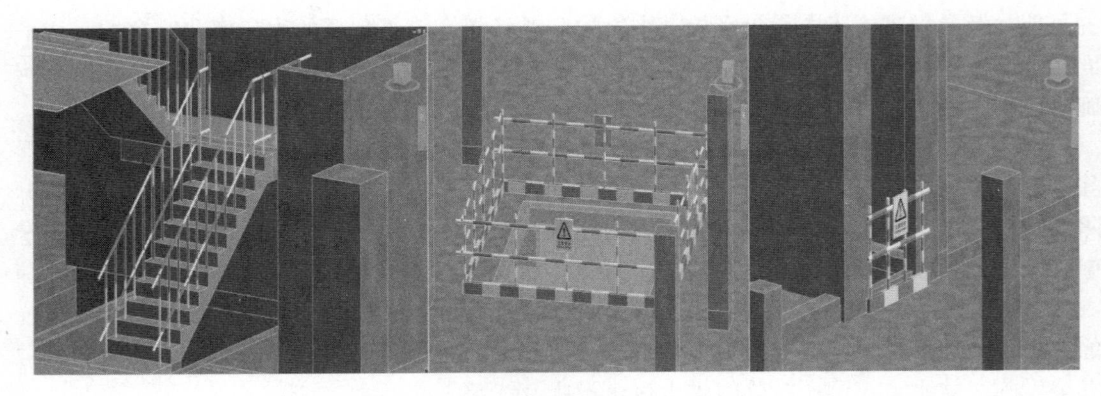

图 4.5-16　危险部位和危险源模拟

4.5.5　成本管理

4.5.5.1　施工成本管理的难点

成本管理的过程是运用系统工程的原理对企业在生产经营过程中发生的各种耗费进行计算、调节和监督的过程，也是一个发现薄弱环节，挖掘内部潜力，寻找一切可能降低成本途径的过程。科学地组织实施成本控制，可以促进企业改善经营管理，转变经营机制，全面提高企业素质，使企业在市场竞争的环境下生存、发展和壮大。然而，工程成本控制一直是项目管理中的难点。主要难点如下：

（1）数据量大。每一个施工阶段都牵涉大量材料、机械、工种、消耗和各种财务费用，人、材、机和资金消耗都要统计清楚，数据量十分巨大。

（2）牵涉部门和岗位众多。实际成本核算，传统情况下需要预算、材料、仓库、施工、财务多部门多岗位协同分析汇总数据，才能汇总出完整的某时点实际成本。某个或某几个部门不实行，整个工程成本汇总就难以做出。

（3）对应分解困难。材料、人工、机械甚至一笔款项往往用于多个成本项目，拆分分解对应好对专业水平的要求相当高，难度也非常高。

（4）消耗量和资金支付情况复杂。对于材料而言，部分进库之后并未付款，部分付款之后并未付款，部分付款之后并未进库，还有出库之后并使用完以及使用了但并未出库等情况；对于人工而言，部分完工但并未付款，部分已付款并未完工，还有完工仍未确定价格；机械周转材料租赁以及专业分包也有类似情况。情况如此复杂，成本项目和数据归集在一个没有强大平台支撑的情况下，不漏项的做好时间、空间、工序的三个维度对应很困难。

4.5.5.2　当前工程施工成本管理中存在的问题

传统的施工阶段重视事后的成本控制，轻视事前、事中控制；数据信息收集散乱，易缺失，忽略数据共享和协同工作；施工过程成本控制重视不足，缺少精细化管理；成本数据更新不及时，缺少集中分析管理的平台，质量安全问题得不到保证，导致工期成本的增加。主要体现以下几个方面：

（1）工程量的计算费事费力且精度不高

工程量的计算在工程的施工成本管理中属于基础性的前提条件，也是其中最为繁琐且最耗费时间的一道工序。目前，土建和钢筋的工程量计算软件算量为主，手工算量为辅；机电专业的工程量计算以手工算量为主，软件算量为辅。手工算量因为其低效率已经难以满足工程规模和复杂程度以及异形构件快速增加的需要。算量软件虽然在一定程度上提高了算量工作的效率，但由于图纸仍需要人工二次输入，且施工上下游的图纸模型之间不能实现复用，需要多次输入，因此并不能完全解决成本管理人员工作强度过大且功效不高的问题。无论是手工算量还是使用算量软件，手工操作占比极大，因而出错概率很高，同时由于异性构件和复杂建筑物的工程量计算困难，导致目前的工程量计算普遍误差大，精度不高，对成本管理的准确性造成了很大影响。

(2) 资源计划配置不合理

人工、材料、机械台班以及资金等资源的使用计划的合理安排对施工项目的成本控制有较大的影响，是很重要的内容。施工管理人员凭借经验估算材料的采购数量，如果多购了会增加存储运费，库存成本，利润流失1%～5%左右。反之，会增加二次运费和路费，甚至导致工期延误造成更大的经济损失。不合理配置施工人数同样会加大施工成本。如果施工人数估计不足，供不应求，企业必须临时加派人员入场，造成临时生活设施不够用，只能重新调整临时人员数量，大幅度增加施工成本。相反，如果供大于求，易造成人员窝工、待工现象，一样增加施工成本。总言之，若无法准确判断资源规划的具体工作量，易造成施工现场管理混乱，从而增加施工成本。

(3) 材料管理费管理过于粗放

一般而言，材料费占到项目全部工程费用的65%～75%。因此，要做好工程项目的成本控制，实现预定的经济效益目标，首先就是控制好材料成本，从控制采购数量、采购价、施工用料入手，搞好材料管控工作，而这却正是目前成本管理中一个比较薄弱的环节。现今，建筑工程项目施工材料都是由各级施工员申报的，因为各种问题，施工员对于材料用量、形质难以精确把控，大部分都是拍桌子定协议；材料计划审批者更加不能进行精确计算，他们一般都是根据投标标书上的清单量简单审核，随即通过审核；在工程上，材料使用浪费情况司空见惯，同时由于材料管理人员不能及时因变更而更新材料的计划数据，使得材料控制中最关键的限额领料制度往往因缺乏依据而形同虚设，无法有效地控制材料的发放和领用，导致施工实际消耗量超预算的情况比比皆是。这些浪费直接增大了项目成本，给施工成本的控制带来了极大压力。另一方面，当前的材料市场价格波动加大，项目物资采购因为管理方法落后，历史数据收集不完备，未能紧跟市场变化，导致材料采购的时机不佳，造成采购价超出预算价的情况经常发生，使占施工成本最大比例的材料成本控制陷于非常不利的境地。

(4) 工程变更管理不善导致成本数据不能及时更新

一项统计数据表明：工程变更金额往往要占到工程结算总价的15%左右。这就要求我们将工程变更作为施工成本的过程管理的重点环节，一旦发生变更，就要及时进行数据更新和索赔，以控制好变更成本，增加收入，提高效益。然而，实际情况是由于施工工期长，变更众多，工程变更的管理往往存在着很多问题。首先，目前工程变更的计算多靠人工手算，耗时费力且难以保证可靠性，造成变更预算的编制压力大，甚至出现因编制不及时耽误最佳索赔时间，导致无法按合同约定进行索赔的困难局面。其次，当前的工程变更资料多为纸质的二维图纸，不能直观形象地反映变更部位的前后变化，容易造成变更工程量的漏项和少算，或在结算时产生争议，造成最终的索赔收入降低。另外，工程变更的内容往往没有位置的信息和历史变更数据，今后追溯和查询非常麻烦，既容易引发结算争议，也容易因为管理不善而遗忘索赔，造成应得的索赔收入减少。

4.5.5.3 BIM 技术成本管理优势

BIM 技术的核心是提供一个信息交流的平台，方便各工种之间的工作协同和集中信息。基于 BIM 技术的成本控制具有快速、准确、分析能力强等很多优势，具体表现为：

（1）快速。建立基于 BIM 的 5D 实际成本数据库，汇总分析能力大大加强，速度快，短周期成本分析不再困难，工作量小、效率高。

（2）准确。成本数据动态维护，准确性大为提高，通过总量统计的方法，消除累积误差，成本数据随进度进展准确度越来越高；数据粒度达到构件级，可以快速提供支撑项目各条线管理所需的数据信息，有效提升施工管理效率。

（3）精细。通过实际成本 BIM 模型，很容易检查出哪些项目还没有实际成本数据，监督各成本实时盘点，提供实际数据。

（4）分析能力强。可以多维度（时间、空间、WBS）汇总分析，直观地确定不同时间点的资金需求，模拟并优化资金筹措和使用分配，实现投资资金财务收益最大化。

（5）提升企业成本控制能力。将实际成本 BIM 模型通过互联网集中在企业总部服务器，企业总部成本部门、财务部门就可共享每个工程项目的实际成本数据，实现了总部与项目部的信息对称。

4.5.5.4 BIM 技术在成本管理中的具体应用

施工阶段的成本控制是一种动态管理行为，分为三个阶段：事前控制、事中控制和事后控制。为加强施工阶段的成本控制水平，构建基于 BIM5D 的动态控制流程（见图 4.5-17）。事前控制，施工方通过碰撞检查等手段进行设计优化，在此基础上制定成本和进度计划，建立 BIM 5D 预算模型。事中进行施工模拟，建立 BIM 5D 实际模型，采用挣得值法进行动态进度和成本控制。事后进行成本盈亏分析，并分析偏差产生的原因，制定改进措施。

下面将对 BIM 技术在工程项目成本控制中的具体应用进行介绍

（1）工程量精确快速统计，工程量动态查询与统计

基于 BIM 的工程量计算，将算量工作大幅度简化，减少了人为原因造成的计算错误，大量节约了人力的工作量和花费时间。有研究表明，工程量计算的时间在整个造价计算过程占了 50%～80%，而运用 BIM 算量会节省将近 90%的时间，而误差也控制在 1%的范围之内。

BIM 5D 根据计划进度和实际进度信息，可以动态计算任意 WBS 节点任意时间段内每日计划工程量、计划工程量累计、每日实际工程量、实际工程量累计，帮助施工管理者实时掌握工程量的计划完工和实际完工情况。在分期结算过程中，每期实际工程量累计数据是结算的重要参考，BIM 5D 模型系统动态计算实际工程量可以为施工阶段工程款结算提供数据支持。

（2）合理安排资源计划

人工、材料、机械台班以及资金等资源的使用计划的合理安排对施工项目的成本控制有较大的影响。BIM 5D 上关联了与施工成本有关的清单和定额资源，可以根据任意时间

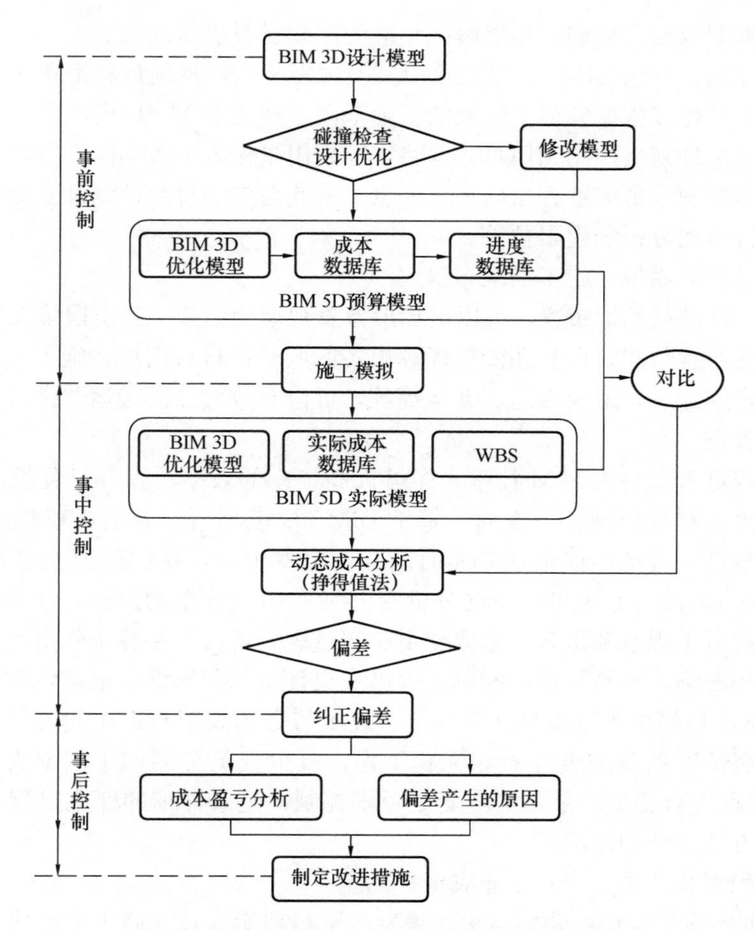

图 4.5-17 基于 BIM 5D 的施工成本控制流程

段的工程量，快速的算出人工、材料、机械台班的消耗量以及资金的使用情况；施工项目的管理人员动态的掌握项目的进展，顺利地按照计划组织流水施工作业，提前计划好各个班组的工作限度，编制合理的资源使用计划，计算机系统将自动检测出每个班组在时间上或空间上是否冲突，这样可以保证施工工序的连续进行可以更加合理的安排人工、材料、机械台班以及资金的使用计划，避免材料数量不足或未及时到位而影响工期，实现成本的动态实施监控，达到了精细化管理的目标。更有利于控制施工项目的成本。

(3) 对材料精细化管理

BIM 5D对材料的精细化管理体现在对采购数量、采购价和施工用料的管控上。

采购数量的控制，使用 BIM 5D 可以准确快速地编制材料需用计划。计划人员可以根据工程进度情况，按照年、季、月、周等时间段周期性地从模型中自动提取与之关联的资源消耗量信息，形成精确的材料需用计划。物资设备部的采购人员能够随时查看材料需用计划和实际情况，并据此制定各周期的材料采购计价。

采购价的控制，有关混凝土、模版、钢材、大理石、大型设备等一些主要材料采购，施工单位一般都是通过市场竞争，公开招标，价格控制的相对更加严格，这引起的成本问题一般不大。问题主要出现在一些相应的配套材料上，由 BIM 5D 平台生成的成本数据库，在规定的框架数据库采购，能够解决相应的配套材料价格问题。

施工用料控制，使用 BIM 5D 模型可以实现限额领料，控制材料浪费。施工班组领料时，材料库管人员可以依据领料单涉及的工程范围，通过 BIM 5D 模型直接查看相应的材料需用计划，通过计划量控制领用量，并将实际领用量输入 BIM 5D 模型中，形成材料实际消耗量。成本控制人员能够查出任一工程量范围此对应的材料计划及实际使用数据，将这两项数据进行对比分析和超限预警。

（4）施工过程的模拟，施工场地布置

运用 BIM 5D 进行场地布置，可以更加形象直观地展示施工各阶段施工现场的物资材料和施工机械的布置位置，而且还能准确算出各区域所耗材料用量，施工人员即可只将所需的材料搬入指定地点，避免多运、漏运等等，可以有效对二次搬运费进行控制。

（5）变更管理

在工程的变更管理引入 BIM 技术，能够提高工作的效率，提升过程控制水平，从而实现对工程变更的有效控制。一方面，基于 BIM 5D 模型可以及时准确地统计变更工程量，编制索赔报价，避免贻误最佳索赔时间。变更发生后，我们依照变更范围和内容对 BIM 5D 模型进行修改，系统可以自动分析变更前后 BIM 模型的差异，计算变更部位及关联构件的变更前后工程量和量差，生成变更工程量表，解决了手算工作量大，关联构件之间的工程量互相影响不容易算清的问题，提高变更计量的及时性、准确性和合理性。一旦发生变更，BIM 5D 模型可以根据变更部位，提示与之相关配套工作的实际进度状态，从而可以依据变更情况调整进度计划和配套工作，减少变更可能产生的损失。同时，BIM 5D 模型可以保存所有变更记录，实施变更版本控制，记录详细的变更过程，形成可追溯的变更资料，方便查询和使用。

（6）数据积累和共享，建立企业成本指标库

BIM 5D 可将施工管理中和项目竣工需要的资料档案（包括施工班组成员信息、验收单、合格证、检验报告、工作清单、设计变更等）列入 BIM 模型中，并与模型进行关联，方便后期出现问题时在 BIM 这个协同管理平台上直接调取与该构件相关的生产、施工、验收等资料信息，及时定位问题，分析问题原因，实现问题的可追溯性、责任的明确性，还可以方便施工项目的众多参与方进行储存、调用。

BIM 5D 可以快速地生成各种报表，方便历史数据的积累与共享，能够使施工单位建立多方位的成本指标数据库，一般可将工程项目细分到构件级，一方面有利于各部门，各单位协同作战，便于项目各成员都能知晓项目成本信息，另一方面便于很多不同项目对统一构件实现成本分析，建立完整的成本指标库，录入各种构件信息，方便实现成本控制。如图 4.5-18 所示。

4.5.6　物资管理

传统材料管理模式就是企业或者项目部根据施工现场实际情况制定相应的材料管理制度和流程，这个流程主要是依靠施工现场的材料员、保管员、施工员来完成。施工现场的多样性、固定性和庞大性，决定了施工现场材料管理具有周期长、种类繁多、保管方式复杂等特殊性。传统材料管理存在核算不准确、材料申报审核不严格、变更签证手续办理不及时等问题，造成大量材料现场积压、占用大量资金、停工待料、工程成本上涨。

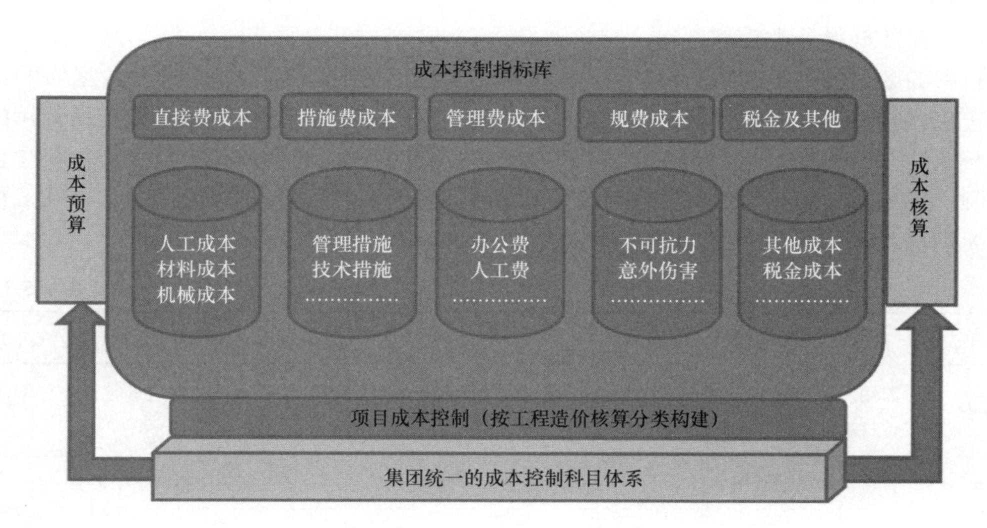

图 4.5-18　BIM 5D生成报表

基于BIM的物料管理通过建立安装材料BIM模型数据库，使项目部各岗位人员及企业不同部门都可以进行数据的查询和分析，为项目部材料管理和决策提供数据支撑，具体表现如下：

（1）安装材料BIM模型数据库

项目部拿到机电安装各专业施工蓝图后，由BIM项目经理组织各专业机电BIM工程师进行三维建模，并将各专业模型组合到一起，形成安装材料BIM模型数据库，该数据库是以创建的BIM机电模型和全过程造价数据为基础，把原来分散在安装各专业手中的工程信息模型汇总到一起，形成一个汇总的项目级基础数据库。安装材料BIM数据库建立与应用流程如图4.5-19所示，数据库运用构成如图4.5-20所示。

图 4.5-19　安装材料BIM模型数据库建立与应用流程

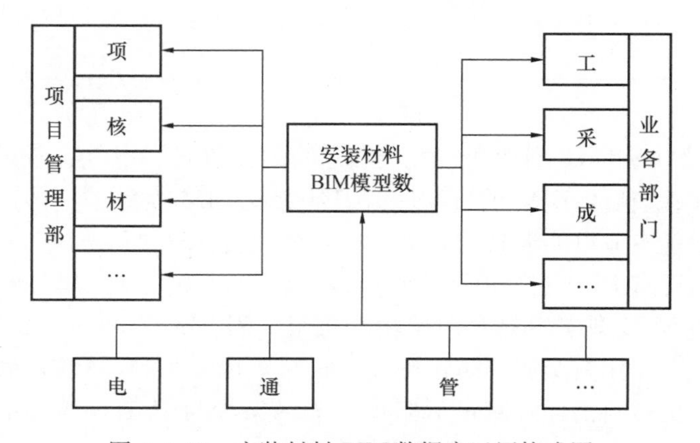

图 4.5-20　安装材料BIM数据库运用构成图

（2）安装材料分类控制

材料的合理分类是材料管理的一项重要基础工作，安装材料 BIM 模型数据库的最大优势是包含材料的全部属性信息。在进行数据建模时，各专业建模人员对施工所使用的各种材料属性，按其需用量的大小、占用资金多少及重要程度进行“星级”分类，科学合理的控制。根据安装工程材料的特点，安装材料属性分类及管理原则见表 4.5-2，某工程根据该原则对 BIM 模型进行安装材料分类见表 4.5-3。

安装材料属性分类及管理原则 **表 4.5-2**

等级	安装材料	管理原则
★★★	需用量大、占用资金多、专用或备料难度大的材料	严格按照设计施工图及 BIM 机电模型，逐项进行认真仔细的审核，做到规格、型号、数量完全准确
★★	管道、阀门等通用主材	根据 BIM 模型提供的数据，精确控制材料及使用数量
★	资金占用少、需用量小、比较次要的辅助材料	采用一般常规的计算公式及预算定额含量确定

某项目对 BF-5 及 PF-4 两个风系统的材料分类控制见表 4.5-3。

某工程 BIM 模型安装材料分类 **表 4.5-3**

构建信息	计算式	单位	工程量	等级
送风管 400×200	风管材质：普通钢管规格：400×200	m^2	31.14	★★
送风管 500×250	风管材质：普通钢管规格：500×250	m^2	12.68	★★
送风管 1000×400	风管材质：普通钢管规格：1000×400	m^2	8.95	★★
单层百叶风口 800×320	风口材质：铝合金	个	4	★★
单层百叶风口 630×400	风口材质：铝合金	个	1	★★
对开多叶调节阀	构件尺寸：800×400×210	个	3	★★
防火调节阀	构件尺寸：200×160×150	个	2	★★
风管法兰 25×3	角钢规格：30×3	m	78.26	★★★
排风机 PF-4	规格：DEF-I-100AI	台	1	★

（3）用料交底

BIM 与传统 CAD 相比，具有可视化的显著特点。设备、电气、管道、通风空调等安装专业三维建模并碰撞后，BIM 项目经理组织各专业 BIM 项目工程师进行综合优化，提前消除施工过程中各专业可能遇到的碰撞。项目核算员、材料员、施工员等管理人员应熟读施工图纸、透彻理解 BIM 三维模型、吃透设计思想，并按施工规范要求向施工班组进行技术交底，将 BIM 模型中用料意图灌输给班组，用 BIM 三维图、CAD 图纸或者表格下料单等书面形式做好用料交底，防止班组“长料短用、整料零用”，做到物尽其用，减少浪费及边角料，把材料消耗降到最低限度。无锡某项目 K-1 空调风系统平面图、三维模型如图 4.5-21、图 4.5-22 所示，下料清单见表 4.5-4。

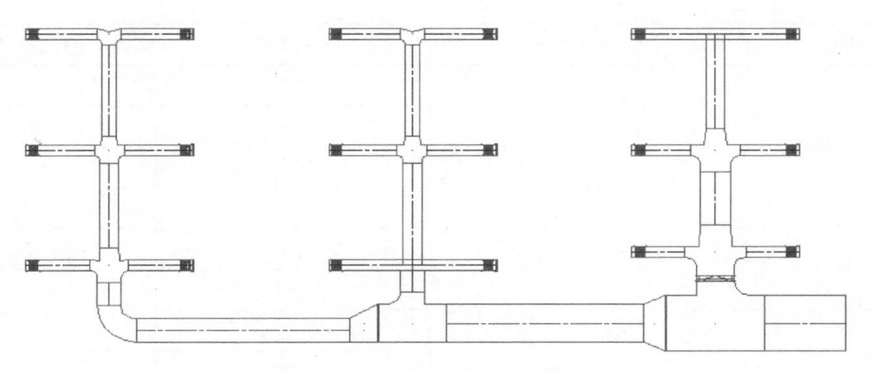

图 4.5-21　K-1 空调送风系统平面图

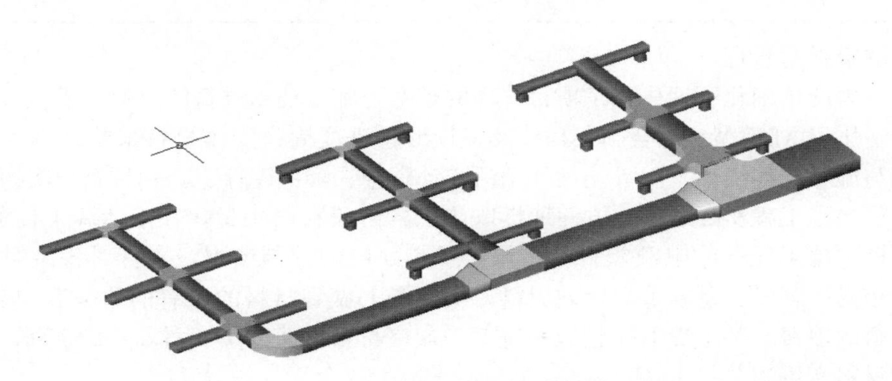

图 4.5-22　1K-1 空调送风系统 BIM 三维图

K-1 空调送风系统直管段下料清单　　**表 4.5-4**

序号	风管规格	下料规格	数量（节）
1	2400×500	1160	19
		750	1
2	2000×500	1000	1
3	1400×400	1160	8
		300	1
4	900×400	1160	8
		300	1
5	800×320	1000	1
		500	1
6	630×320	1160	4
		1000	3
7	500×250	1160	21
		1000	6
		500	1
8	1250×500	600	1

续表

序号	风管规格	下料规格	数量（节）
9	1000×500	1160	2
		600	1
10	900×500	1160	2
		800	1
11	800×400	1160	10
		600	1
12	400×200	1160	32
		1000	14
		800	18

（4）物资材料管理

安装材料的精细化管理一直是项目管理的难题，施工现场材料的浪费、积压等现象司空见惯，运用 BIM 模型，结合施工程序及工程形象进度周密安排材料采购计划，不仅能保证工期与施工的连续性，而且能用好用活流动资金、降低库存、减少材料二次搬运。同时，材料员根据工程实际进度，方便地提取施工各阶段材料用量，在下达施工任务书中，附上完成该项施工任务的限额领料单，作为发料部门的控制依据，实行对各班组限额发料，防止错发、多发、漏发等无计划用料，从源头上做到材料的“有的放矢”，减少施工班组对材料的浪费，某工程 K-1 送风系统部分规格材料申请清单如图 4.5-23 所示。

（5）材料变更清单

工程设计变更和增加签证在项目施工中会经常发生。项目经理部在接收工程变更通知书执行前，应有因变更造成材料积压的处理意见，原则上要由业主收购，否则，如果处理

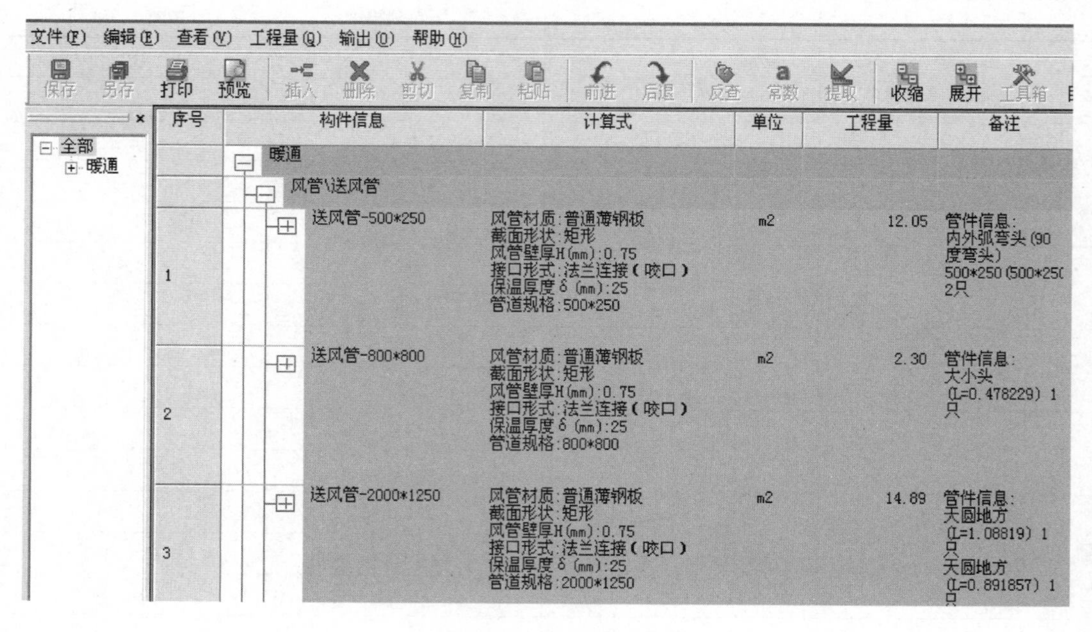

图 4.5-23　材料申请清单

不当就会造成材料积压，无端地增加材料成本。BIM 模型在动态维护工程中，可以及时将变更图纸进行三维建模，将变更发生的材料、人工等费用准确、及时的计算出来，便于办理变更签证手续，保证工程变更签证的有效性。某工程二维设计变更图及 BIM 模型如图 4.5-24 所示，相应的变更工程量材料清单见表 4.5-5。

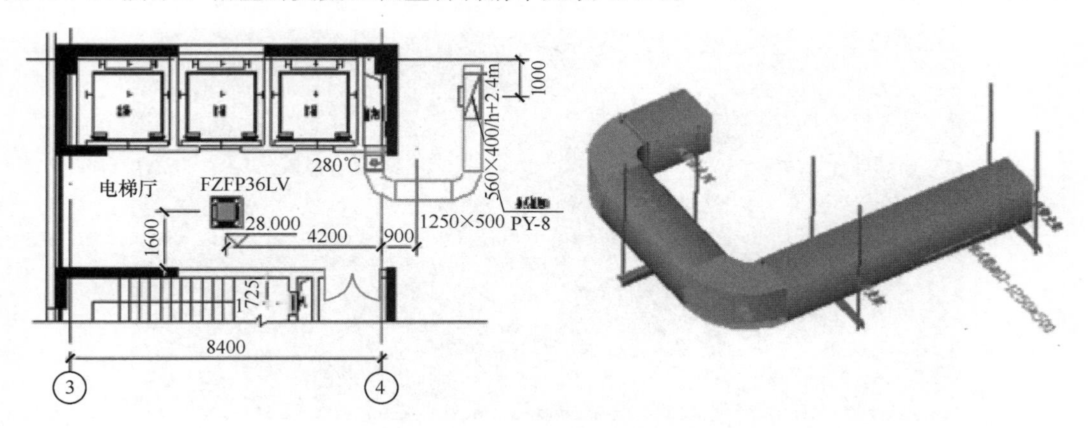

图 4.5-24　四至十八层排烟管道变更图及 BIM 模型

变更工程量材料清单　　表 4.5-5

序号	构件信息	计算式	单位	工程量	控制等级
1	排风管－500×400	普通薄钢板风管：500×400	m^2	179.85	★★
2	板式排烟口－1250×500	防火排烟风口材质：铝合金	只	15.00	★★
3	风管防火阀	风管防火阀：500×400×220	台	15.00	★★
4	风法兰	风法兰规格：角钢 30X3	m	84.00	★
5	风管支架	构件类型：吊架单体质量（kg)：1.2	只	45.00	★

4.5.7　绿色施工管理

建筑的全生命周期应当包括前期的规划、设计，建筑原材料的获取，建筑材料的制造、运输和安装，建筑系统的建造、运行、维护以及最后的拆除等全过程。所以，要在建筑的全生命周期内施行绿色理念，不仅要在规划设计阶段应用 BIM 技术，还要在节地、节水、节材、节能及施工管理、运营维护管理五个方面深入应用 BIIM，不断推进整体行业向绿色方向行进。

下面将介绍以绿色为目的、以 BIM 技术为手段的施工阶段节地、节水、节材、节能管理。

1. 节地与室外环境

节地不仅仅是施工用地的合理利用，建筑设计前期的场地分析、运营管理中的空间管理也同样包含在内。BIM 在施工节地中的主要应用内容有场地分析、土方量计算、施工用地管理及空间管理等，下面将分别进行介绍。

(1) 场地分析

场地分析是研究影响建筑物定位的主要因素，是确定建筑物的空间方位和外观、建立建筑物与周围景观联系的过程。BIM 结合地理信息系统（Geographic InformationSystem,

简称 GIS)，对现场及拟建的建筑物空间数据进行建模分析，结合场地使用条件和特点，做出最理想的现场规划、交通流线组织关系，如图 4.5-25 所示。利用计算机可分析出不同坡度的分布及场地坡向，建设地域发生自然灾害的可能性，区分可适宜建设与不适宜建设区域，对前期场地设计可起到至关重要的作用。

图 4.5-25 场地分析图

(2) 土方量计算

利用场地合并模型，在三维中直观查看场地挖填方情况，对比原始地形图与规划地形图得出各区块原始平均高程、设计高程、平均开挖高程。然后计算出各区块挖、填方量。某工程土方量计算模型如图 4.5-26 所示。

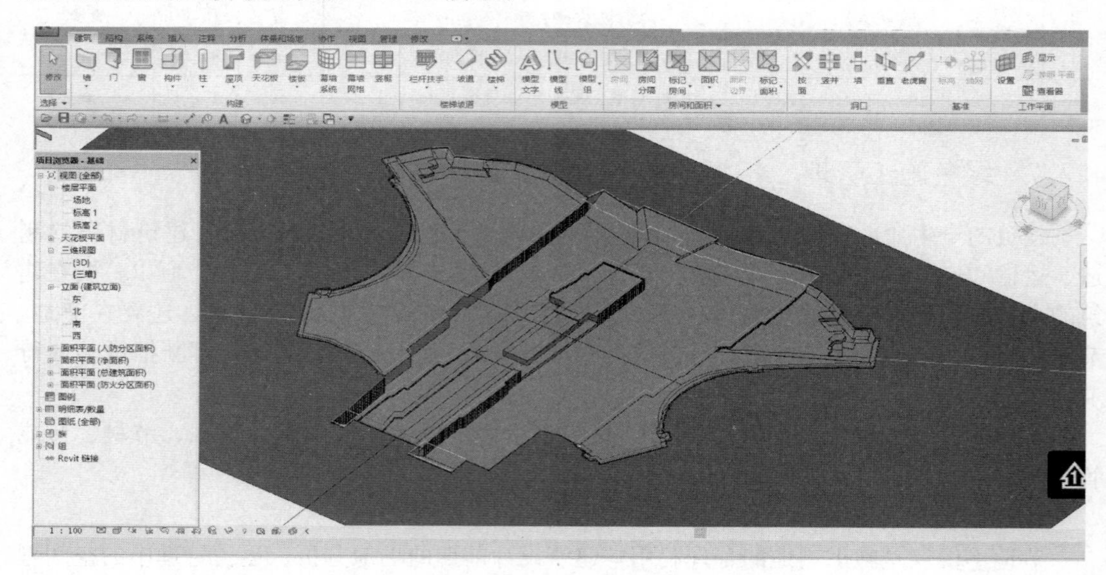

图 4.5-26 土方量计算模型

(3) 施工用地管理

建筑施工是一个高度动态的过程，随着建筑工程规模不断扩大，复杂程度不断提高，使得施工项目管理变得极为复杂。施工用地、材料加工区、堆场也随着工程进度的变换而调整。BIM 的 4D 施工模拟技术可以在项目建造过程中合理制定施工计划、精确掌握施工进度，优化使用施工资源以及科学地进行场地布置。某工程在施工不同阶段利用BIM对施工用地进行规划如图4.5-27～图4.5-30所示。

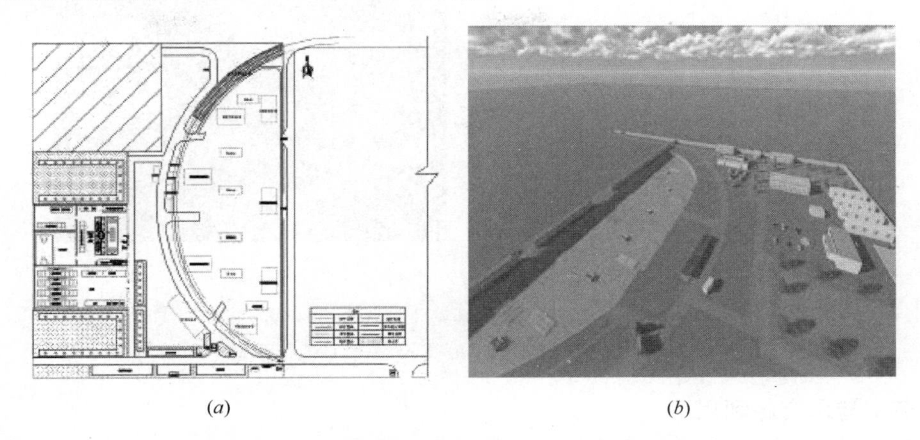

(a)　　(b)

图4.5-27　桩基及基坑支护施工阶段场地布置
(a) CAD场地布置图；(b) Revit三维场地布置图

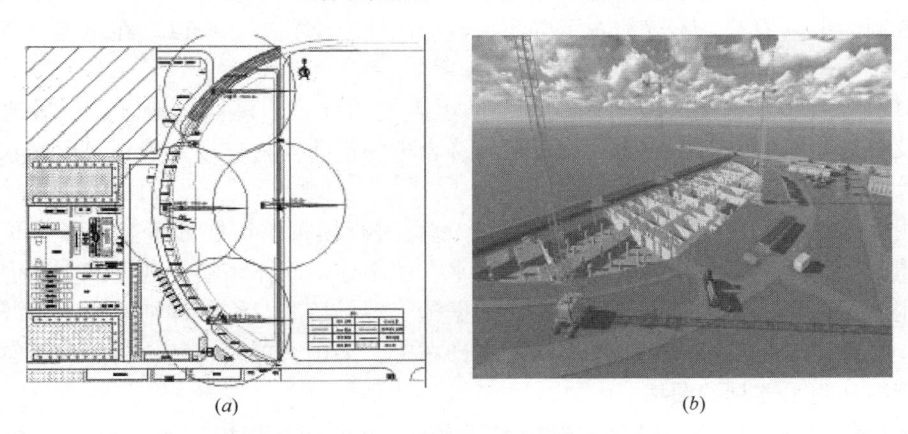

(a)　　(b)

图4.5-28　地下结构施工阶段场地布置
(a) CAD场地布置图；(b) Revit三维场地布置图

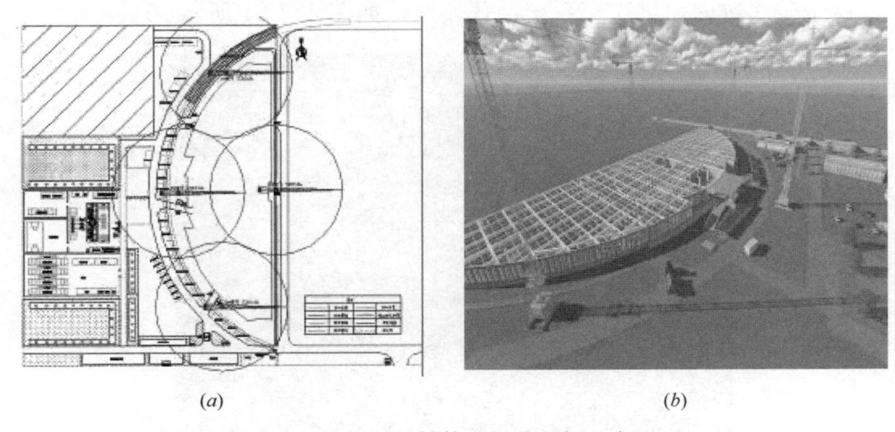

(a)　　(b)

图4.5-29　地上结构施工阶段场地布置
(a) CAD场地布置图；(b) Revit三维场地布置图

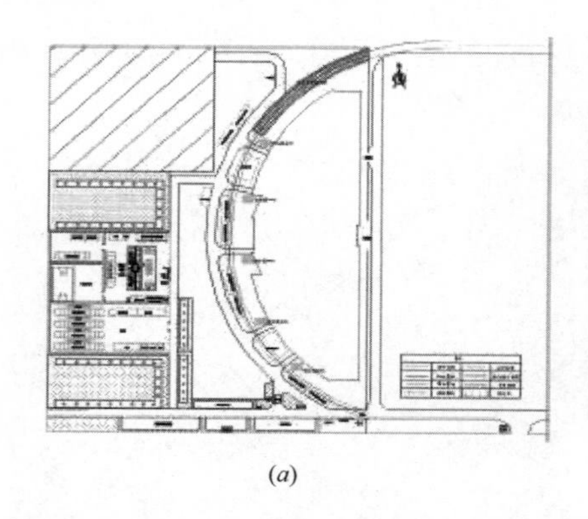

(a)

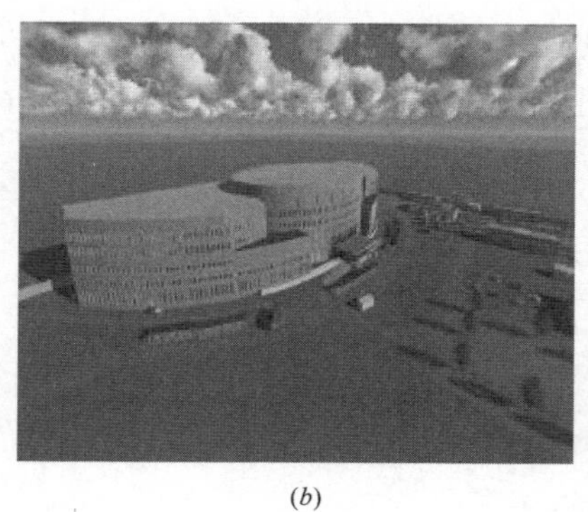

(b)

图 4.5-30 装饰装修施工阶段场地布置

(a) CAD场地布置图；(b) Revit三维场地布置图

2. 节水与水资源利用

在施工过程中，水的用量是十分巨大的，混凝土的浇筑、搅拌、养护都要用到大量的水，机器的清洗也需要用水。一些施工单位由于在施工过程中没有计划，肆意用水，往往造成水资源的大量浪费，不仅浪费了资源，也会因此上交罚款。所以，在施工中节约用水是势在必行的。

BIM技术在节水方面的应用体现在协助土方量的计算，模拟土地沉降、场地排水设计。以及分析建筑的消防作业面，设置最经济合理的消防器材。设计规划每层排水地漏位置雨水等非传统水源收集，循环利用。

利用BIM技术，可以对施工过程中用水过程进行模拟，比如处于基坑降水阶段、肥槽未回填时，采用地下水作为混凝土养护用水。使用地下水作为喷洒现场降尘和混凝土罐车冲洗用水。也可以模拟施工现场情况，根据施工现场情况，编制详细的施工现场临时用水方案，是施工现场供水管网根据用水量设计布置，采用合理的管径、简捷的管路，有效地减少管网和用水器具的漏损。

某工程施工阶段基于BIM技术对现场雨水收集系统进行模拟（如图所示），根据BIM场地模型，合理设置排水沟，将场地分为5个区进行放坡硬化，避免场内积水，并最大化收集雨水，存于积水坑内，供洗车系统循环使用，如图 4.5-31 所示。

图 4.5-31 现场雨水收集系统模拟

3. 节材与材料资源利用

基于BIM技术，重点从钢材、混凝土、木材、模板、围护材料、装饰装修材料及生活办公用品材料七个主要方面进行施工节材与材料资源利用控制，通过5D-BIM安排材料采购的合理化，建筑垃圾减量化，可循环材料的多次利用化，钢筋配料，钢构件下料以及安装工程的预留、预埋，管线路径的优化等措施；同时根据设计的要求，结合施工模拟，达到节约材料的目的。BIM在施工节材中的主要应用内容有管线综合设计、复杂工程预加工预拼装、物料跟踪等，下面将分别进行介绍。

（1）管线综合

目前功能复杂、大体量的建筑、摩天大楼等机电管网错综复杂，在大量的设计面前很容易出现管网交错、相撞及施工不合理等问题，以往人工检查图纸比较单一，不能同时检测平面和剖面的位置。BIM软件中的管网检测功能为工程师解决这个问题。检测功能可生成管网三维模型，并基于建筑模型中。系统可自动检查出“碰撞”部位并标注，这样使得大量的检查工作变得简单。空间净高是与管线综合相关的一部分检测工作，基于BIM信息模型对建筑内不同功能区域的设计高度进行分析，查找不符合设计规划的缺失，将情况反馈给施工人员，以此提高工作效率，避免错、漏、碰、缺的出现，减少原材料的浪费。某工程管线综合模型如图4.5-32所示，碰撞检查报告及碰撞点显示如图4.5-33所示。

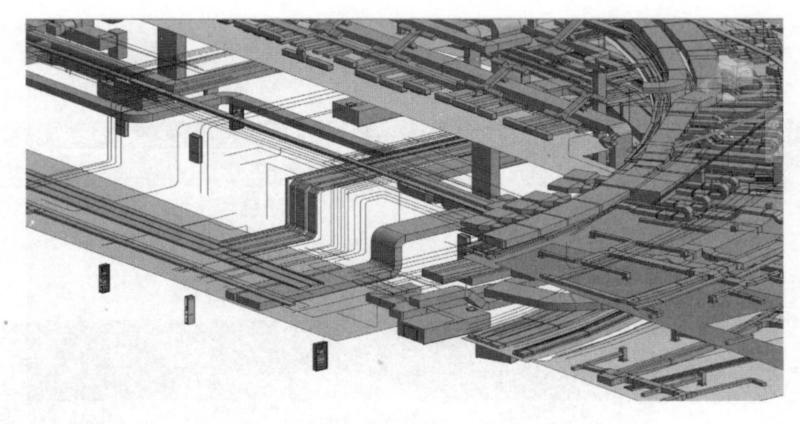

图4.5-32　管线综合模型

（2）复杂工程预加工预拼装

复杂的建筑形体如曲面幕墙及复杂钢结构的安装是难点，尤其是复杂曲面幕墙，由于组成幕墙的每一块玻璃面板形状都有差异，给幕墙的安装带来一定困难。BIM技术最拿手的是复杂形体设计及建造应用，可针对复杂形体进行数据整合和验证，使得多维曲面的设计得以实现。工程师可利用计算机对复杂的建筑形体进行拆分，拆分后利用三维信息模型进行解析，在电脑中进行预拼装，分成网格块编号，进行模块设计，然后送至工厂按模块加工，再送到现场拼装即可。同时数字模型也可提供大量建筑信息，包括曲面面积统计、经济形体设计及成本估算等。

某工程幕墙曲面面积统计如图4.5-34、表4.5-6。

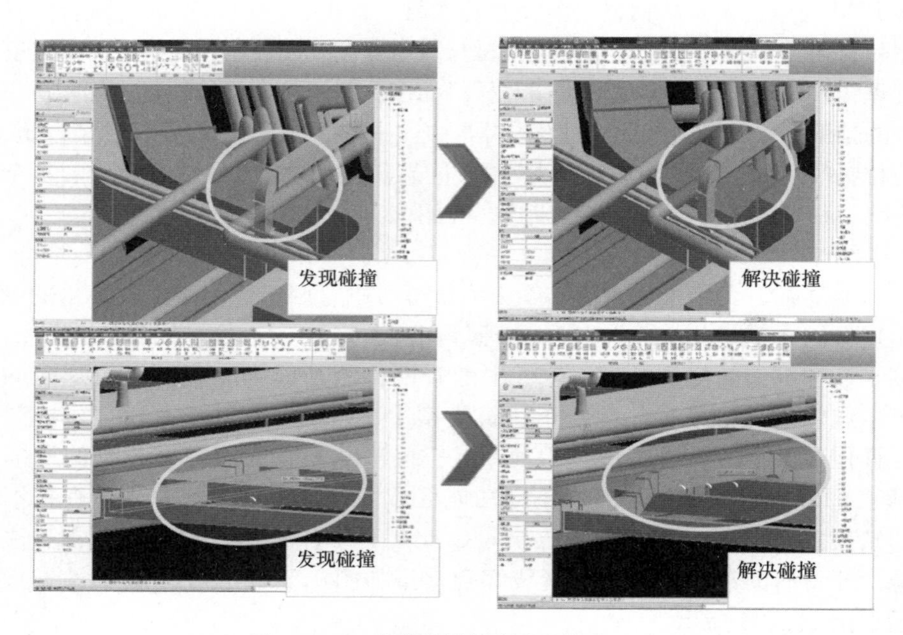

图 4.5-33　碰撞检测报告及碰撞点显示

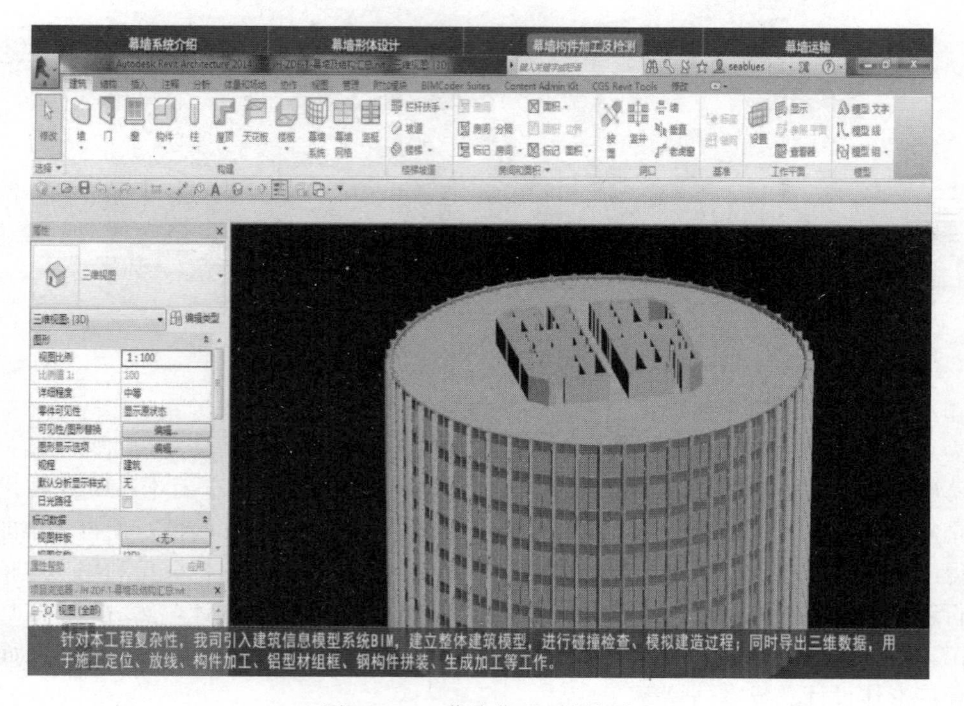

图 4.5-34　幕墙曲面面积统计

幕墙嵌板曲度边长表　　表4.5-6

嵌板族	边长1	边长2	边长3	边长4	面积	注释
共享参数联系-族1	15179	6706	15943	7289	108.280m²	
共享参数联系-族2	15203	7289	15311	7865	115.325m²	
共享参数联系-族3	15311	7289	15505	7865	116.315m²	
共享参数联系-族4	15347	7865	16147	6558	113.280m²	2月1日
共享参数联系-族5	15782	7289	16139	7865	119.075m²	1月2日
共享参数联系-族6	15943	6706	17879	7289	116.505m²	
共享参数联系-族7	16147	7865	17990	6558	121.527m²	1月1日
共享参数联系-族8	16335	6558	17652	7279	116.331m²	
共享参数联系-族9	16947	6558	5881	7279	113.028m²	
共享参数联系-族10	17271	7865	15759	6558	117.331m²	
共享参数联系-族11	17550	6706	15759	7289	115.551m²	
共享参数联系-族12	17879	6706	20661	7289	131.238m²	
共享参数联系-族13	19653	7865	17281	6558	129.161m²	1月3日
总计：13	214547				1532.947m²	

（3）基于物联网物资追溯管理

随着建筑行业标准化、工厂化、数字化水平的提升，以及建筑使用设备复杂性的提高，越来越多的建筑及设备构件通过工厂加工并运送到施工现场进行高效的组装。根据BIM中得出的进度计划，提前计算出合理的物料进场数目。

基于物联网技术的物资追溯管理流程如图4.5-35所示。

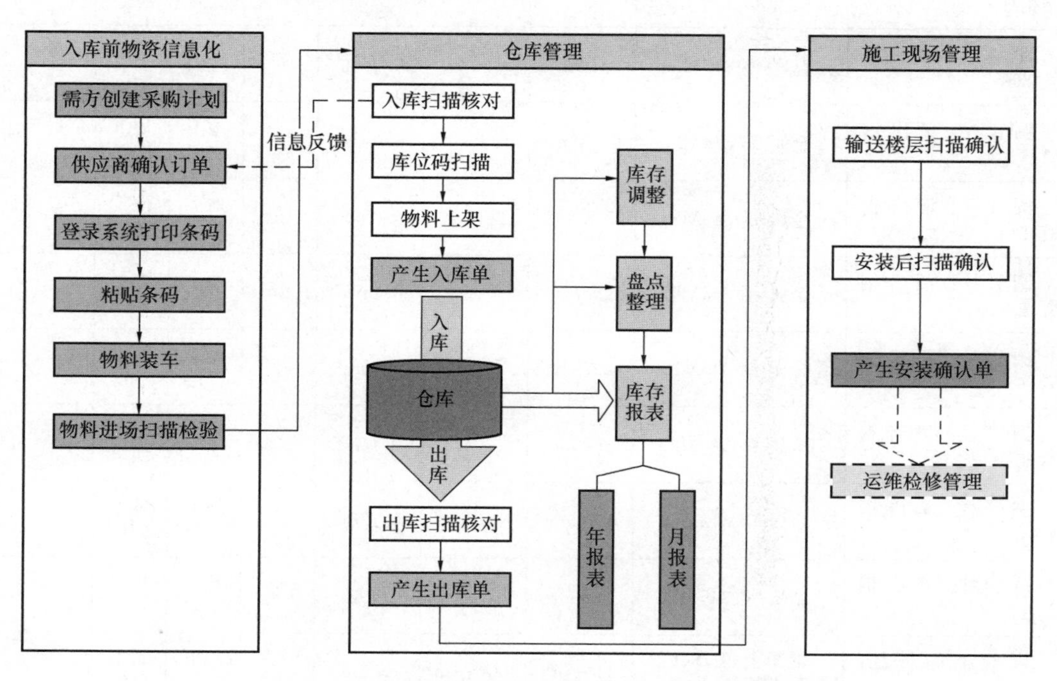

图4.5-35　基于物联网技术的物资追溯管理流程图

BIM结合施工计划和工程量造价，可以实现5D（三维模型＋成本）应用，做到“零库存”施工（见表4.5-7）。

结构柱材质明细表　　表4.5-7

族与类型	材质：名称	材质：体积	材质：成本	体积	顶部偏移	顶部标高	底部标高	图纸问题
混凝土-矩形-柱：KZ4a 1100×1100mm	混凝土-现场浇筑混凝土-C60	6.41m^3	450元/m^3	6.41m^3	5300	地下三层	地下四层	
混凝土-矩形-柱：KZ5 1200×1200mm	混凝土-现场浇筑混凝土-C60	45.79m^3	450元/m^3	7.63m^3	5300	地下三层	地下四层	
混凝土-矩形-柱：KZ5a 1200×1200mm	混凝土-现场浇筑混凝土一C60	7.63m^3	450元/m^3	7.63m^3	5300	地下二层	地下三层	
混凝土-矩形-柱：KZ6 600×600mm	混凝土-现场浇筑混凝土-C60	1.91m^3	450元/m^3	1.91m^3	5300	地下三层	地下四层	
混凝土-矩形-柱：KZ6 800×800mm	混凝土-现场浇筑混凝土-C60	3.39m^3	450元/m^3	3.39m^3	0	地下二层	地下三层	wt-B4-无
混凝土-矩形-柱：KZ6a 600×600mm	混凝土-现场浇筑混凝土-C60	1.75m^3	450元/m^3	1.75m^3	5300	地下三层	地下四层	
混凝土-矩形-柱：KZ6a 600×600mm	混凝土-现场浇筑混凝土-C60	11.45m^3	450元/m^3	1.91m^3	5300	地下二层	地下三层	
混凝土-矩形-柱：KZ6b 600×600mm	混凝土-现场浇筑混凝土-C60	1.91m^3	450元/m^3	1.91m^3	5300	地下三层	地下四层	t-B4
住宅结构柱：住宅结构柱	混凝土-现场浇筑混凝土-C60	295.93m^3	450元/m^3	295.93m^3	5300	地下二层	地下三层	
圆管柱：酒店-钢管柱800	金属-钢-345MPa	1.99m^3		0.07m^3	0	地下三层	地下四层	
圆管柱：酒店-钢管柱	金属-钢-345MPa	21.33m^3		0.09m^3	0	地下三层	地下四层	
圆管柱：酒店-钢管柱	金属-钢-345MPa	2.84m^3		0.09m^3	0	地下二层	地下三层	
圆管柱：酒店-钢管柱	金属-钢-345MPa	2.77m^3		0.11m^3	0	地下三层	地下四层	
圆管柱：酒店-钢管柱	金属-钢-345MPa	2.75m^3		0.10m^3	0	地下二层	地下三层	
圆管柱：酒店-钢管柱	金属-钢-345MPa	3.75m^3		0.14m^3	0	地下三层	地下四层	
圆管柱：酒店-钢管柱	金属-钢-345MPa	26.99m^3		0.17m^3	0	地下三层	地下四层	
圆管柱：酒店-钢管柱	金属-钢-345MPa	5.00m^3		0.19m^3	0	地下二层	地下三层	
混凝土-矩形-柱：500×500mm	混凝土-现场浇筑混凝土-C60	3.98m^3	450元/m^3	1.33m^3	5300	地下三层	地下四层	

4. 节能与能源利用

以BIM技术推进绿色施工，节约能源，降低资源消耗和浪费，减少污染是建筑发展的方向和目的。节能在绿色环保方面具体有两种体现。一是帮助建筑形成资源的循环使用，这包括水能循环、风能流动、自然光能的照射，科学地根据不同功能、朝向和位置选择最适合的构造形式。二是实现建筑自身的减排，构建时，以信息化手段减少工程建设周期，运营时，不仅能够满足使用需求，还能保证最低的资源消耗。

在方案论证阶段，项目投资方可以使用BIM来评估设计方案的布局、视野、照明、安全、人体工程学、声学、纹理、色彩及规范的遵守情况。BIM甚至可以做到建筑局部的细节推敲，迅速分析设计和施工中可能需要应对的问题。BIM包含建筑几何形体的很多专业信息，其中也包括许多用于执行生态设计分析的信息，能够很好地将建筑设计和生态设计紧密联系在一起，设计将不单单是体量、材质、颜色等，而也是动态的有机的。相关软件提供了许多即时性分析功能，如光照、日光阴影、太阳辐射、遮阳、热舒适度、可视度分析等，而得到的分析结果往往是实时的、可视化的、很适合建筑师在设计前期把握建筑的各项性能。某工程运用Auotdesk Ecotect Analysiss进行日照分析如图4.5-36所示。

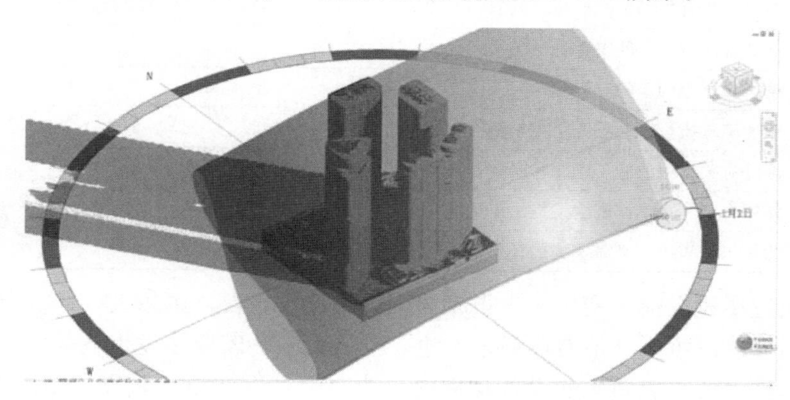

图4.5-36 日照分析

建筑系统分析是对照业主使用需求及设计规定来衡量建筑物性能的过程，包括机械系统如何操作和建筑物能耗分析、内外部气流模拟、照明分析、人流分析等涉及建筑物性能的评估。BIM结合专业的建筑物系统分析软件避免了重复建立模型和采集系统参数。通过BIM可以验证建筑物是否按照特定的设计规定和可持续标准建造，通过这些分析模拟，最终确定、修改系统参数甚至系统改造计划，以提高整个建筑的性能。

5. 减排措施

利用BIM技术可以对施工场地废弃物的排放、放置进行模拟，已达到减排的目的，具体方法如下；

（1）用BIM模型编制专项方案对工地的废水、废弃、废渣的三废排放进行识别、评价和控制，安排专人、专项经费，制定专项措施，减少工地现场的三废排放。

（2）根据BIM模型对施工区域的施工废水设置沉淀池，进行沉淀处理后重复使用或合规排放，对泥浆及其他不能简单处理的废水集中交由专业单位处理。在生活区设置隔油池、化粪池，对生活区的废水进行收集和清理。

(3) 禁止在施工现场焚烧垃圾，使用密目式安全网、定期浇水等措施减少施工现场的扬尘。

(4) 利用BIM模型合理安排噪声源的放置位置及使用时间，采用有效的噪声防护措施，减少噪声排放，并满足施工场界环境噪声排放标准的限制要求。

(5) 生活区垃圾按照有机、无机分类收集，与垃圾站签合同，按时收集垃圾。

4.5.8 变更管理

工程变更（EC，EngineeringChange），指的是针对已经正式投入施工的工程进行的变更。在工程项目实施过程中，按照合同约定的程序对部分或全部工程在材料、工艺、功能、构造、尺寸、技术指标、工程数量及施工方法等方面做出的改变。

工程变更的具体表现形式见表4.5-8。

工程变更的表现形式 **表4.5-8**

序号	具体内容
1	更改工程有关部位的标高、位置和尺寸
2	增减合同中约定的工程量
3	增减合同中约定的工程内容
4	改变工程质量、性质或工程类型
5	改变有关工程的施工顺序和时间安排
6	图纸会审、技术交底会上提出的工程变更
7	为使工程竣工而必需实施的任何种类的附加工作

设计变更应尽量提前，变更发生得越早则损失越小，反之则越大。若变更发生在设计阶段，则只需修改图纸，其他费用尚未发生，损失有限：若变更发生在采购阶段，在需要修改图纸的基础上还需重新采购设备及材料：若变更发生在施工阶段，则除上述费用外，已施工的工程还须增加拆除费用，势必造成重大变更损失。设计变更费用一般应控制在工程总造价的5%以内，由设计变更产生的新增投资额不得超过基本预备费的三分之一。

工程中由设计缺陷和错误引起的修正性变更居多，它是由于各专业各成员之间沟通不当或设计师专业局限性所致。有的变更则是需求和功能的改善，无计划的变更是项目中引起工程的延期和成本增加的主要原因。工程中引起工程变更的因素很多，具体见表4.5-9。

影响工程变更因素统计表 **表4.5-9**

类别	具体内容
业主原因	业主本身的需求发生变化，会引起工程规模、使用功能、工艺流程、质量标准，以及工期改变等合同内容的变更；施工效果与业主理想要求存在偏差引起的变更
设计原因	设计错漏、设计不到位、设计调整，或因自然因素及其他因素而进行的设计改变
施工原因	因施工质量或安全需要变更施工方法、作业顺序和施工工艺等引起的变更
监理原因	监理工程师出于工程协调和对工程目标控制有利的考虑，而提出的施工工艺、施工顺序的变更
合同原因	原订合同部分条款因客观条件变化，需要结合实际修正和补充
环境原因	不可预见自然因素、工程外部环境和建筑风格潮流变化导致工程变更
其他原因	如地质原因引起的设计更改

几乎所有的工程项目都可能发生变更甚至是频繁的变更，有些变更是有益，而有些却是非必要和破坏性的。在实际施工过程中，应综合考虑实施或不实施变更给项目带来的风险，以及对项目进度、造价、质量方面等产生的影响来决定是否实施工程变更。造价师应在变更前对变更内容进行测算和造价分析，根据概念、说明和蓝图进行专业判断，分析变更必要性，并在功能增加与造价增加之间寻求新的平衡；评估设计单位设计变更的成本效应，针对设计变更内容给集团合约采购部提供工程造价费用增减估算；根据实际情况、地方法规及定额标准，配合甲方做好项目施工索赔内容的合理裁决、判断、审定、最终测算及核算；审核、评估承包商、供货商提出的索赔，分析、评估合同中甲方可以提出的索赔，为甲方谈判提供策略和建议。工程变更应遵循以下原则：

（1）设计文件是安排建设项目和组织施工的主要依据，设计一经批准，不得随意变更，不得任意扩大变更范围；

（2）工程变更对改善功能、确保质量、降低造价、加快进度等方面要有显著效果；

（3）工程变更要有严格的程序，应申述变更设计理由、变更方案、与原设计的技术经济比较，报请审批，未经批准的不得按变更设计施工；

（4）工程变更的图纸设计要求和深度等同原设计文件。

引起工程变更的因素及变更产生的时间是无法掌控的，但变更管理可以减少变更带来的工期和成本的增加。设计变更直接影响程造价，施工过程中反复变更待图导致工期和成本的增加，而变更管理不善导致进一步的变更，使得成本和工期目标处于失控状态。BIM应用有望改变这一局面，通过在工程前期应制定一套完整、严密的基于BIM的变更流程来把关所有因施工或设计变而更引起的经济变更。美国斯坦福大学整合设施工程中心（CIFE）根据对32个项目的统计分析总结了使用BIM技术后产生的效果，认为它可以消除40%预算外更改。即从根本上从源头上减少变更的发生。

首先，可视化建筑信息模型更容易在形成施工图前修改完善，设计师直接用三维设计更容易发现错误并修改。三维可视化模型能够准确地再现各专业系统的空间布局、管线走向，实现三维校审，大大减少“错、碰、漏、缺”现象，在设计成果交付前消除设计错误，以减少设计变更。而使用2D图纸进行协调综合则事倍功半，虽花费大量的时间去发现问题，却往往只能发现部分表面问题，很难发现根本性问题，“错、碰、漏、缺”几乎不可避免，必然会带来工程后续的大量设计变更。

其次，BIM能增加设计协同能力，更容易发现问题，从而减少各专业间冲突。单个专业的图纸本身发生错误的比例较小，设计各专业之间的不协调、设计和施工之间的不协调是设计变更产生的主要原因。一个工程项目设计涉及总图、建筑、结构、给排水、电气、暖通、动力，除此之外包括许多专业分包如幕墙、网架、钢结构、智能化、景观绿化等，他们之间如何交流协调协同？用BIM协调流程进行协调综合，能够彻底消除协调综合过程中的不合理方案或问题方案，使设计变更大大减少。BIM技术可以做到真正意义上的协同修改，改变以往“隔断式”设计方式、依赖人工协调项目内容和分段交流的合作模式，大大节省开发项目的成本。

最后，在施工阶段，用共享BIM模型能够实现对设计变更的有效管理和动态控制。通过设计模型文件数据关联和远程更新，建筑信息模型随设计变更而即时更新，减少设计师与业主、监理、承包商、供应商间的信息传输和交互时间，从而使索赔签证管理更有时效性，实现造价的动态控制和有序管理。

4.6 BIM技术在验收交付阶段的应用

4.6.1 BIM成果交付

1. BIM成果交付形式

（1）模型文件：模型成果主要包括建筑、结构、机电、钢结构和幕墙专业所构建的模型文件，以及各专业整合后的整合模型。

（2）文档格式：在BIM技术应用过程中所产生的各种分析报告等由Word、Excel、PowerPoint等办公软件生成的相应格式的文件，在交付时统一转换为pdf格式。

（3）图形文件：主要是指按照施工项目要求，针对指定位置经Autodesk NavisWorks软件进行渲染生成的图片，格式为pdf。

（4）动画文件：BIM技术应用过程中基于Autodesk NavisWorks软件按照施工项目要求进行漫游、模拟，通过录屏软件录制生成的avi格式视频文件。

2. 针对企业的BIM成果交付

BIM成果交付包括：各专业BIM模型的最新版本及整合后的BIM模型。模型信息按照《建筑工程资料管理规程》要求，主要为C类资料，见表4.6-1。

针对本企业的BIM成果交付内容 **表4.6-1**

类别编号	工程资料名称	备注
决策立项文件A1	项目建议书（代可行性研究报告）	
	项目建议书（代可行性研究报告）的批复文件	
	关于立项的会议纪要、领导批示	
	专家对项目的有关建议文件	
	项目评估研究资料	
建设用地文件A2	规划意见	
	建设用地规划许可证、许可证	
	国有土地使用证	
	城镇建设用地批准书	
勘察设计文件A3	工程地质勘察资料	
	设计方案审查意见	
	初步设计及说明	
	施工图审查通知书	
	设计中标模型及初步设计模型	
竣工验收及备案文件A7	建设工程竣工验收备案文件	
	工程竣工验收报告	
	建设工程规划、消防等部门的验收合格文件	

续表

类别编号	工程资料名称	备注
其他文件 A8	工程未开工前的原貌、竣工新貌照片	
	工程开工、施工、竣工的录音录像资料	
	建设工程概况	
	工程项目质量管理人员名册	
B类资料	见证资料	
	监理通知	
	监理抽检记录	
	不合格项处置记录	
	旁站监理记录	
	质量事故报告及处理资料	
	工程质量评估报告	
	工程变更单	

（1）模型和构建尺寸形状及位置应准确无误，避免重叠构件。

（2）制定统一的模型文件、构件、空间、区域的命名规范，标高准则，对象分组原则，不得杂乱无序。

（3）所有构建均有明确详细的几何信息以及非几何信息，数据信息完整规范，减少累赘。

（4）所有的机电设备办公家具有简要模型。

（5）BIM模型生成详细的工程量清单表，汇总梳理后与造价咨询公司采用广联达、鲁班等预算软件做的清单对照检查，出结论报告。

（6）主要功能房设备房及外立面有渲染图片，室外及室内各个楼层均有漫游动画。

（7）提交有价值的碰撞检测报告，含有硬碰撞和间隙碰撞。

（8）搭建BIM施工模型，含塔吊，脚手架，升降机，临时设施、围墙、出入口等，每月更新施工进度，提交重点难点部位的施工建议，作业流程。

（9）提供Ipad平板电脑随时随地对照检查施工现场是否符合BIM模型，便于甲方、监理的现场管理。

（10）提供BIM模型分析报告，建筑性能及环境分析（采光、通风、能耗、人流等）

（11）由BIM模型生成若干个平面立面剖面图纸及表格，特别是构件复杂，管线繁多部位应出具详图，且应该符合《建筑工程设计文件编制深度规定》。

（12）培训业主操作BIM软件系统的计划。

3. 针对业主的BIM成果交付

BIM成果交付包括：各专业BIM模型的最新版本及整合后的BIM模型。模型信息按照《建筑工程资料管理规程》要求，主要为A类、B类及部分C类资料，以及用于运维管理的相关资料，见表4.6-2。

针对业主的BIM成果交付内容 表4.6-2

类别编号	工程资料名称	备注
施工管理资料C1	施工日志	
	工程技术文件报审表	
施工技术资料C2	图纸会审记录	
	设计变更通知单	
	工程变更洽商记录	
施工物资资料C4	主要设备（仪器仪表）安装使用说明书	
	智能建筑工程软件资料、安装调试说明、使用和维护说明书	
	各类进场材料试验报告、复试报告	
施工记录C5	隐蔽验收记录	
施工试验资料C6	各类材料的抗压强度报告、抗渗试验报告、配合比	
	探伤报告及记录	
	工艺评定	
	施工检测运行、试验测试记录	
施工记录C7	结构实体混凝土强度验收记录	
	结构实体钢筋保护层厚度验收记录	
	钢筋保护层厚度试验报告	
	检验批质量验收记录表	
	分项工程质量验收记录表	
	分部（子分部）工程验收记录表	
竣工质量验收资料C8	单位（子单位）工程质量竣工验收记录	
	单位（子单位）工程质量控制资料核查记录	
	单位（子单位）工程观感质量检查记录	
	室内环境检测报告	
	工程竣工质量报告	
	建筑节能工程现场实体检验报告	

4. 针对档案馆的BIM成果交付

BIM成果交付包括：各专业BIM模型的最新版本及整合后的BIM模型。模型信息按照《建筑工程资料管理规程》要求，主要为A类及部分B类、C类资料，见表4.6-3。

针对档案馆的BIM成果交付内容 表4.6-3

类别编号	工程资料名称	备注
决策立项文件A1	项目建议书（代可行性研究报告）	
	项目建议书（代可行性研究报告）的批复文件	
	关于立项的会议纪要、领导批示	
	专家对项目的有关建议文件	
	项目评估研究资料	

续表

类别编号	工程资料名称	备注
建设用地文件 A2	规划意见	
	建设用地规划许可证、许可证	
	国有土地使用证	
	城镇建设用地批准书	
勘察设计文 件 A3	工程地质勘察资料	
	设计方案审查意见	
	初步设计及说明	
	施工图审查通知书	
	设计中标模型及初步设计模型	
开工文件 A5	规划许可证、施工许可证	
竣工验收及备案文件 A7	建设工程竣工验收备案文件	
	工程竣工验收报告	
	建设工程规划、消防等部门的验收合格文件	
其他文件 A8	工程未开工前的原貌、竣工新貌照片	
	工程开工、施工、竣工的录音录像资料	
	建设工程概况	
	工程项目质量管理人员名册	
B 类资料	质量事故报告及处理资料	
	工程质量评估报告	
	工程变更单	
	竣工移交证书	
施工技术资料 C2	图纸会审记录	
	设计变更通知单	
	工程变更洽商记录	
施工记录 C7	分部（子分部）工程验收记录表	
竣工质量验收资料 C8	单位（子单位）工程质量竣工验收记录	
	单位（子单位）工程质量控制资料核查记录	
	单位（子单位）工程观感质量检查记录	
	室内环境检测报告	
	工程竣工质量报告	
	建筑节能工程现场实体检验报告	

4.6.2 BIM 辅助验收及交付流程

传统的工程竣工验收的主要依据是建【2000】142 号文《房屋建筑工程和市政基础设施工程竣工验收暂行规定》，竣工验收工作由建设单位负责组织实施。在完成工程设计和合同约定的各项内容后，由施工单位对工程质量进行检查，确认工程质量符合有关法律、法规和工程建设强制性标准，符合设计文件及合同要求，然后提出竣工验收报告。建设单位收到工程竣工验收报告后，对符合竣工验收要求的工程，组织勘察、设计、监理等单位和其他有关方面的专家组成验收组，制定验收方案。在各项资料齐全并通过检验后，方可完成竣工验收。

基于BIM的竣工验收与传统的竣工验收不同。基于BIM的工程管理注重工程信息的实时性，项目的各参与方均需根据施工现场的实际情况将工程信息实时录入到BIM模型中，并且信息录入人员须对自己录入的数据进行检查并负责到底。在施工过程中，分部、分项工程的质量验收资料，工程洽商、设计变更文件等都要以数据的形式存储并关联到BIM模型中，竣工验收时信息的提供方须根据交付规定对工程信息进行过滤筛选，不宜包含冗余的信息。

竣工BIM模型与工程资料的关联关系：通过分析施工过程中形成的各类工程资料，结合BIM模型的特点与工程实际施工情况，根据工程资料与模型的关联关系，将工程资料分为三种：

1. 一份资料信息与模型多个部位关联
2. 多份资料信息与模型一个部位发生关联
3. 工程综合信息的资料，与模型部位不关联

将上述三种类型资料与BIM模型链接在一起，形成蕴含完整工程资料并便于检索的竣工BIM模型。

基于BIM的竣工验收管理模式的各种模型与文件的模型与文件、成果交付应当遵循项目各方提前制定的合约要求。

4.7 BIM项目管理案例

4.7.1 基于BIM的工业园区EPC项目管理案例

1. 项目概况

本项目地处北京市顺义区马坡镇，紧邻京沈路，距离首都机场15公里。用地东西长200米，南北宽86米，地形方正。用地西侧和南侧是已经建成的规划路，交通条件比较好。地下一层，为整体车库和设备用房，地上设宿舍及生产厂房共九座。总建筑面积44000平方米。

本项目是总价包干总包模式，由设计院牵头，下设EPC总承包项目部，设计师、预算人员、采购人员、BIM团队、工程管理人员集中办公，BIM团队与设计周期同步，从方案阶段介入，实时把图纸反映到模型中，优化错漏碰缺问题，预算、采购、工程人员同步介入，从各自角度提出合理化建议，保证设计出的产品既符合施工工艺，采购要求，又可合理控制总价。

2. 组织架构及工作模式

（1）组织架构

设计院牵头的EPC总承包项目组织架构见图4.7-1。

（2）工作模式

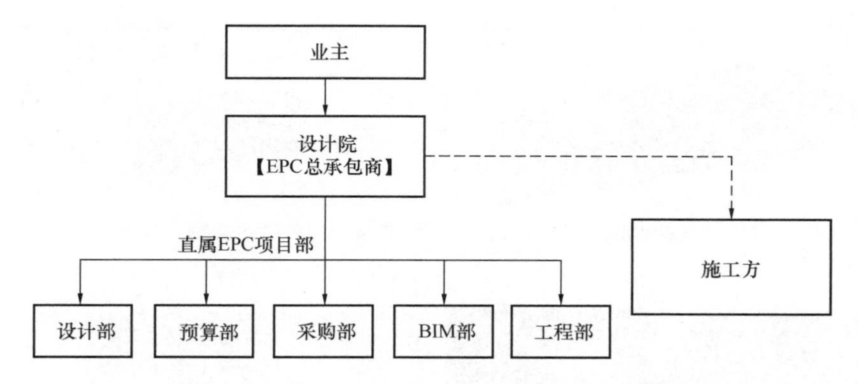

图 4.7-1 设计院牵头的 EPC 总承包项目组织架构

设计院牵头的 EPC 总承包项目工作模式见图 4.7-2。

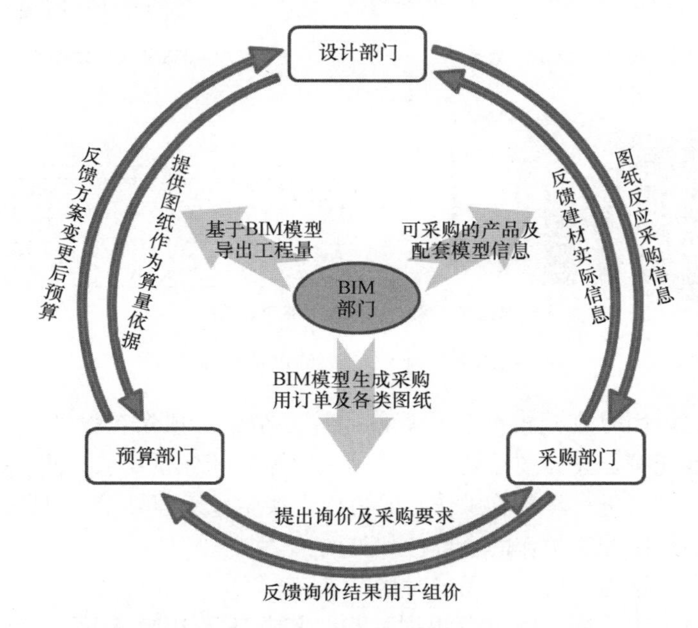

图 4.7-2 设计院牵头的 EPC 总承包项目工作模式

3. 实践成果

(1) 产品标准化设计

以外窗工程为例，BIM 部门根据设计方案制作 BIM 模型，按预算、采购部门要求生成外窗明细表。预算、采购部根据模型及统计信息讨论分析后认为现有方案外窗非标尺寸较多，不符合生产方普遍采用的 6 米型材整根切割方式加工工艺规则，会造成材料浪费及人工成本提升等问题。最终各方基于 BIM 模型进行现场修正，既保证了原有外立面效果不变，又把外窗种类从原来的 17 种调整为 5 种，材料及人工成本降低约 30%，见图 4.7-3。

(2) BIM 模型联动主流造价软件直接出工程量

传统预算需要在设计出图后再开展工作，无法满足本项目边设计边调优边出预算的需

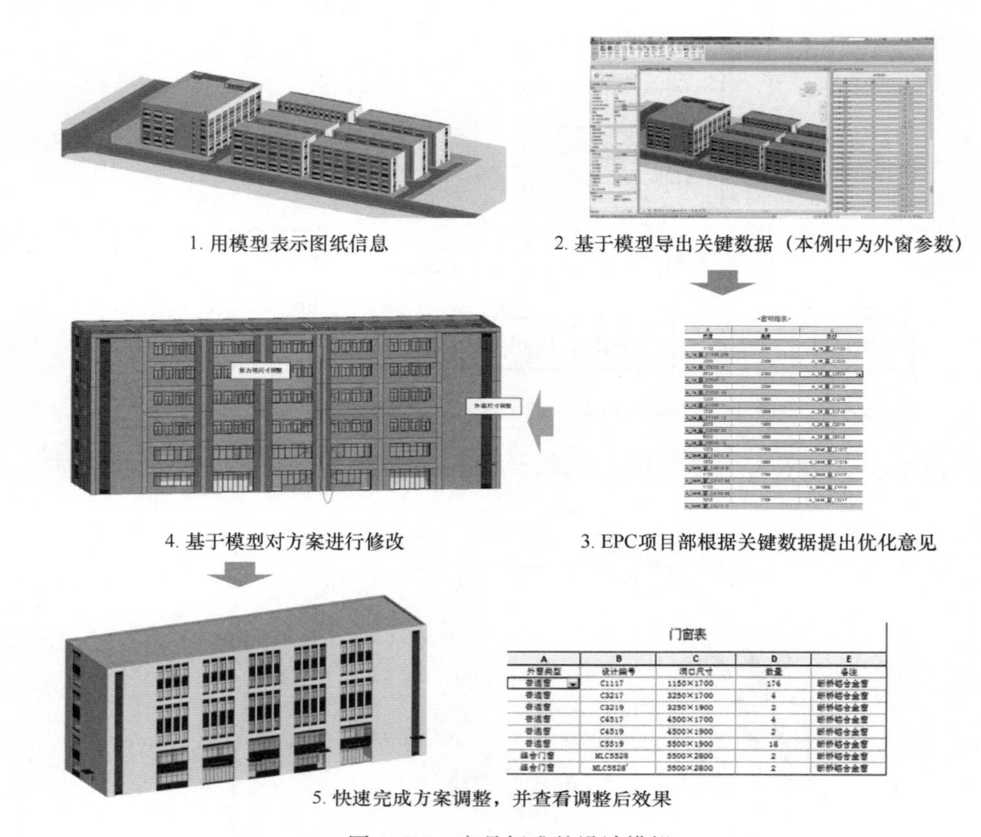

图 4.7-3　产品标准的设计模拟

求。为解决此问题，BIM在建模前与预算部门深度结合，预先在设计模板中定制预算清单模版，建模标准既符合设计图纸要求，又满足预算分部分项要求，使生成的模型既可以导入主流造价软件进行进一步预算工作，又可以直接生成工程算量，既降低预算人员建模工作又可同步验证传统预算工作的合理性，见图 4.7-4。

（3）BIM模型数据与采购工作无缝对接

以本项目外窗工程为例，BIM部根据采购部需求基于BIM模型直接生成外窗平、立面定位图纸，并在图纸中附上外窗统计和外窗详图，用于采购部门与外窗生产厂家沟通，见图 4.7-5。

对于少数有高精度细节需求的构件，BIM部通过精细化建模方式，体现构件细节加工工艺，见图 4.7-6。

总结

设计院牵头的EPC总承包项目管理打破了传统工程管理模式。在本项目中，设计、预算、采购、BIM、工程部门集中办公，时时交流，大大简化传统工作流程，提升效率。利用BIM技术可视性强、调整快捷、出图方便、时时出各类统计信息等优势，彻底解决各部门信息不对称等问题，为最终设计方案的实用性、经济性、可行性提供了有力的支撑，为工程阶段进一步应用打下了坚实的基础。

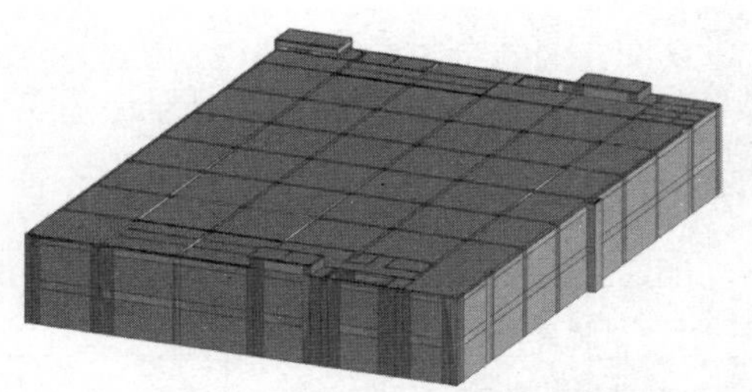

1. BIM搭建符合造价软件识别规则的模型

2.实现BIM模型与造价文件互转

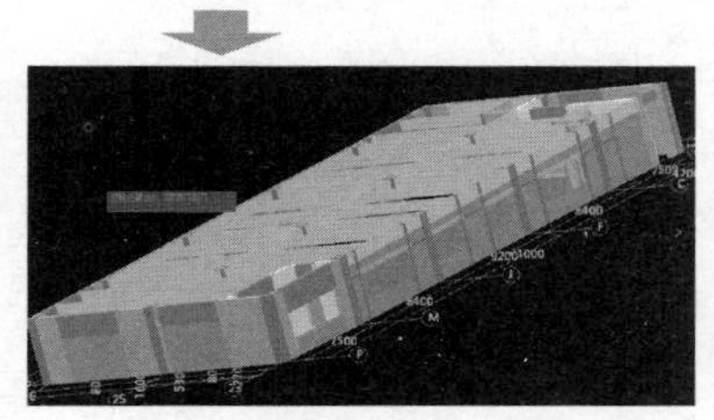

3.无损识别BIM算量模型

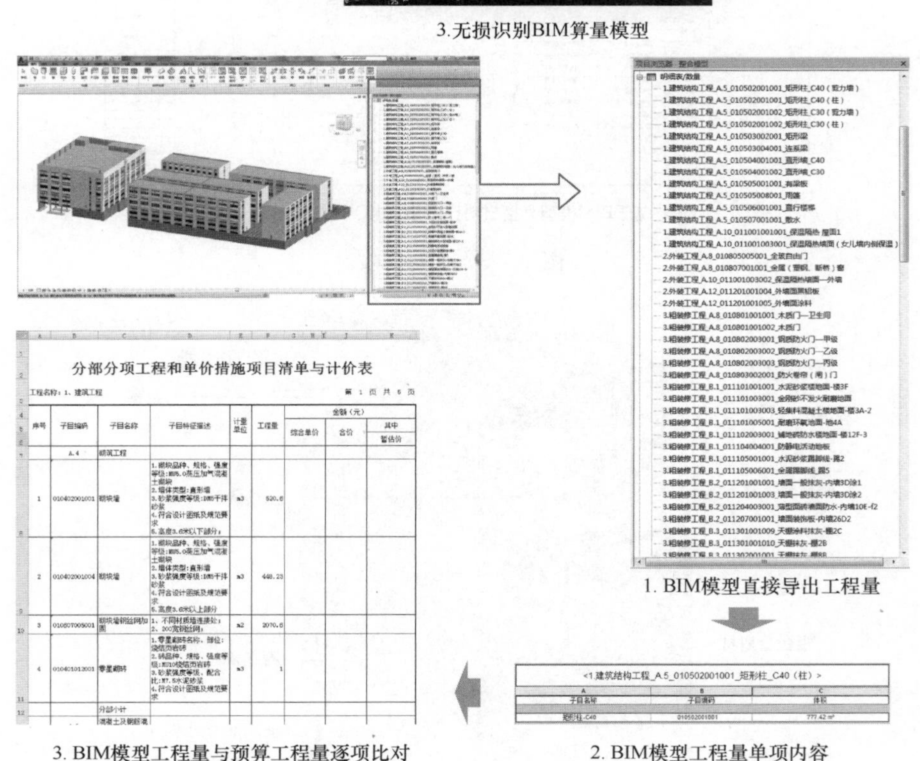

1. BIM模型直接导出工程量

2. BIM模型工程量单项内容

3. BIM模型工程量与预算工程量逐项比对

图 4.7-4　工程量计算模拟

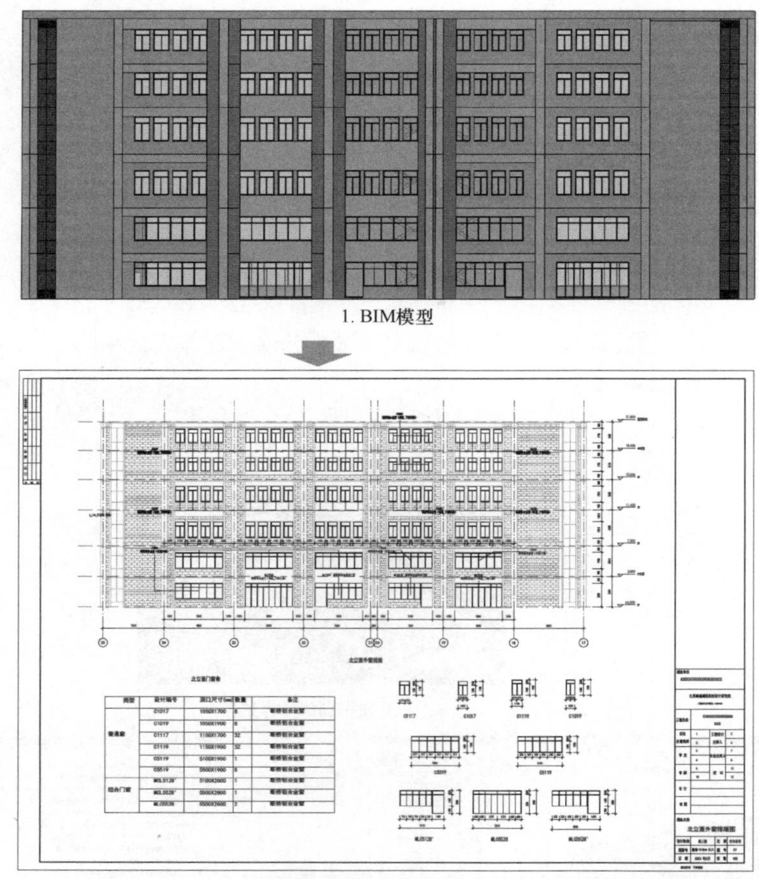

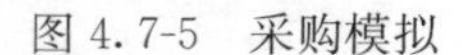
2. 基于BIM模型直接出图打印并导出CAD格式图纸

图 4.7-5　采购模拟

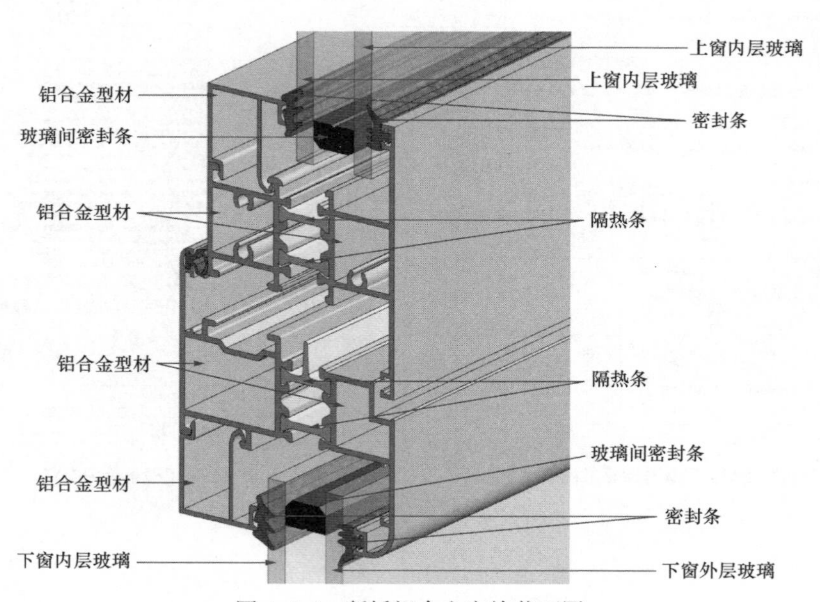

图 4.7-6　断桥铝合金窗族截面图

4.7.2 北京市政务中心 BIM 实施应用

BIM 作为一种管理理念，最早提出于 19 世纪 70 年代，目前在欧美等发达国家的建筑业已得到较好的推广与应用。基于 BIM 的建造方式是创建信息、管理信息、共享信息的数字化方式，它的应用可使整个工程项目的施工有效地实现建立资源计划、控制安全风险、降低污染和提高施工效率。本案例就某大型公共建筑展开，结合高层建筑的特点，具体阐述 BIM 技术在项目施工质量中的应用。

1. 项目背景

(1) 项目特点

该工程总建筑面积为 $206247m^2$，地下 3 层，地上最高 23 层，最大檐高 100m，结构形式为框架一剪力墙结构。其效果图如图 4.7-7 所示。

(2) BIM 期望应用效果

考虑该项目施工重点、难点及公司管理特点，结合以往 BIM 工程应用实践制定了 BIM 应用总体目标，实现以 BIM 技术为基础的信息化手段对本项目的支撑，进而提高施工信息化水平和整体质量。BIM 辅助项目实施目标如图 4.7-8 所示。

图 4.7-7 工程效果图

图 4.7-8 BIM 辅助项目实施目标

2. BIM 应用内容

(1) BIM 模型建立及维护

本项目根据设计单位提供的设计图纸、设备信息和其他相关数据，利用 Revit 建模软件在工程开始阶段建立建筑专业、结构专业及机电专业 BIM 模型，在建模过程中对图纸进行仔细核对和完善，根据设计和业主的补充信息，完善 BIM 模型。所建立的 BIM 模型如图 4.7-9～图 4.7-11 所示。

遮阳是建筑的重要组成部分之一。它对节约能源、营造高质量的室内光环境和开阔建筑艺术形式上的表现都有很重要的作用。遮阳体的设置要满足几个基本需求：有效性、美观性、经济性。基于 BIM 技术建立的遮阳方式模拟及本工程实际采用的遮阳方式如图 4.7-12 和图 4.7-13 所示。

从广义上讲，景观也是建筑的一部分。景观不仅可以提高建筑物的美观性，为游览者提供观景的视点和场所，提供休憩及活动的空间，也是主体建筑的必要补充或联系过度。采用

图 4. 7-9　整体结构 BIM 模型

图 4. 7-10　叶子大厅 BIM 模型

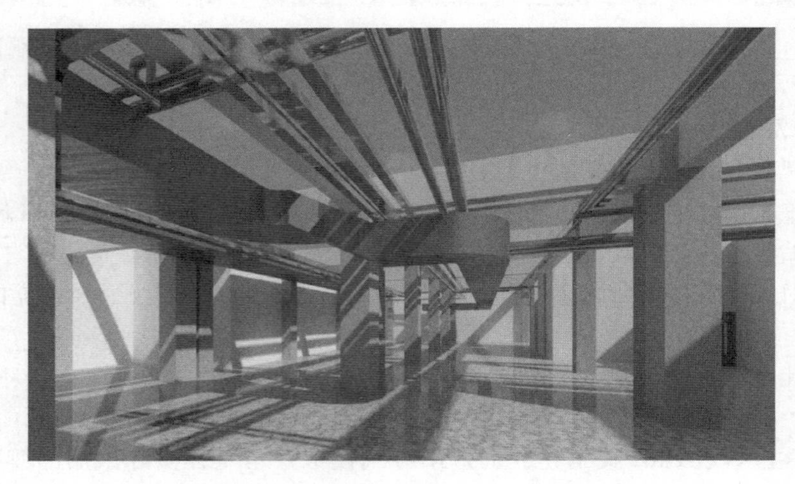

图 4. 7-11　机电室内局部 BIM 模型

BIM技术对场地及屋顶绿化进行的设计及本项目实际景观绿化如图 4. 7-14 和图 4. 7-15 所示。

图 4.7-12 金属遮阳系统

图 4.7-13 外遮阳系统

图 4.7-14 景观设计 BIM 模型

(2) 深化设计

该工程采用基于 BIM 技术的施工深化设计手段，提前确定模型深化需求，对土建专业、机电管线综合进行了碰撞检测及优化，对叶子大厅钢结构、幕墙及复杂节点钢筋布置进行了深化设计，并在深化模型确认后出具用于指导现场施工的二维图纸。其碰撞检测优化效果、钢筋布置深化设计效果如图 4.7-16 和图 4.7-17 所示。

图 4.7-15 实际景观绿化

(*a*) 景观绿地；(*b*) 屋顶绿化；(*c*) 中庭绿化；(*d*) 停车场绿化

图 4.7-16 首层外墙碰撞检测优化前后对比

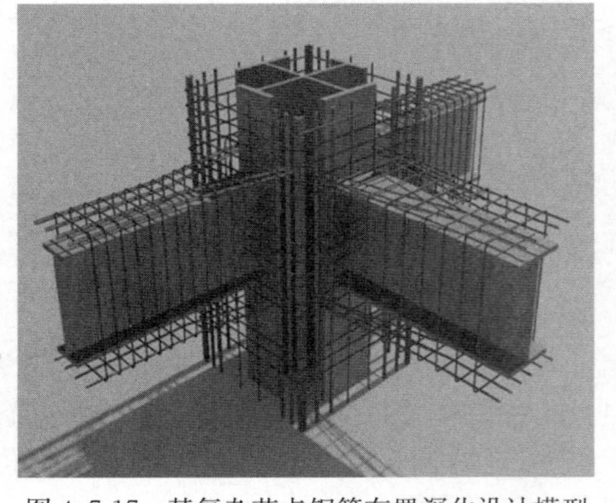

图 4.7-17 某复杂节点钢筋布置深化设计模型

对于梁下净空，在初始建模阶段明显存在很多设计缺陷，如四根直径 500mm 的空调水管，在走廊空间内水平排布不开，消火栓水管和给水管穿梁等现象。通过初步深化阶段，解决了设计中的缺陷问题。经过二次深化阶段，使得管线排布合理，最终形成可以辅助现场施工人员顺利安装各专业管线。基于 BIM 技术净空分析模型如图 4.7-18 图 4.7-19所示。

(3) 施工方案规划

该项目施工难度大，施工前对各项施工

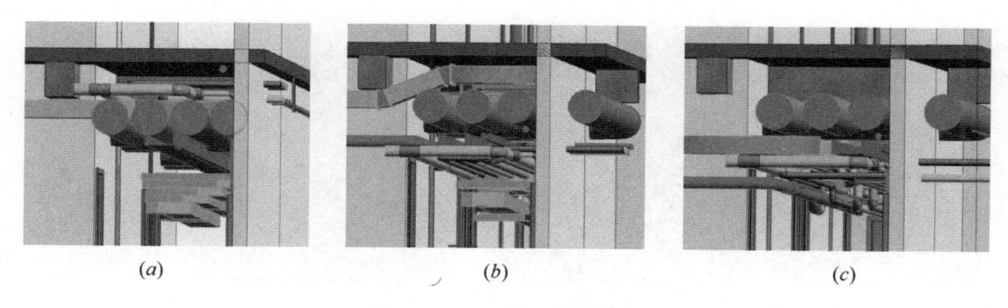

图 4.7-18 净空分析模型
(a) 初始建模阶段；(b) 初步深化阶段；(c) 二次深化阶段

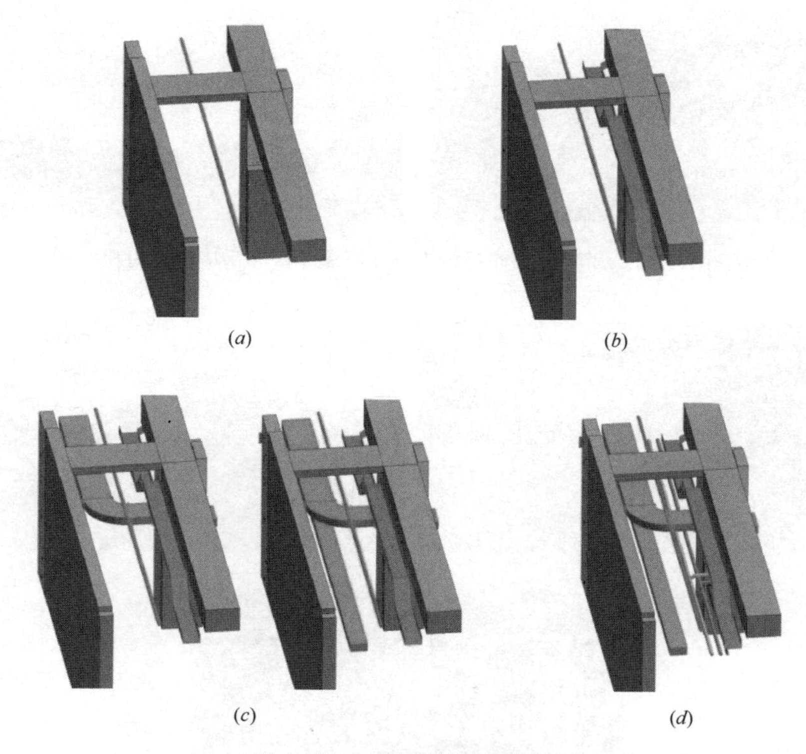

图 4.7-19 管综深化设计模型
(a) 消防管；(b) 弱电桥架；(c) 暖通；(d) 给排水

方案进行提前规划、预演尤为重要。利用 BIM 模型的可视性进行三维立体施工方案规划，可以合理安排生活区、钢结构加工区、材料仓库、现场材料堆放场地、现场道路等的布置。另外，利用 BIM 模型模拟一些危险性大的专项施工方案，可以直观地反映施工现场情况，辅助专家论证，降低施工危险性。基于 BIM 的施工周边环境规划、吊塔布设、施工场地布置及土方开挖方案模拟如图 4.7-20～图 4.7-23 所示。

(4) 4D 施工动态模拟

该工程规模大、复杂程度高、工期紧，为了寻找最优的施工方案、给施工项目管理提供便利，采用了基于 BIM 的 4D 施工动态模拟技术对土建结构、叶子大厅钢结构及部分关键节点的施工过程进行模拟并制定多视点的模拟动画。施工模拟动画为施工进度、质量及

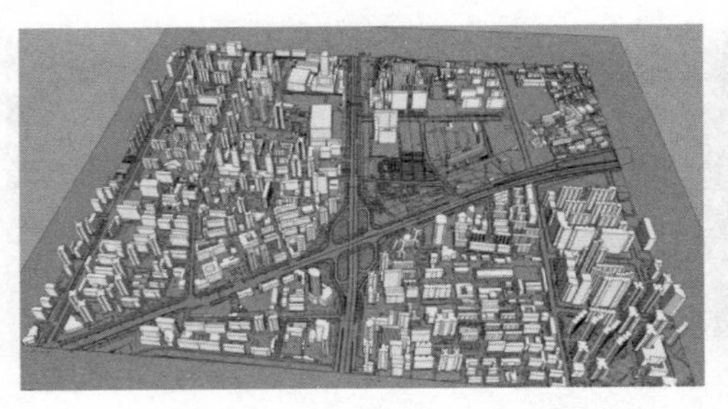

图 4.7-20　模型周边环境规划模型与二维图纸下的周边环境对比

图 4.7-21　BIM 吊塔布设模型与实际施工现场吊塔布设对比

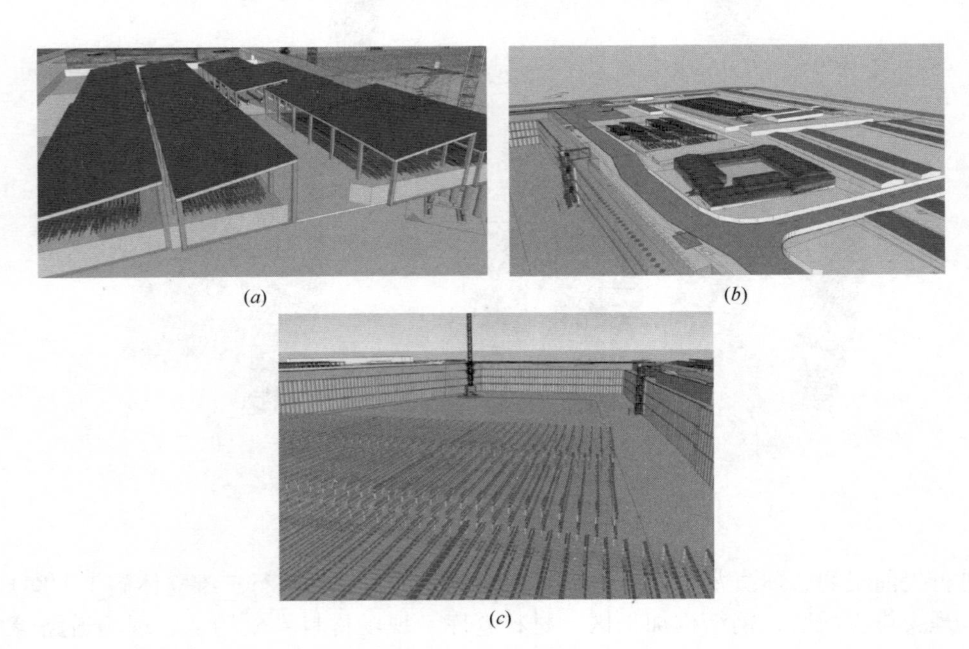

图 4.7-22　模拟施工场地布置

(*a*) 原材料堆放区；(*b*) 厂区设施；(*c*) 钢筋笼

安全的管理提供了依据。4D 施工模拟动画截图如图 4.7-24 所示。

(5) 总承包施工项目管理

基于 BIM 施工总承包单位对工程项目的管理主要分为协同工作的管理，BIM 模型的管理，数据交互的管理和信息共享管理四个部分，并将常规的工作管理分解到其中，提供

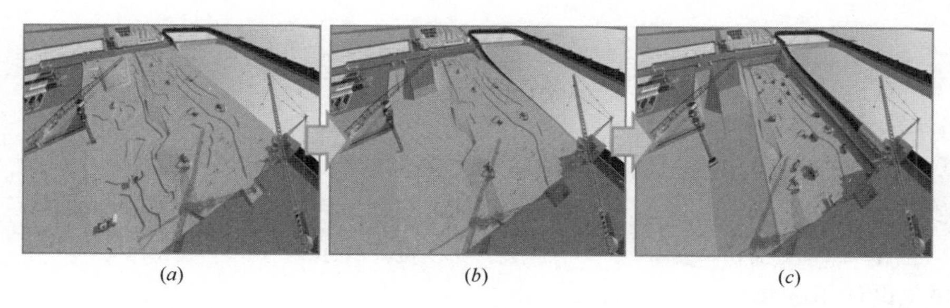

图 4.7-23 土方开挖方案模拟
（*a*）开挖阶段；（*b*）下挖阶段；（*c*）挖槽完毕

图 4.7-24 4D 施工模拟动画截图

协同工作平台，实现管理的集成化。基于 BIM 技术工程管理与常规工程管理的区别如图 4.7-25 所示。

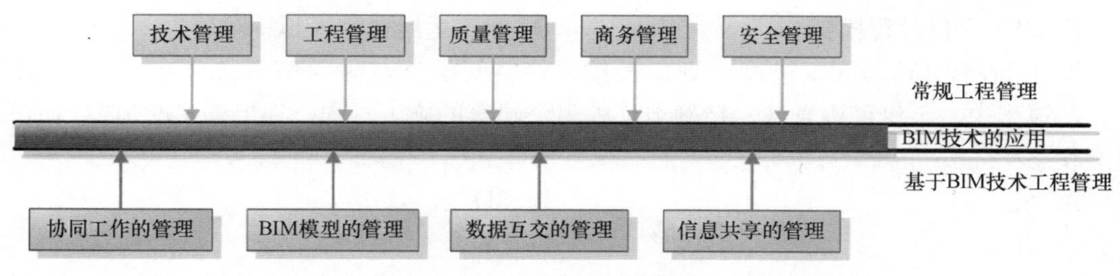

图 4.7-25 基于 BIM 技术工程管理与常规工程管理的区别

课　后　习　题

一、单项选择题

1. BIM技术在施工企业投标阶段的应用主要包括技术方案展示和(　　)

A. 安全管理　　B. 协同设计

C. 工程量计算及报价　　D. 资产维护

2. 深化设计指的是(　　)

A. 在业主或设计顾问提供的条件图或原理图的基础上，结合施工现场实际情况，对图纸进行细化、补充和完善

B. 基于BIM技术建立4D模型，并结合其模型进度计划成初步进度计划，最后将初步进度计划与三维模型结合形成4D模型的进度、资源配置计划

C. 通过建立安装材料BIM模型数据库，使项目部各岗位人员及企业不同部门都可以进行数据的查询和分析，为项目部材料管理和决策提供数据支撑

D. 根据BIM模型快速获取正确的工程量信息，与招标文件的工程量清单比较，制定更好的投标策略

3. 钢结构深化设计属于(　　)

A. 综合性深化设计　　B. 专业性深化设计

C. 管线综合深化设计　　D. 土建结构深化设计

4. 下列关于管线综合深化设计流程说法正确的是(　　)

A. 制作专业精准模型——综合链接模型——碰撞检测——分析和修改碰撞点——数据集成——最终完成内装的BIM模型

B. 制作专业精准模型—— 碰撞检测——综合链接模型——分析和修改碰撞点——数据集成——最终完成内装的BIM模型

C. 制作专业精准模型——综合链接模型——分析和修改碰撞点—— 碰撞检测——数据集成——最终完成内装的BIM模型

D. 综合链接模型——制作专业精准模型——碰撞检测——分析和修改碰撞点——数据集成——最终完成内装的BIM模型

5. BIM技术在项目建造阶段的应用主要体现在(　　)

A. 物料管理　　B. 虚拟施工管理

C. 成本管理　　D. 进度管理

6. 施工过程模拟主要包括土建结构施工过程模拟和(　　)

A. 钢结构施工过程模拟　　B. 构件加工过程模拟

C. 竣工交付过程模拟　　D. 建筑运维过程模拟

7. 通过将BIM与施工进度计划相链接，将空间信息与时间信息整合在一个可视的(　　)模型中，不仅可以直观、精确地反映整个建筑的施工过程，还能够实时追踪当前的进度状态

A. 2D　　B. 3D

C. 4D　　D. 5D

8. 下列选项关于利用管理系统或软件进行施工进度模拟态的步骤流程说法正确的

是(   )

A. 先将 BIM 模型进行材质赋予，然后制定 Project 计划，接着将 Project 文件与 BIM 模型链接，而后制定构件运动路径，并与时间链接，最后设置动画视点并输出施工模拟动画

B. 先制定 Project 计划，然后将 BIM 模型进行材质赋予，接着将 Project 文件与 BIM 模型链接，而后制定构件运动路径，并与时间链接，最后设置动画视点并输出施工模拟动画

C. 先将 BIM 模型进行材质赋予，然后将 Project 文件与 BIM 模型链接，接着制定 Project 计划，而后制定构件运动路径，并与时间链接，最后设置动画视点并输出施工模拟动画

D. 先设置动画视点并输出施工模拟动画，然后制定 Project 计划，接着将 Project 文件与 BIM 模型链接，而后制定构件运动路径，并与时间链接，最后将 BIM 模型进行材质赋予

9. 基于 BIM 的工程项目质量管理包括产品质量管理和(   )

A. 技术质量管理　　B. 人员素质管理

C. 设计图纸质量管理　　D. 环境品质管理

10. BIM 在工程项目质量管理中的关键应用点不包括(   )

A. 建模前期协同设计　　B. 碰撞检测

C. 大体积混凝土测温　　D. 防坠落管理

11. BIM 在工程项目施工安全管理中的应用不包括(   )

A. 施工准备阶段安全控制　　B. 施工动态监测

C. 快速精确的成本核算　　D. 灾害应急管理

12. 施工过程仿真模拟主要指的是通过仿真分析技术模拟建筑结构在施工过程中不同时段的力学性能和(   )为结构安全施工提供保障。

A. 变形状态　　B. 进度状态

C. 成本状态　　D. 信息完备度

13. 防坠落管理主要体现的是(   )。

A. 质量管理　　B. 进度管理

C. 成本管理　　D. 安全管理

14. 下列选项关于 5D 描述正确的是(   )。

A. 3D 实体＋时间＋成本　　B. 3D 实体＋时间＋工序

C. 3D 实体＋成本＋工序　　D. 2D 实体＋时间＋成本

15. BIM 在工程项目成本控制中的应用不包括(   )

A. 快速精确的成本核算　　B. 灾害应急管理

C. 预算工程量动态查询与统计　　D. 限额领料与进度款支付管理

16. BIM 在工程项目施工物料管理中的应用不包括(   )

A. 公共安全管理　　B. 建立安装材料 BIM 模型数据库

C. 安装材料分类控制　　D. 用料交底

17. 下列选项关于安装材料 BIM 模型数据库应用流程说法正确的是(   )

A. 首先建立模型，接着审核模型，然后提取数据，而后分析数据，最后运用数据
B. 首先审核模型，接着建立模型，然后提取数据，而后分析数据，最后运用数据
C. 首先建立模型，接着审核模型，然后分析数据，而后提取数据，最后运用数据
D. 首先建立模型，接着审核模型，然后提取数据，而后运用数据，最后分析数据

18. 下列选项不属于BIM技术在节地与室外环境中的应用是(　　)
A. 场地分析　　B. 土方量计算
C. 施工用地管理　　D. 管线综合

19. 下列选项不属于BIM技术在节材与材料资源利用中的应用是(　　)
A. 管线综合　　B. 复杂工程预加工预拼装
C. 场地排水模拟　　D. 基于物联网物资追溯管理

20. 下列选项不属于工程变更的表现形式的是(　　)
A. 碰撞优化
B. 更改工程有关部位的标高、位置和尺寸
C. 增减合同中约定的工程量
D. 改变工程质量、性质或工程类

参考答案：

1. C　2. A　3. B　4. A　5. B　6. A　7. C　8. A　9. A　10. D　11. C　12. A　13. D　14. A　15. B　6. A　17. A　18. D　19. C　20. A

二、多项选择题

1. BIM在施工项目管理中的应用主要分为(　　)。
A. 招投标阶段　　B. 深化设计阶段
C. 建造准备阶段　　D. 建造阶段
E. 竣工支付阶段　　F. 运维阶段

2. 虚拟施工管理在项目实施过程中的优势主要体现在(　　)。
A. 施工方法可视化　　B. 施工方法验证过程化
C. 施工组织控制化　　D. 施工目标单一化

3. 虚拟施工管理在项目实施过程中的优势主要体现在(　　)。
A. 施工方法可视化　　B. 施工方法验证过程化
C. 施工组织控制化　　D. 施工目标单一化

4. 虚拟施工管理主要包括(　　)。
A. 施工方案管理　　B. 关键工艺展示
C. 运维管理　　D. 施工过程模拟

5. 预制加工管理主要包括(　　)。
A. 出具构件加工详图
B. 构件生产指导
C. 通过BIM实现预制构件的数字化制造
D. 构件详细信息全过程查询

6. 施工进度管理主要体现在(　　)。
A. 施工进度计划编制　　B. BIM施工进度4D模拟

C. BIM 施工安全与冲突分析系统　　D. BIM 建筑施工优化系统

E. 三维技术交底及安装指导

7. 施工空间主要可划分为（　　）

A. 可使用空间　　B. 施工过程空间

C. 施工后期空间　　D. 施工产品空间

8. 绿色施工管理主要包括（　　）

A. 节地　　B. 节水

C. 节材　　D. 节能

E. 节约资金

9. 影响工程变更因素主要包括（　　）

A. 业主原因　　B. 设计原因

C. 施工原因　　D. 监理原因

E. 合同原因　　F. 环境原因

10. 目前在竣工阶段主要存在的问题有（　　）

A. 验收人员仅仅从质量方面进行验收，对使用功能方面的验收关注不够

B. 验收过程中对整体项目的把控力度不大

C. 竣工阶段时间较短

D. 竣工图纸难以反映现场的实际情况

参考答案：

1. ABCDE　2. ABC　3. ABC　4. ABD　5. ABCD　6. ABCDE　7. ABD　8. ABCD　9. ABCDEF　10. ABD

第五章　BIM 技术在运维管理中的应用

本章导读

本章首先简单地介绍了运维与设施管理基本概念，包括运维与设施管理的定义、内容范畴和基本特点。接着介绍了传统运维与设施管理中的不足，再对 BIM 技术在运维与设施管理中的优势进行了详细分析。然后着重介绍了 BIM 技术在运维与设施管理中的应用，包括空间管理、资产管理、维护管理、公共安全管理和能耗管理。最后在对 BIM 在绿色运维中的应用进行了简单介绍。

本章二维码

26. BIM 技术在在运维管理中的应用

5.1 BIM应用清单

BIM在运维的应用，通常可以理解为运用BIM技术与运营维护管理系统相结合，对建筑的空间、设备资产等进行科学管理，对可能发生的灾害进行预防，降低运营维护成本。具体实施中常将物联网、云计算技术等与BIM模型、运维系统及移动终端等结合起来应用，最终实现整体运维管理，见图5.1。

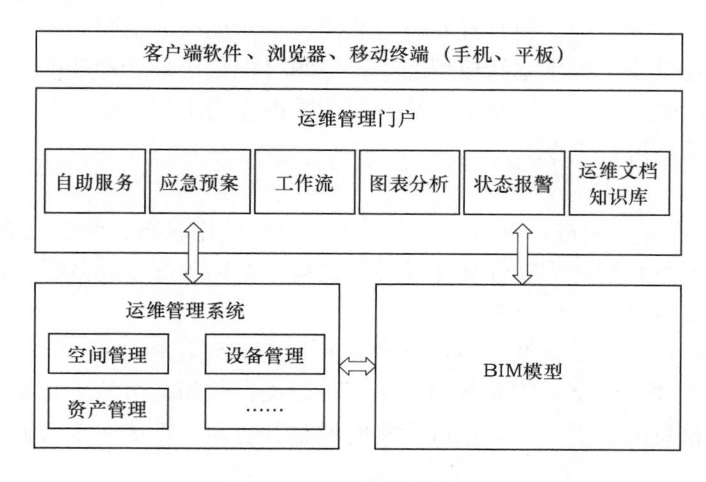

图5.1　BIM运维整体架构图

5.2 BIM技术在运维中的应用

5.2.1 运维概念

建筑运行维护管理：指建筑在竣工验收完成并投入使用后，整合建筑内人员、设施及技术等关键资源，通过运营充分提高建筑的使用率，降低它的经营成本，增加投资收益，并通过维护尽可能延长建筑的使用周期而进行的综合管理。

在运营维护阶段的管理中，BIM技术可以随时监测有关建筑使用情况、容量、财务等方面的信息。通过BIM文档完成建造施工阶段与运营维护阶段的无缝交接和提供运营维护阶段所需要的详细数据。在物业管理中，BIM软件与相关设备进行连接，通过BIM数据库中的实时监控运行参数判断设备的运行情况，进行科学管理决策，并根据所记录的运行参数进行设备的能耗、性能、环境成本绩效评估，及时采取控制措施。

在装配式建筑及设备维护方面，运维管理人员可直接从BIM模型调取预制构件及设备的相关信息，提高维修的效率及水平。运维人员利用预制构件的RFID标签（射频识别，RFID（Radio Frequency Identification）技术，又称无线射频识别，是一种通信技术，可通过无线电讯号识别特定目标并读写相关数据，而无须识别系统与特定目标之间建立机械或光学接触），获取保存其中的构件质量信息，也可取得生产工人、运输者、安装工人及施工人员等相关信息，实现装配式建筑质量可追溯，明确责任归属。利用预制构件中预埋的 RFID 标签，对装配式建筑的整个使用过程能耗进行有效的监控、检测并分析，从而在 BIM 模型中准确定位高能耗部位，并采取合适的办法进行处理，从而实现装配式建筑的绿色运维管理。

5.2.2　空间管理

基于 BIM 技术可为 FM 人员提供详细的空间信息，包括实际空间占用情况、建筑对标等。同时，BIM 能够通过可视化的功能帮助跟踪部门位置和将建筑信息与具体的空间相关信息勾连，并在网页中实施打开并进行监控，从而提高了空间利用率。根据建筑使用者的实际需求，提供基于运维空间模型的工作空间可视化规划管理功能，并提供工作空间变化可能带来的建筑设备、设施功率负荷方面的数据作为决策依据，以及在运维单位案中快速对三维空间模型进行更新。

1. 租赁管理

应用 BIM 技术对空间进行可视化管理，分析空间使用状态、收益、成本及租赁情况，判断影响不动产财务状况的周期性变化及发展趋势，帮助提高空间的投资回报率，并能够抓住出现的机会及规避潜在的风险。

通过查询定位可以轻易查询到商户空间，并且查询到租户或商户信息，如客户名称、建筑面积、租约区间、租金、物业费用；系统可以提供收租提醒等客户定制化功能。同时还可以根据租户信息的变更，对数据进行实时调整和更新，形成一个快速共享的平台，如图 5.2-1 所示。

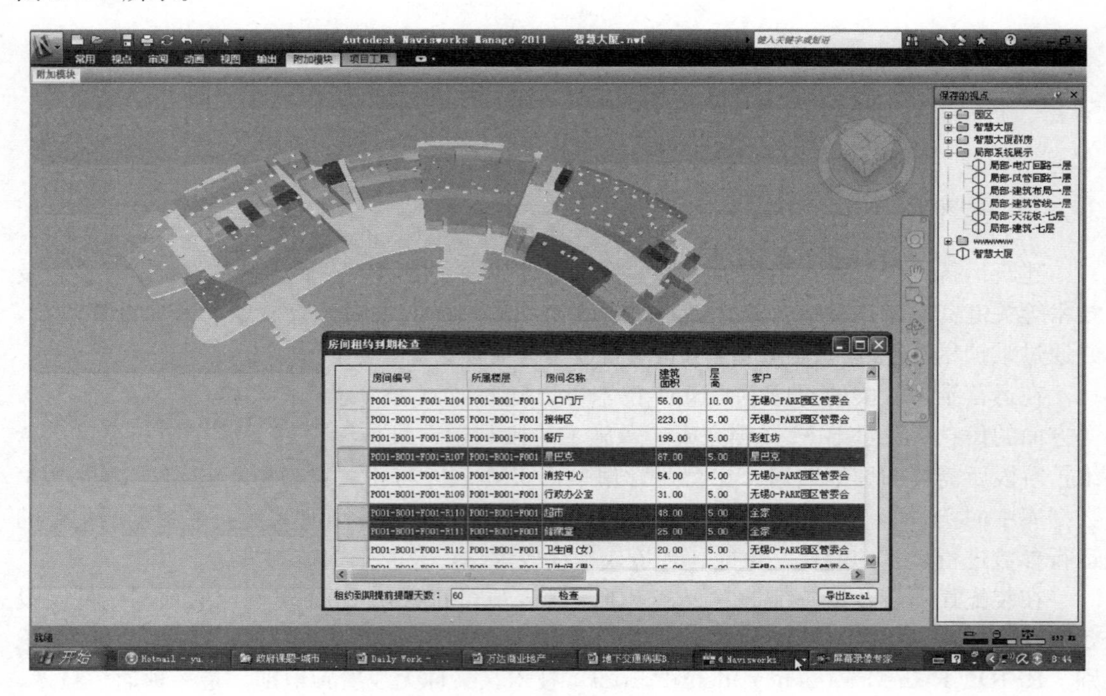

图 5.2-1　租赁管理平台图

另外，BIM 运维平台不仅提供了对租户的空间信息管理，还提供了对租户能源使用及费用情况的管理（如图 5.2-2）。这种功能同样适用于商业信息管理，与移动终端相结合，商户的活动情况、促销信息、位置、评价可以直接推送给终端客户，提高租户使用程度的同时也为其创造了更高的价值。

图 5.2-2　BIM 运维平台

2. 垂直交通管理

3D 电梯模型能够正确反映所对应的实际电梯的空间位置以及相关属性等信息。电梯的空间相对位置信息包括门口电梯、中心区域电梯、电梯所能到达楼层信息等；电梯的相关属性信息包括直梯、扶梯、电梯型号、大小、承载量等。3D 电梯模型中采用直梯实体形状图形表示直梯，并采用扶梯实体形状图形表示扶梯（如图 5.2-3）。BIM 运维平台对电梯的实际使用情况进行了渲染，物业管理人员可以清楚直观地看到电梯的能耗及使用状况，通过对人行动线、人流量的分析，可以帮助管理者更好地对电梯系统的策略进行调整。

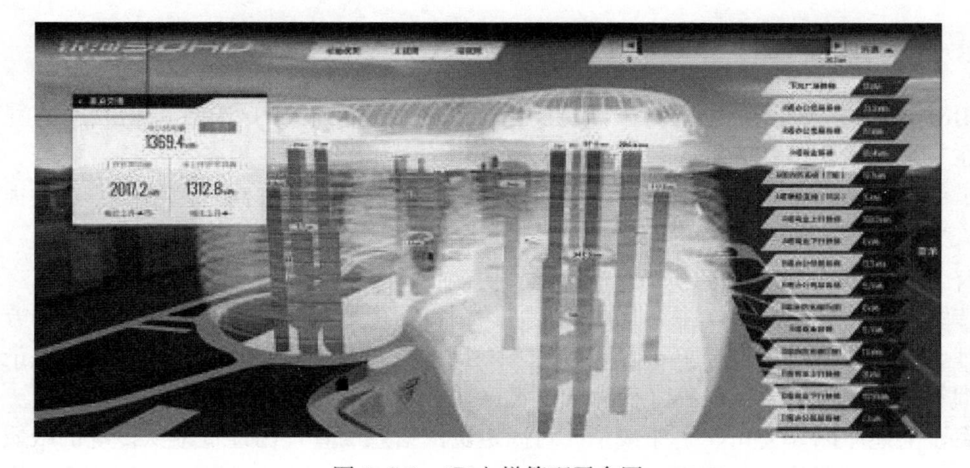

图 5.2-3　3D 电梯管理平台图

3. 车库管理

目前的车库管理系统基本都是以计数系统为主，只显示空车位的数量，对空车位的位置却没法显示。在停车过程中，车主随机寻到车位，缺乏明确的路线，容易造成车道堵塞和资源浪费（时间、能源）。应用无线射频技术将定位标识标记在车位卡上，车子停好之后自动知道某车位是否已经被占用。通过该系统就可以在车库入口处通过屏幕显示出所有已经占用的车位和空着的车位。通过车位卡还可以在车库监控大屏幕上查询所在车的位置，这对于方向感较差的车主来说，是个非常贴心的导航功能。

4. 办公管理

基于 BIM 可视化的空间管理体系，可对办公部门、人员和空间实现系统性、信息化的管理。如图 5.2-4 所示，某工作空间内的工作部门、人员、部门所属资产、人员联系方式等都与 BIM 模型中相关的工位、资产相关联，便于管理和信息的及时获取。

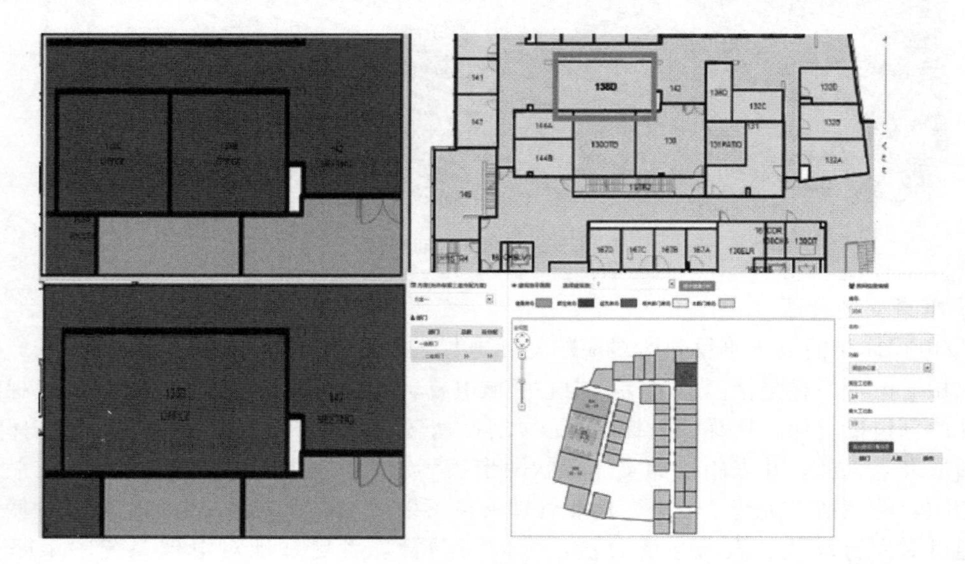

图 5.2-4　工作空间管理图

5.2.3　资产管理

BIM 技术与物联网的结合将开创现代化管理的新纪元。基于 BIM 的物联网的管理实现了在三维可视化条件下掌握和了解建筑物及建筑中相关人员、设备、结构、资产、关键部位等信息，尤其对于可视化的资产管理可以达到减少成本、提高管理精度、避免损失和资产流失的重大价值意义。

1. 可视化资产信息管理

传统资产信息整理录入主要是由档案室的资料管理人员或录入员采取纸媒质的方式进行管理，这样既不容易保存更不容易查阅，一旦人员调整或周期较长会出现遗失或记录不可查询等问题，造成工作效率降低和成本提高。

由于上述原因，公司、企业或个人对固定资产信息的管理已经逐渐从传统的纸质方式中脱离，不再需要传统的档案室和资料管理人员。信息技术的发展使基于 BIM 的物联网资产管理系统可以通过在 RFID 的资产标签芯片中注入依用户需要的详细参数信息和定期提醒设置，同时结合三维虚拟实体的 BIM 技术使资产在智慧建筑物中的定位和相关参数信息一目了然，可以精确定位、快速查阅。

新技术的产生使二维的、抽象的、纸媒质的传统资产信息管理方式变得鲜活生动。资产的管理范围也从以前的重点资产延伸到资产的各个方面。例如，对于机电安装的设备、设施，资产标签中的报警芯片会提醒设备需要定期维修的时间以及设备维修厂家等相关信息，同时可以报警设备的使用寿命，以及时的进行更换，避免发生伤害事故和一些不必要的麻烦。

2. 可视化资产监控、查询、定位管理

资产管理的重要性就在于可以实时监控、实时查询和实时定位，然而现在的传统做法很难实现。尤其对于高层建筑的分层处理，资产很难从空间上进行定位。BIM技术和物联网技术地结合完美地解决了这一问题。

现代建筑通过BIM系统把整个物业的房间和空间都进行划分，并对每个划分区域的资产进行标记，我们的系统通过使用移动终端收集资产的定位信息，并随时和监控中心进行通讯联系。

监视：基于BIM的信息系统完全可以取代和完善视频监视录像，该系统可以追踪资产的整个移动过程和相关使用情况。配合工作人员身份标签定位系统，可以了解到资产经手的相关人员，并且系统会自动记录，方便查阅。一旦发现资产位置在正常区域之外、由无身份标签的工作人员下移动或定位信息等非正常情况，监控中心的系统就会自动警报，并且将建筑信息模型的位置自动切换到出现警报的资产位置。

查询：该资产的所有信息包括名称、价值和使用时间都可以随时查询。

定位：随时定位被监视资产的位置和相关状态情况。

3. 可视化资产安保及紧急预案管理

传统的资产管理安保工作无法对被监控资产进行定位，只能够对关键的出入口等处进行排查处理。有了物联网技术后虽然可以从某种程度上加强产品的定位，但是缺乏直观性，难以提高安保人员的反应速度，经常发现资产遗失后没有办法及时追踪，无法确保安保工作的正常开展。基于BIM技术的物联网资产管理可以从根本上提高紧急预案的管理能力和资产追踪的及时性，可视性。

对于一些比较昂贵的设备或物品可能有被盗窃的危险，等工作人员赶到事发现场，犯罪分子却有足够的时间逃脱。然而使用无线射频技术和报警装置可以及时了解到贵重物品的情况，因此BIM信息技术的引入变得至关重要，当贵重物品发出报警后其对应的BIM追踪器随即启动。通过BIM三维模型可以清楚分析出犯罪分子所在的精确位置和可能的逃脱路线，BIM控制中心只需要在关键位置及时布置工作人员进行阻截就可以保证贵重物品不会遗失，同时将犯罪分子绳之以法。

BIM控制中心的建筑信息模型与物联网无线射频技术的完美结合彻底实现了非建筑专业人士或对该建筑物不了解的安保人员能够正确了解建筑物安保关键部位。指挥官只需给进入建筑的安保人员配备相应的无线射频标签，并与BIM系统动态连接，根据BIM三维模型可以直观察看风管、排水通道等容易疏漏的部位和整个建筑三维模型，动态的调整人员部署，对出现异常情况的区域第一时间作出反应。从而为资产的安保工作提供了巨大的便捷，以真正实现资产的安全保障管理。

信息技术的发展推动了管理手段的进步。基于BIM技术的物联网资产管理方式通过最新的三维虚拟实体技术使资产在智慧的建筑中得到合理的使用、保存、监控、查询、定位。资产管理的相关人员以全新的视角诠释资产管理的流程和工作方式，使资产管理的精细化程度得到大大提高，确保了资产价值最大化。

5.2.4　维护管理

维护管理主要指的是设备的维护管理。通过将BIM技术运用到设备管理系统中，使系统包含设备所有的基本信息，也可以实现三维动态的观察设备的实时状态，从而使设施管理人员了解设备的使用状况，也可以根据设备的状态提前预测设备将要发生的故障，从而在设备发生故障前就对设备进行维护，降低维护费用。将BIM运用到设备管理中，可以查询设备信息、设备运行和控制、自助进行设备报修，也可以进行设备的计划性维护等（如图5.2-5所示）。

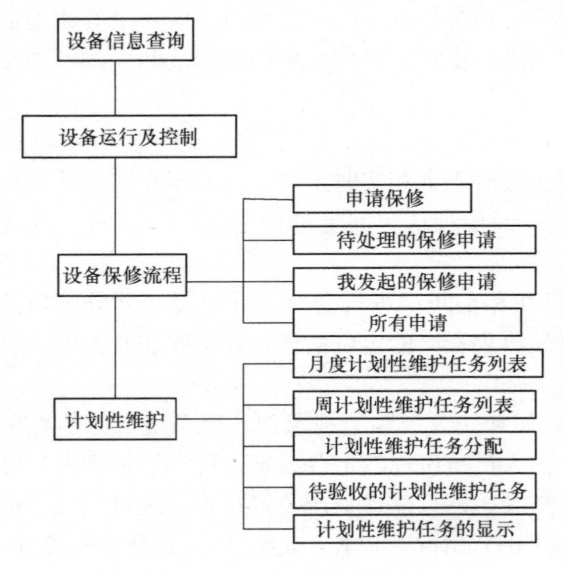

图5.2-5　设备维护流程图

1. 设备信息查询

基于BIM技术的管理系统集成了对设备的搜索、查阅、定位功能。通过点击BIM模型中的设备，可以查阅所有设备信息，如供应商、使用期限、联系电话、维护情况、所在位置等（如图5.2-6所示）；该管理系统可以对设备生命周期进行管理，比如对寿命即将到期的设备及时预警和更换配件，防止事故发生；通过在管理界面中搜索设备名称，或者描述字段，可以查询所有相应设备在虚拟建筑中的准确定位；管理人员或者领导可以随时利用四维BIM模型，进行建筑设备实时浏览。

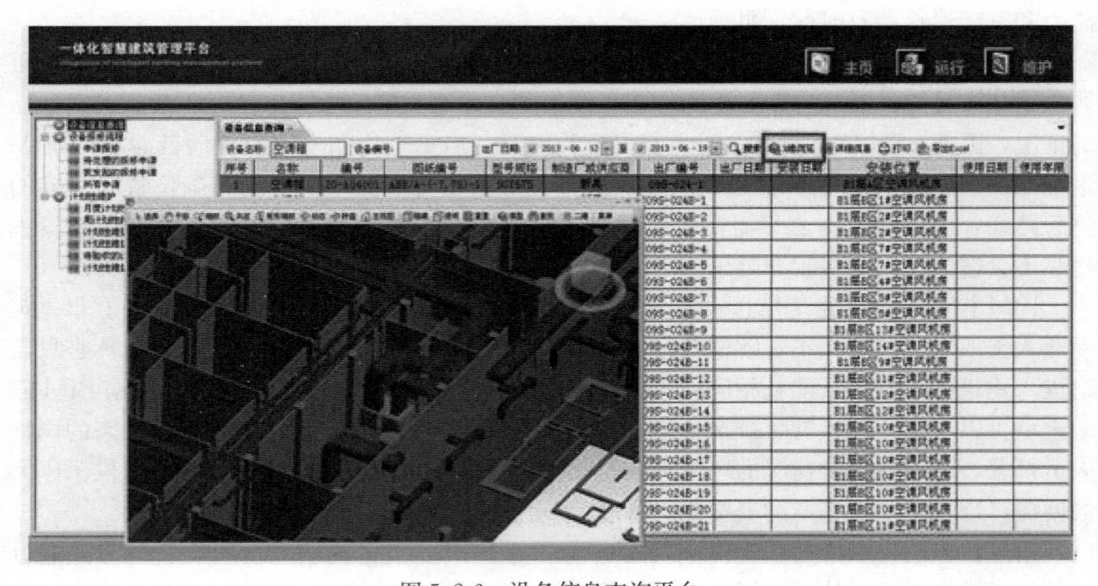

图5.2-6　设备信息查询平台

另外，在系统的维护页面中，用户可以通过设备名称或编号等关键字进行搜索（如图 5.2-7 所示）。并且用户可以通过需要对搜索的结果进行打印，或导出成 Excel 列表。

一体化智慧建筑管理平台

主页 运行 维护

设备名称：空调箱 设备编号： 出厂日期 2013-06-12 至 2013-06-19

序号	名称	编号	图纸编号	型号规格	制造厂或供应商	出厂编号	出厂日期	安装日期	安装位置	使用日期	使用年限
1	空调箱	ZG-A04001	AHU/A-(-7.75)-1	SGT675	新晃	09S-024-1			B1层A区空调风机房		
2	空调箱	ZG-A04002	AHU/B-B1F-1-1	SGT9100	新晃	09S-024B-1			B1层B区1#空调风机房		
3	空调箱	ZG-A04003	AHU/B-B1F-1-2	SGT9100	新晃	09S-024B-2			B1层B区2#空调风机房		
4	空调箱	ZG-A04004	AHU/B-B1F-1-3	SGT9100	新晃	09S-024B-3			B1层B区2#空调风机房		
5	空调箱	ZG-A04005	AHU/B-B1F-1-4	SGT9100	新晃	09S-024B-4			B1层B区7#空调风机房		
6	空调箱	ZG-A04006	AHU/B-B1F-1-5	SGT9100	新晃	09S-024B-5			B1层B区7#空调风机房		
7	空调箱	ZG-A04007	AHU/B-B1F-2	SGT560	新晃	09S-024B-6			B1层B区4#空调风机房		
8	空调箱	ZG-A04008	AHU/B-B1F-3	SGT780	新晃	09S-024B-7			B1层B区5#空调风机房		
9	空调箱	ZG-A04009	AHU/B-B1F-4	SGT580	新晃	09S-024B-8			B1层B区5#空调风机房		
10	空调箱	ZG-A04010	AHU/B-B1F-5	SGT780	新晃	09S-024B-9			B1层B区13#空调风机房		
11	空调箱	ZG-A04011	AHU/B-B1F-6	SGT470	新晃	09S-024B-10			B1层B区14#空调风机房		
12	空调箱	ZG-A04012	AHU/B-B1F-7-1	SGT9100	新晃	09S-024B-11			B1层B区9#空调风机房		
13	空调箱	ZG-A04013	AHU/B-B1F-7-2	SGT9100	新晃	09S-024B-12			B1层B区11#空调风机房		
14	空调箱	ZG-A04014	AHU/B-B1F-7-3	SGT9100	新晃	09S-024B-13			B1层B区12#空调风机房		
15	空调箱	ZG-A04015	AHU/B-B1F-7-4	SGT9100	新晃	09S-024B-14			B1层B区12#空调风机房		
16	空调箱	ZG-A04016	AHU/B-B1F-8-1	SGT780	新晃	09S-024B-15			B1层B区10#空调风机房		
17	空调箱	ZG-A04017	AHU/B-B1F-8-2	SGT780	新晃	09S-024B-16			B1层B区10#空调风机房		
18	空调箱	ZG-A04018	AHU/B-B1F-8-3	SGT780	新晃	09S-024B-17			B1层B区10#空调风机房		
19	空调箱	ZG-A04019	AHU/B-B1F-8-4	SGT780	新晃	09S-024B-18			B1层B区10#空调风机房		
20	空调箱	ZG-A04020	AHU/B-B1F-9-1	SGT350	新晃	09S-024B-19			B1层B区10#空调风机房		
21	空调箱	ZG-A04021	AHU/B-B1F-9-2	SGT350	新晃	09S-024B-20			B1层B区10#空调风机房		
22	空调箱	ZG-A04022	AHU/B-B1F-10-1	SGT8100S	新晃	09S-024B-21			B1层B区11#空调风机房		

图 5.2-7 设备信息搜寻图

2. 设备运行和控制

所有设备是否正常运行在 BIM 模型上直观显示（如图 5.2-8 所示），例如绿色表示正常运行，红色表示出现故障；对于每个设备，可以查询其历史运行数据；另外可以对设备进行控制，例如某一区域照明系统的打开、关闭等。

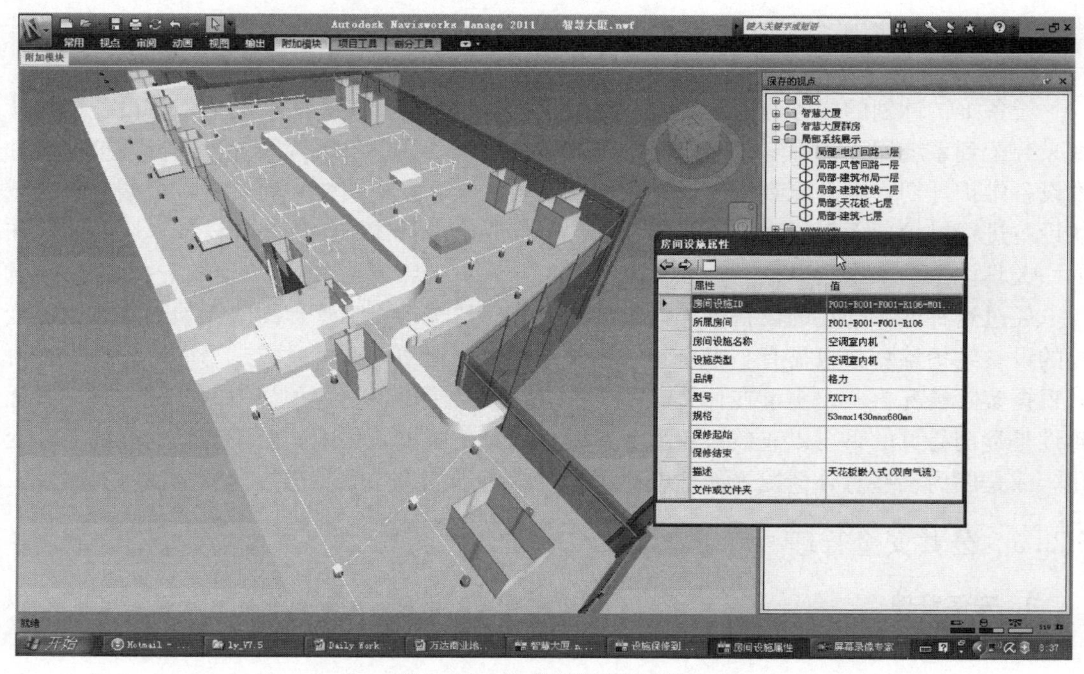

图 5.2-8 设备运行和控制图

3. 设备报修流程

在建筑的设施管理中，设备的维修是最基本的，该系统的设备报修管理功能如图 5.2-9 所示。所有的报修流程都是在线申请和完成的，用户填写设备报修单，经过工程经理审批，然后进行维修；修理结束后，维修人员及时地将信息反馈到 BIM 模型中，随后会有相关人员进行检查，确保维修已完成，等相关人员确认该维修信息后，将该信息录入、保存到 BIM 模型数据库中。日后，用户和维修人员可以在 BIM 模型中查看各构件的维修记录，也可以查看本人发起的维修记录。

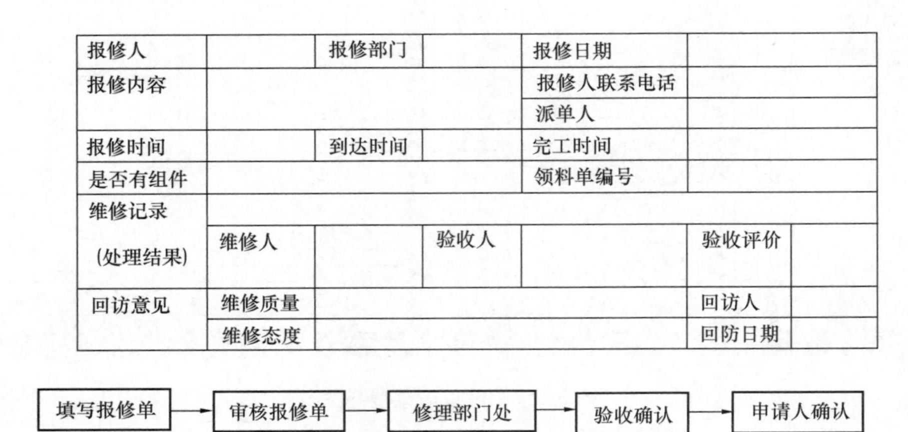

报修人		报修部门		报修日期		
报修内容				报修人联系电话		
				派单人		
报修时间		到达时间		完工时间		
是否有组件				领料单编号		
维修记录						
(处理结果)	维修人		验收人		验收评价	
回访意见	维修质量				回访人	
	维修态度				回防日期	

图 5.2-9 设备报修功能管理图

4. 计划性维护

计划性维护的功能是让用户依据年、月、周等不同的时间节点来确定设备的维护计划当达到维护计划所确定的时间节点时，系统会自动提醒用户启动设备维护流程，对设备进行维护。

设备维护计划的任务分配是按照逐级细化的策略来确定。一般情况下年度设备维护计划只分配到系统层级，确定一年中哪个月对哪个系统（如中央空调系统）进行维护；而月度设备维护计划，则分配到楼层或区域层级，确定这个月中的哪一周对哪一个楼层或区域的设备进行维护；而最详细的周维护计划，不仅要确定具体维护哪一个设备，还要明确在哪一天具体由谁来维护。

通过这种逐级细化的设备维护计划分配模式，建筑的运维管理团队无须一次性制定全年的设备维护计划，只需有一个全年的系统维护计划框架，在每月或是每周，管理人员可以根据实际情况再确定由谁在什么时间维护具体的某个设备。这种弹性的分配方式，其优越性是显而易见的，可以有效避免由于在实际的设备维护工作中，由于现场情况的不断变化，或是因为某些意外情况，而造成整个设备维护计划无法顺利进行。

5.2.5 公共安全管理

1. 安保管理

(1) 视频监控

目前的监控管理基本是显示摄像视频为主，传统的安保系统相当于有很多双眼睛，但是基于BIM的视频安保系统不但拥有了“眼睛”，而且也拥有了“脑子”。因为摄像视频管理是运维控制中心的一部分，也是基于BIM的可视化管理。通过配备监控大屏幕可以对整个广场的视频监控系统进行操作（如图5.2-10所示）；当我们用鼠标选择建筑某一层，该层的所有视频图像立刻显示出来；一旦产生突发事件，基于BIM的视频安保监控就能结合与协作BIM模型的其他子系统进行突发事件管理。

图5.2-10 视频监控图

（2）可疑人员的定位

利用视频识别及跟踪系统，对不良人员、非法人员，甚至恐怖分子等进行标识，利用视频识别软件使摄像头自动跟踪及互相切换，对目标进行锁定。

在夜间设防时段还可利用双鉴、红外、门禁、门磁等各种信号一并传入BIM模型的大屏中。当然这一系统不但要求BIM模型的配合，更要有多种联动软件及相当高的系统集成才能完成。

（3）安保人员位置管理

对于保安人员，可以通过将无线射频芯片植入工卡，利用无线终端来定位保安的具体方位（如图5.2-11所示）。对于商业地产，尤其是大型商业地产中人流量大、场地面积大、突发情况多，这类安全保护价值更大。一旦发现险情，管理人员就可以利用这个系统来指挥安保工作。

（4）人流量监控（含车流量）

利用视频系统+模糊计算，可以得到人流（人群）、车流的大概数量，在BIM模型上了解建筑物各区域出入口、电梯厅、餐厅及展厅等区域以及人多的步梯、步梯间的人流量（人数/m^2）、车流量。当每平方米>5人时，发出预警信号，>7人时发出警报。从而做出是否要开放备用出入口，投入备用电梯及人为疏导人流以及车流的应急安排。这对安全工作是非常有用的。

2. 火灾消防管理

在消防事件管理中，基于BIM技术的管理系统可以通过喷淋感应器感应信息，如果发生着火事故，在商业广场的信息模型界面中，就会自动进行火警警报，对着火的三维位置和房间立即进行定位显示，并且控制中心可以及时查询相应的周围情况和设备情况，为及时疏散和处理提供信息，如图5.2-12所示。

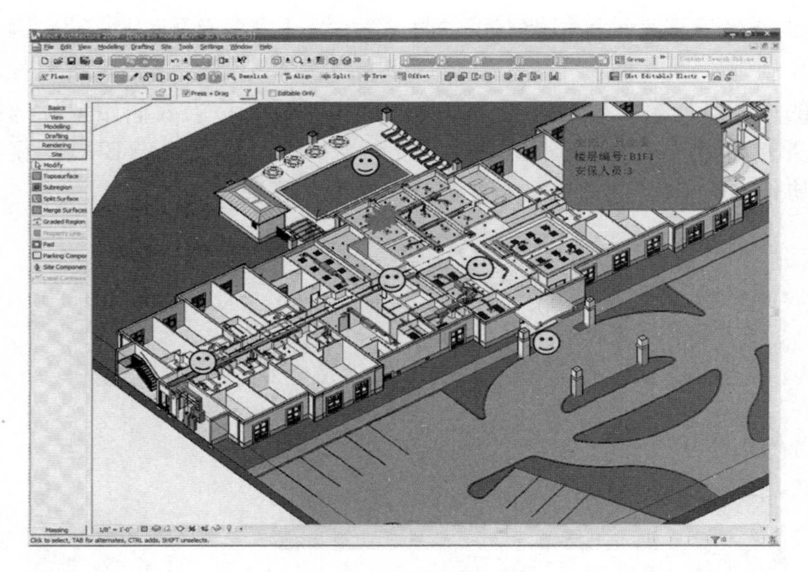

图5.2-11 安保人员定位图

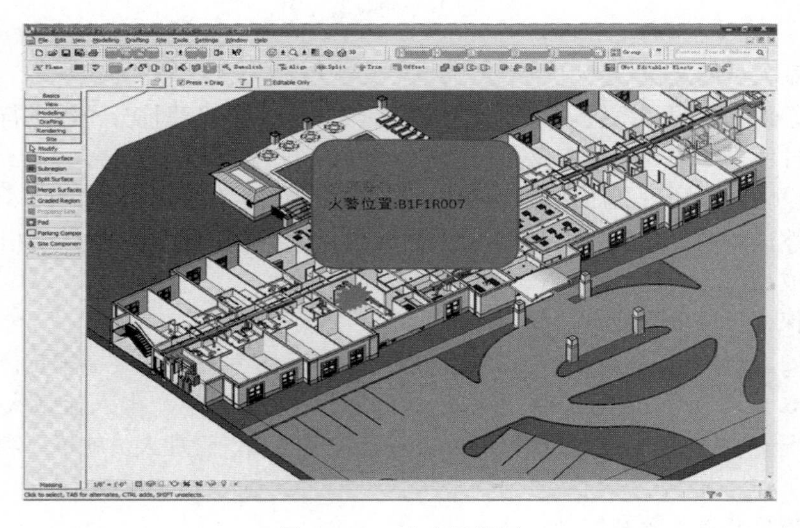

图5.2-12 火灾报警图

(1) 消防电梯

按目前规范，普通电梯及消防电梯不能作为消防疏散用（其中消防梯仅可供消防队员使用）。而有了BIM模型及BIM具有了前述的动态功能，就有可能使电梯在消防应急救援，尤其是超高层建筑消防救援中发挥重要作用。

要达到这一目的所需条件见表5.2。

当火灾发生时，指挥人员可以在大屏前凭借对讲系统或楼（全区）广播系统、消防专用电话系统，根据大屏显示的起火点（此显示需是现场视频动画后的图示）、蔓延区及电梯的各种运行数据指挥消防救援专业人员（每部电梯由消防人员操作），帮助群众乘电梯疏散至首层或避难层。哪些电梯可用，哪些电梯不可用，在BIM图上可充分显示，帮助决策。这一方案正与消防部门共同研究其可行性。

BIM模拟消防电梯所需条件 **表5.2**

序号	具体条件
1	具有防火功能的电梯机房、有防火功能的轿厢、双路电源（采用阻燃电缆）或更多如柴发或UPS（EPS）电源
2	具有可靠的电梯监控，含音频、视频、数据信号及电梯机房的视频信号、烟感、温感信号
3	在电梯厅及电梯周边房间具有烟感传感器及视频摄像头
4	可靠的无线对讲系统（包括基站的防火、电源的保障等条件）或大型项目驻地消防队专用对讲系统
5	在中控室或应急指挥大厅、数据中心ECC大厅等处的大屏幕
6	可靠的全楼广播系统
7	电梯及环境状态与BIM的联动软件

（2）疏散预习

在大型的办公室区域可为每个办公人员的个人电脑安装不同地址的3D疏散图，标示出模拟的火源点，以及最短距离的通道、步梯疏散的路线，平时对办公人员进行常规的训练和预习。

（3）疏散引导

对于大多数不具备乘梯疏散的情况，BIM模型同样发挥着很大作用。凭借上述各种传感器（包括卷帘门）及可靠的通信系统，引导人员可指挥人们从正确的方向由步梯疏散，使火灾抢险发生革命性的变革。

3. 隐蔽工程管理

在建筑设计阶段会有一些隐蔽的管线信息是施工单位不关注的，或者说这些资料信息可能在某个角落里，只有少数人知道。特别是随着建筑物使用年限的增加，人员更换频繁，这些安全隐患日益显得突出，有时直接导致悲剧酿成。如2010年南京市某废旧塑料厂在进行拆迁时，因隐蔽管线信息了解不全，工人不小心挖断地下埋藏的管道，引发了剧烈的爆炸，此次事件引起了社会的强烈反响。

基于BIM技术的运维可以管理复杂的地下管网，如污水管、排水管、网线、电线以及相关管井，并且可以在图上直接获得相对位置关系（如图5.2-13所示）。当改建或二次装修的时候可以避开现有管网位置，便于管网维修、更换设备和定位。内部相关人员可以共享这些电子信息，有变化可随时调整，保证信息的完整性和准确性。同样的情况也适用于室内的隐蔽工程的管理。这些信息全部通过电子化保存下来，内部相关人员可以进行共享，有变化可以随时调整，保证信息的完整性和准确性，从而大大降低安全隐患。

例如一个大项目市政有电力、光纤、自来水、中水、热力、燃气等几十个进楼接口，在封堵不良且验收不到位时，一旦外部有水（如市政自来水爆裂，雨水倒灌），水就会进入楼内。利用BIM模型可对地下层入口精准定位、验收，方便封堵，质量也可易于检查，大大减少了事故概率。

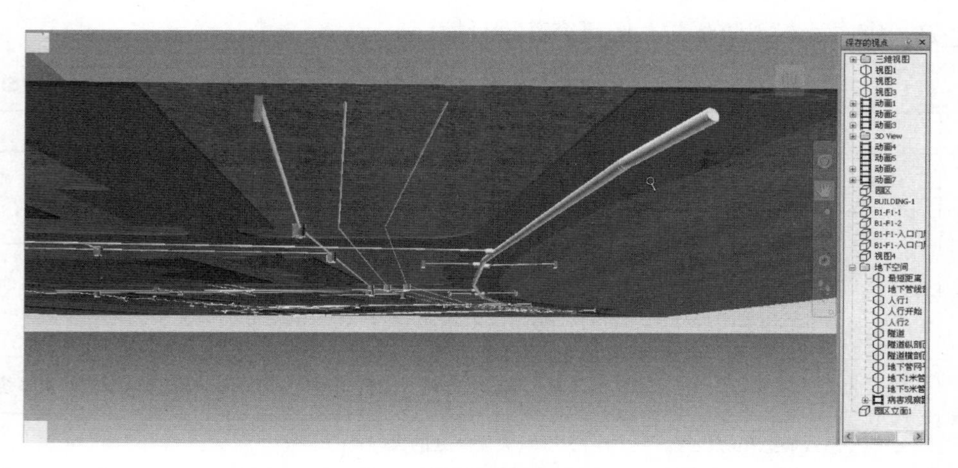

图 5.2-13 地下管网定位图

5.2.6 能耗管理

基于BIM的运营能耗管理可以大大减少能耗。BIM可以全面了解建筑能耗水平，积累建筑物内所有设备用能的相关数据，将能耗按照树状能耗模型进行分解，从时间、分项等不同维度剖析建筑能耗及费用，还可以对不同的分项进行对比分析，并进行能耗分析和建筑运行的节能优化，从而促使建筑在平稳运行时达到能耗最小。BIM还通过与物联网云计算等相关技术的结合，将传感器与控制器连接起来，对建筑物能耗进行诊断和分析，当形成数据统计报告后可自动管控室内空调系统、照明系统、消防系统等所有用能系统，它所提供的实时能耗查询、能耗排名、能耗结构分析和远程控制服务，使业主对建筑物达到最智能化的节能管理，摆脱传统运营管理下由建筑能耗大引起的成本增加，如图5.2-14所示。

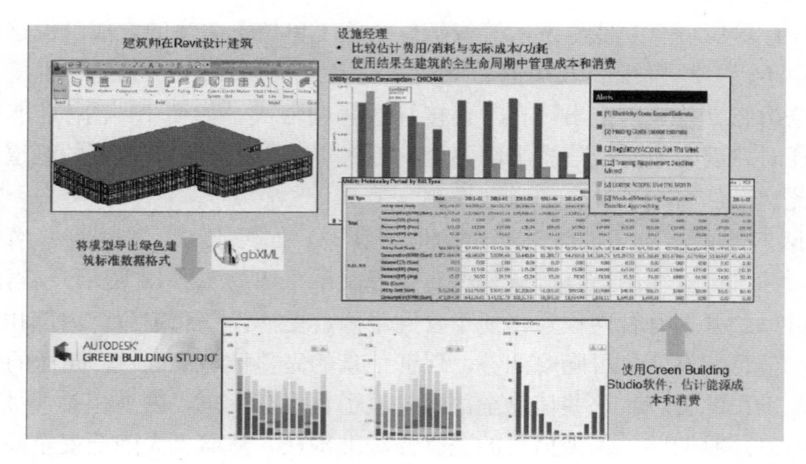

图 5.2-14 能耗分析图

1. 电量监测

基于BIM技术通过安装具有传感功能的电表后，在管理系统中可以及时收集所有能源信息，并且通过开发的能源管理功能模块，对能源消耗情况进行自动统计分析，比如各区域，各个租户的每日用电量，每周用电量等（如图5.2-15所示）；并对异常能源使用情况进行警告或者标识。

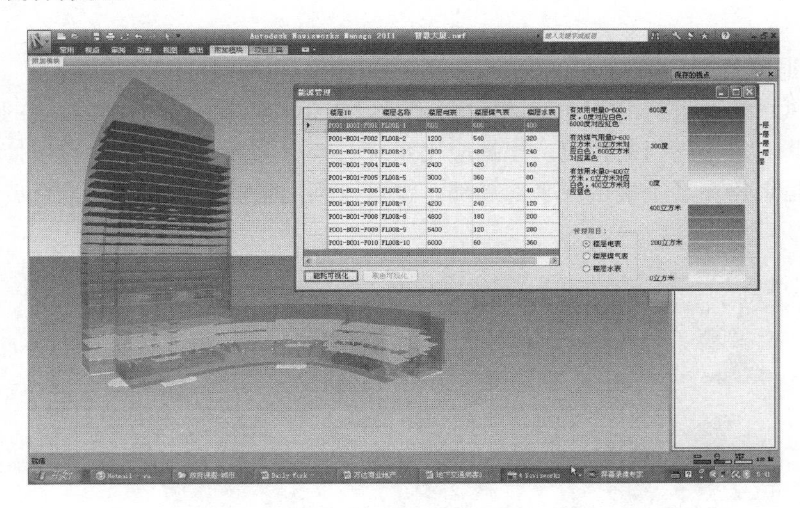

图5.2-15　电量监测平台图

2. 水量监测

通过与水表进行通讯，BIM运维平台可以清楚显示建筑内水网位置信息的同时，更能对水平衡进行有效判断。通过对整体管网数据的分析，可以迅速找到渗漏点，及时维修，减少浪费。而且当物业管理人员需要对水管进行改造时，无须为隐蔽工程而担忧，每条管线的位置都清楚明了。

3. 温度监测

BIM运维平台中可以获取建筑中每个温度测点的相关信息数据（如图5.2-16所示），同样，还可以在建筑中接入湿度、二氧化碳浓度、光照度、空气洁净度等信息。温度分布页面将公共区域的温度测点用不同颜色的小球直观展示，通过调整观测的温度范围，可将温度偏高或偏低的测点筛选出来，进一步查看该测点的历史变化曲线，室内环境温度分布尽收眼底。

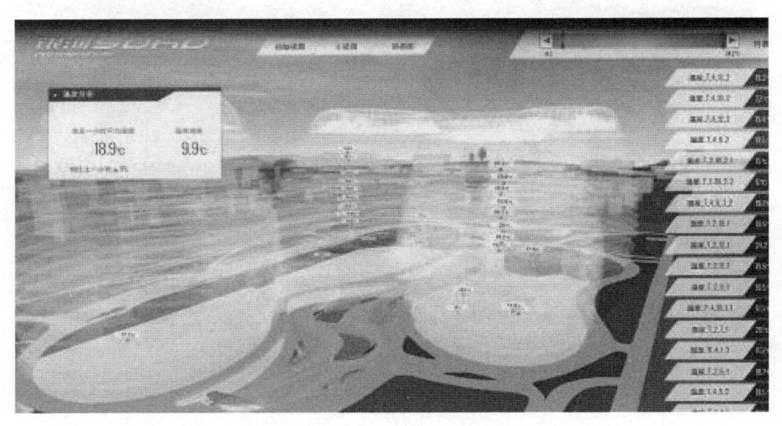

图5.2-16　温度监测平台图

物业管理者还可以调整观察温度范围，把温度偏高或偏低的测点找出来，再结合空调系统和通风系统进行调整。基于 BIM 模型可对空调送出水温、空风量、风温及末端设备的送风温湿度、房间温度、湿度均匀性等参数进行相应调整，方便运行策略研究、节约能源。

4. 机械通风管理

机械通风系统通过与 BIM 技术相融合，可以在 3D 基础上更为清晰直观的反应每台设备、每条管路、每个阀门的情况。根据应用系统的特点分级、分层次，可以使用其整体空间信息，或是聚焦在某个楼层或平面局部，也可以利用某些设备信息，进行有针对性的分析（如图 5.2-17 所示）。

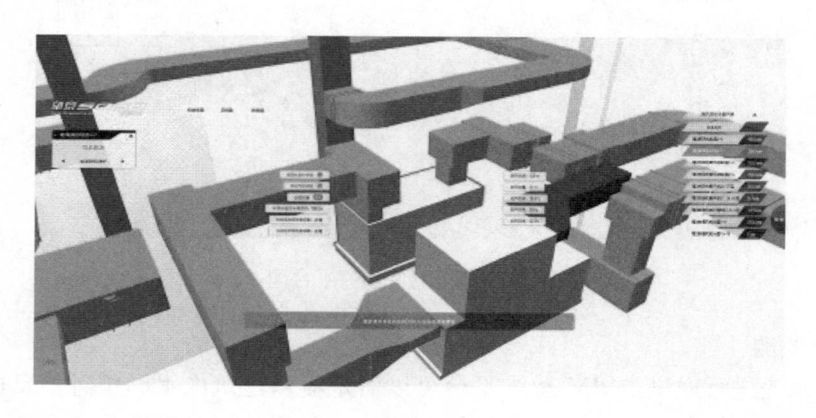

图 5.2-17　机械通风分析图

管理人员通过 BIM 运维界面的渲染即可以清楚地了解系统风量和水量的平衡情况（如图 5.2-18 所示），各个出风口的开启状况。特别当与环境温度相结合时，可以根据现场情况直接进行风量、水量调节，从而达到调整效果实时可见。在进行管路维修时，物业人员也无须为复杂的管路而发愁，BIM 系统清楚地标明了各条管路的情况，为维修提供了极大的便利。

图 5.2-18　机械通风平台管理图

5.2.7 物业服务管理

现代建筑业发端以来的信息都存在二维图纸包括其后的各种电子版木文件和各种机电设备的操作手册上，二维图纸有三个与生俱来的缺陷抽象、不完整和无关联，需要使用的时候由专业人员自己去找到信息、理解信息，然后据此决策对建筑物进行一个恰当的动作，这是一个花费时间和容易出错的工作，往往会有装修的时候钻断电缆，水管破裂找不到最近的阀门，电梯没有按时更换部件造成坠落，发生火灾疏散不及时造成人员伤亡等，不一而足。

以为基础结合其他相关技术，实现物业管理与模型、图纸、数据一体化，如果业主相应了建立物业运营健康指标，那么就可以很方便的指导、记录、提醒物业运营维护计划的执行。

5.3 BIM与绿色运维

人类的建设行为及其成果—建筑物在生命周期内消耗了全球资源的40%、全球能源总量的40%，建筑垃圾也占全球垃圾总量的40%。绿色建筑强调人与自然的和谐，避免建筑物对生态环境和历史文化环境的破坏，资源循环利用，室内环境舒适。“绿色建筑”的“绿色”，并不是指一般意义的立体绿化、屋顶花园，而是代表一种概念或象征，指建筑对环境无害，能充分利用环境自然资源，并且在不破坏环境基本生态平衡条件下建造的一种建筑，又可称为可持续发展建筑、生态建筑、回归大自然建筑、节能环保建筑等。绿色建筑评价体系共有六类指标，由高到低划分为三星、二星和一星，其中绿色建筑标识如图5.3-1所示。

图5.3-1 绿色建筑标识图

作为建筑生命周期中最长的一个阶段，绿色建筑在运维阶段可通过环保技术、节能技术、自动化控制技术等一系列先进的理念和方法来解决节能、环保，以及使用、居住环境的舒适度问题，使建筑物与自然环境共同构成和谐的有机系统。

《绿色建筑评价标准》中专门设立了“运营管理”章节。其中运营管理部分的评价主要涉及物业管理（节能、节水与节材管理）、绿化管理、垃圾管理、智能化系统管理等方面，如图5.3-2所示。

BIM在绿色运维中的应用主要包括对各类能源消耗的实时监测和改进，和楼宇智能化系统管理两个方面。

在能耗管理方面，BIM的动态特性和全生命周期信息传递的特性，为建筑的能耗管理提供了新的、可视化、连续性的解决方案。首先，从竣工BIM模型中，FM人员可获取项目设计、施工阶段能耗控制要求相关的要求、说明，以及各个过程红对于建筑能耗管理分析模拟的规则和结果。这些信息将作为建筑运营阶段能耗管理的精确初始数据，便于

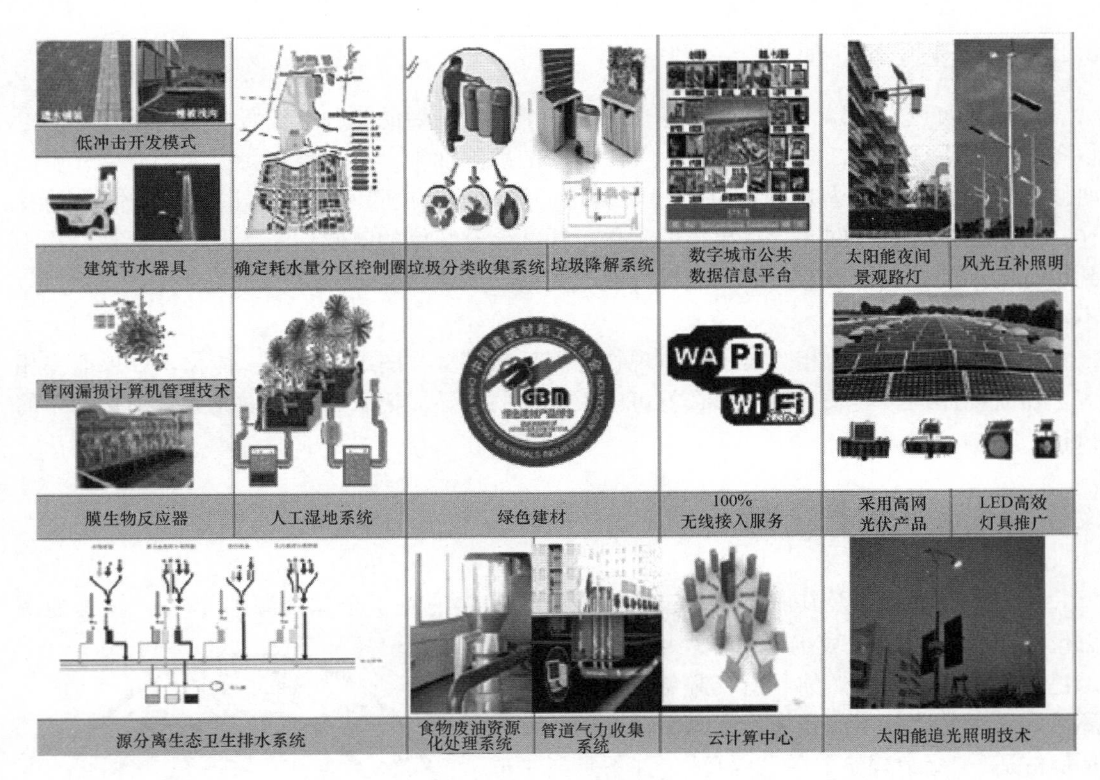

图5.3-2　绿色运维图

后期实施及计划。

其次，运维阶段的BIM模型通过与楼宇自动监控设备的链接，可通过采集设备运行实时数据，结合建筑占用情况、环境、设施设备运行等动态数据，以BIM模型的数据结构为基础，通过可视化的设备、空间信息相关联，为建筑能耗提供优化管理分析的平台，为FM人员制定和改进建筑能耗管理计划提供动态、全面的依据。

课　后　习　题

一、单项选择题

1. 设施管理简称(　　)。

A. DM　　B. PM

C. FM　　D. CM

2. 运维与设施管理中空间管理的内容不包括(　　)。

A. 空间分配　　B. 空间规划

C. 租赁管理　　D. 消防管理

3. 下列选项中属于维护管理的是(　　)。

A. 维护计划　　B. 转移倡用

C. 安全防范　　D. 消防管理

4. 下列选项体现的是运维与设施管理的服务性的是(　　)。

A. 随着管理水平和企业信息化的进程，设施管理逐渐演变成综合性、多职能的管理

工作

B. FM管理的多个职能归根到底都是为了给所管理建筑的使用者、所有者提供满意的服务

C. 无论是机电设备、设施的运营、维护，结构的健康监控，和建筑环境的监测和管理都需要FM人员具有一定水平的专业知识

D. 无论是组织自持的不动产性质的建筑，还是由专业FM机构运营管理用的建筑，其能耗管理都是关系到组织经济利益和社会环境可持续性发展的重大课题

5. 下列选项不属于传统设施管理存在的问题的是(　　)。

A. 运维与设施管理成本高

B. 运维与设施管理信息不能集成共享

C. 当前运维与设施管理信息化技术低下

D. 运维与设施管理基本不能实现

6. 下列选项关于BIM的运维系统架构流程说法正确的是(　　)。

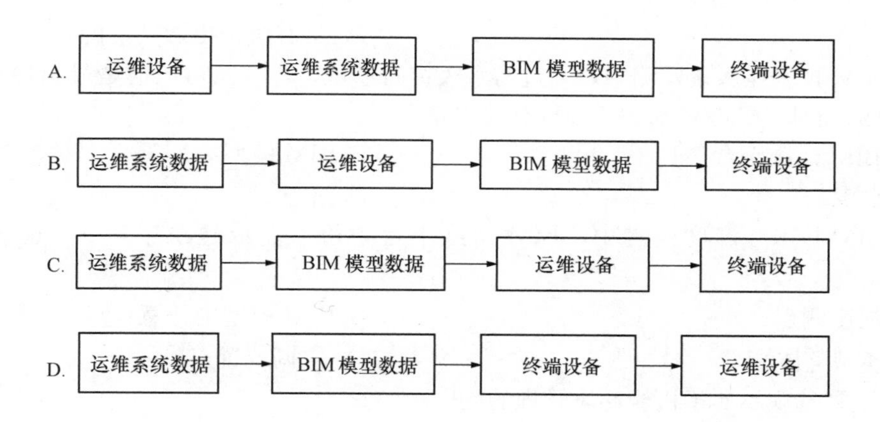

7. 下列选项不属于BIM技术在空间管理中的应用的是(　　)。

A. 家具管理　　B. 租赁管理

C. 垂直交通管理　　D. 车库管理

8. 基于BIM技术的办公管理属于(　　)。

A. 空间管理　　B. 资产管理

C. 维护管理　　D. 公共安全管理

9. 基于BIM技术的垂直交通管理主要指的是(　　)。

A. 电梯管理　　B. 走廊管理

C. 阳台管理　　D. 大厅管理

10. BIM技术和(　　)的结合完美地解决了可视化资产监控、查询、定位管理。

A. 物联网技术　　B. 3D扫面技术

C. 3D打印技术　　D. 云计算

11. 维护管理主要指的是(　　)的维护管理。

A. 空间　　B. 设备

C. 结构　　D. 资金

12. 下列选项中体现的不是安保管理的是(　　)。

A. 视频监控　　B. 安保人员定位

C. 可疑人员定位　　D. 火灾预演

13. 基于BIM技术的火灾消防的应用不包括(　　)。

A. 电量控制　　B. 消防电梯控制

C. 疏散预演　　D. 疏散控制

14. 基于BIM技术的隐蔽工程管理主要指的是对(　　)的管理。

A. 建筑结构　　B. 隐蔽管线

C. 隐蔽空间　　D. 潜在价值

15. 下列关于BIM技术在电量监测中通过安装(　　)电表后，在管理系统中可以及时收集所有能源信息，并且通过开发的能源管理功能模块，对能源消耗情况进行自动统计分析。

A. 具有传感功能的　　B. 普通

C. 电子　　D. 具有监控摄影功能的

16. BIM技术在水量监测中，通过与水表进行通讯，(　　)可以清楚显示建筑内水网位置信息的同时，更能对水平衡进行有效判断。

A. BIM运维平台　　B. BIM模型

C. 水表　　D. 手机

17. BIM技术在温度监测中，BIM运维平台中可以获取建筑中(　　)的相关信息数据。

A. 温度测点　　B. BIM模型中任意一点

C. 模型整体　　D. 空调位置点

18. 下列选项不属于机械通风管理的是(　　)。

A. 机械通风系统通过与BIM技术相融合，可以在3D基础上更为清晰直观的反应每台设备、每条管路、每个阀门的情况。

B. 管理人员通过BIM运维界面的渲染即可以清楚地了解系统风量的平衡情况，各个出风口的开启状况

C. 特别当与环境温度相结合时，可以根据现场情况直接进行风量、水量调节，从而达到调整效果实时可见

D. 通过对整体管网数据的分析，可以迅速找到渗漏点，及时维修，减少浪费。

19. 下列选项关于绿色建筑说法不正确的是(　　)。

A. 绿色建筑指建筑对环境无害，能充分利用环境自然资源，并且在不破坏环境基本生态平衡条件下建造的一种建筑

B. 绿色建筑评价体系共有六类指标，由高到低划分为三星、二星和一星

C. 绿色建筑在运维阶段可通过环保技术、节能技术、自动化控制技术等一系列先进的理念和方法来解决节能、环保，以及使用、居住环境的舒适度问题，使建筑物与自然环境共同构成和谐的有机系统

D. 绿色建筑”的“绿色”，指一般意义的立体绿化、屋顶花园

20. BIM 在绿色运维中的应用主要包括对各类能源消耗的实时监测改进和(　　)。

A. 楼宇智能化系统管理　　B. 楼宇高收益管理

C. 低成本管理　　D. 安全管理

参考答案：

1. C　2. D　3. A　4. B　5. D　6. A　7. A　8. A　9. A　10. A　11. B　12. D　13. A　14. B　15. A　16. A　17. A　18. D　19. D　20. A

二、多项选择题

1. 运维与设施管理的内容主要可分为(　　)。

A. 空间管理　　B. 资产管理

C. 维护管理　　D. 公共安全管理

E. 施工管理　　F. 能耗管理

2. 运维与设施管理的中资产管理的内容主要包括(　　)。

A. 能耗分析　　B. 日常管理

C. 资产盘点　　D. 折旧管理

E. 报表管理

3. 运维与设施管理的特点主要包括(　　)。

A. 多职能性　　B. 服务性

C. 专业性　　D. 可持续性

4. BIM 技术相较于之前的设施管理技术具有的优势有(　　)。

A. 实现信息集成和共享　　B. 实现设施的可视化管理

C. 实现零成本管理　　D. 可定位建筑构件

5. 在租赁管理应用 BIM 技术对空间进行可视化管理，分析空间的(　　)情况，判断影响不动产财务状况的周期性变化及发展趋势，帮助提高空间的投资回报率，并能够抓住出现的机会及规避潜在的风险。

A. 使用状态　　B. 收益

C. 成本　　D. 租赁情况

6. 基于 BIM 技术的资产管理内容主要包括(　　)。

A. 可视化资产信息管理　　B. 可视化资产监控、查询、定位管理

C. 可视化资产安保及紧急预案管理　　D. 可视化租赁管理

7. 维护管理的流程及内容主要包括(　　)。

A. 设备信息查询　　B. 设备运行和控制

C. 设备报修流程　　D. 计划性维护

8. 基于 BIM 技术的公共安全管理主要包括(　　)。

A. 安保管理　　B. 身体健康管理

C. 消防管理　　D. 隐蔽工程管理

9. 基于 BIM 技术的能耗管理主要包括(　　)。

A. 电量监测　　B. 温度监测

C. 结构可靠性管理　　D. 用水量监测

E. 机械通风量管理

10. 绿色建筑又可称为(　　)。

A. 可持续发展建筑　　B. 生态建筑

C. 回归大自然建筑　　D. 节能环保建筑

E. 绿色环境建筑

参考答案:

1. ABCDF　2. BCDE　3. ABCD　4. ABD　5. ABCD　6. ABC　7. ABCD　8. ACD　9. ABDE　10. ABCD

第六章　BIM 在项目管理中的协同

本章导读

本章首先介绍了协同的基本概念。又对协同平台进行了简单的介绍，即为了保证各专业内和专业之间信息模型的无缝衔接和及时沟通，BIM 项目需要在一个统一的平台上完成的平台。然后着重从基于协同平台的信息管理、基于协同平台的职责管理、基于协同平台的流程管理、会议沟通协调四个方面介绍了项目各方的协同管理。

6.1 协同的概念

协同即协调两个或者两个以上的不同资源或者个体，协同一致地完成某一目标的过程或能力。项目管理中由于涉及参与的各个专业较多，而最终的成果是各个专业成果的综合，这个特点决定了项目管理中需要密切的配合和协作。由于参与项目的人员因专业分工或项目经验等个种因素的影响，实际工程中经常出现因配合未到位而造成的工程返工甚至工程无法实现而不得不变更设计的情况。故在项目实施过程中对各参与方在各阶段进行信息数据协同管理意义重大。

以下从CAD时代和BIM时代两个时段对协同方式的改变进行简单介绍。

1. CAD时代的协同方式

在平面CAD时代，一般的设计流程是各专业将本专业的信息条件以电子版和打印出的纸质文件的形式发送给接收专业，接收专业将各文件落实到本专业的设计图中，然后再进一步的将反馈资料提交给原提交条件的专业，最后会签阶段在检查各专业的图纸是否满足设计要求。在施工阶段，由施工单位根据设计单位提供的图纸信息进行项目工程施工。在竣工阶段，业主方根据图纸对工程完成情况进行逐项核对。这些过程都是单向进行的，并且是阶段性的，故各专业的信息数据不能及时有效的传达。

一些信息化设施比较好的设计公司，利用公司内部的局域网系统和文件服务器，采用参考链接文件的形式，保持设计过程中建筑底图的及时更新。但这仍然是一个单向的过程，结构、机电向建筑反馈条件仍然需要提供单独的条件图。

2. BIM时代的协同方式

基于BIM技术创建三维可视化高仿真模型，各个专业设计的内容都以实际的形式存在于模型中。各参与方在各阶段中的数据信息可输入模型中，各参与方可根据模型数据进行相应的工作任务，且模型可视化程度高便于各参与方之间的沟通协调，同时也利于项目实施人员之间的技术交底和任务交接等，大大减少了项目实施中由于信息和沟通不畅导致的工程变更和工期延误等问题的发生，很大程度上提高了项目实施管理效率，从而实现项目的可视化、参数化、动态化协同管理。另外，基于BIM技术的协同平台的利用，实现了各信息、人员的集成和协同，大大提高了项目管理的效率。

6.2 协同平台

为了保证各专业内和专业之间信息模型的无缝衔接和及时沟通，BIM项目需要在一个统一的平台上完成。这个平台可以是专门的平台软件，也可以利用windows操作系统实现。协同平台具有以下几种功能。

1. 建筑模型信息存储功能

建筑领域中各部门各专业设计人员协同工作的基础是建筑信息模型的共享与转换，这同时也是BIM技术实现的核心基础。所以，基于BIM技术的协同平台应具备良好的存储功能。目前在建筑领域中，大部分建筑信息模型的存储形式仍为文件存储，这样的存储形式对于处理包含大量数据且改动频繁的建筑信息模型效率是十分低下的，更难以对多个项目的工程信息进行集中存储。而在当前信息技术的应用中，以数据库存储技术的发展最为成熟、应用最为广泛。并且数据库具有存储容量大、信息输入输出和查询效率高、易于共享等优点，所以协同平台采用数据库对建筑信息模型进行存储，从而可以解决上文所述的当前 BIM 技术发展所存在的问题。

2. 具有图形编辑平台

在基于 BIM 技术的协同平台上，各个专业的设计人员需要对 BIM 数据库中的建筑信息模型进行编辑，转换、共享等操作。这就需要在 BIM 数据库的基础上，构建图形编辑平台。图形编辑平台的构建可以对 BIM 数据库中的建筑信息模型进行更直观地显示，专业设计人员可以通过它对 BIM 数据库内的建筑信息模型进行相应的操作。不仅如此，存储整个城市建筑信息模型的 BIM 数据库与 GIS（GeographicInformationSystem，地理信息系统）、交通信息等相结合，利用图形编辑平台进行显示，可以实现真正意义上的数字城市。

3. 兼容建筑专业应用软件

建筑业是一个包含多个专业的综合行业，如设计阶段，需要建筑师、结构工程师、暖通工程师、电气工程师、给排水工程师等多个专业的设计人员进行协同工作，这就需要用到大量的建筑专业软件，如结构性能计算软件、光照计算软件等。所以，在 BIM 协同平台中，需兼容专业应用软件以便于各专业设计人员对建筑性能的设计和计算。

4. 人员管理功能

由于在建筑全生命周期过程中有多个专业设计人员的参与，如何能够有效地管理是至关重要的。通过此平台可以对各个专业的设计人员进行合理的权限分配、对各个专业的建筑功能软件进行有效的管理、对设计流程、信息传输的时间和内容进行合理的分配，从而实现项目人员高效的管理和协作。

6.3 项目各方的协同管理

项目在实施过程中各参与方较多（如图 6.3-1 所示），且各自职责不同，但各自的工作内容之间却联系紧密，故各参与方之间良好的沟通协调意义重大。项目各参与方之间的协同合作有利于各自任务内容的交接，避免不必要的工作重复或工作缺失而导致的项目整体进度延误甚至工程返工。一般基于 BIM 技术的各参与方协同应用主要包括基于协同平台的信息、职责管理和会议沟通协调等内容。

1. 基于协同平台的信息管理

协同平台具有较强的模型信息存储能力，项目各参与方通过数据接口将各自的模型信息数据输入到协同平台中进行集中管理，一旦某个部位发生变化，与之相关联的工程量、施工工艺、施工进度、工艺搭接、采购单等相关信息都自动发生变化，且在协同平台上采用短

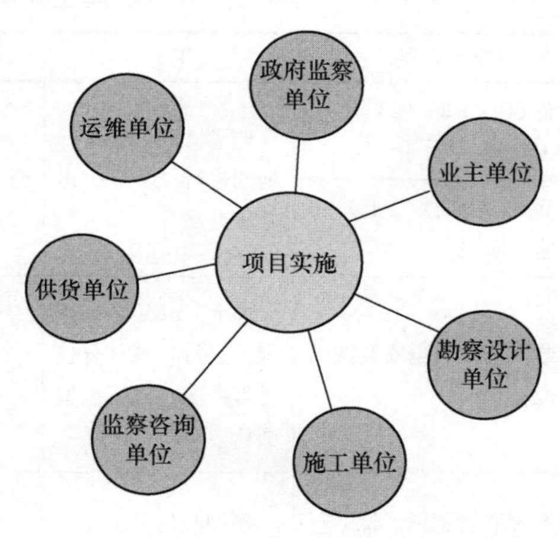

图 6.3-1 项目各参与方图

信、微信、邮件、平台通知等方式统一告知各相关参与方，他们只需重新调取模型相关信息，便轻松完成了数据交互的工作。项目 BIM 协同平台信息交互共享如图 6.3-2 所示。

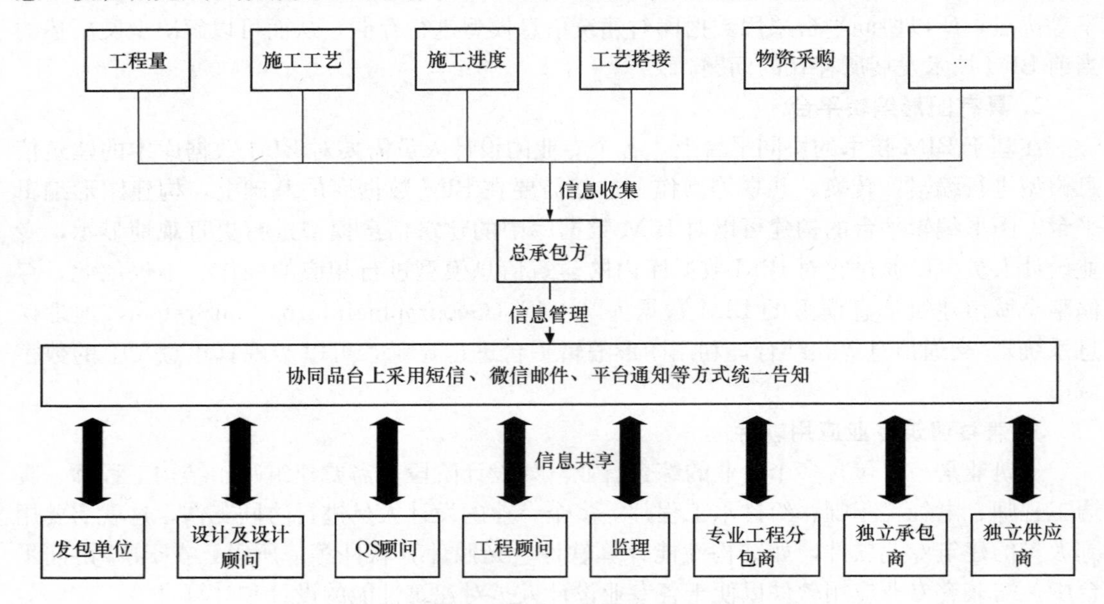

图 6.3-2 项目 BIM 协同平台信息交互共享示意图

2. 基于协同平台的职责管理

面对工程专业复杂、体量大，专业图纸数量庞大的工程，利用 BIM 技术，将所有的工程相关信息集中到以模型为基础的协同平台上，依据图纸如实进行精细化建模，并赋予工程管理所需的各类信息，确保出现变更后，模型及时更新。同时为保证本工程施工过程中 BIM 的有效性，对各参与单位在不同施工阶段的职责进行划分，让每个参与者明白自己在不同阶段应该承担的职责和完成的任务，与各参与单位进行有效配合，共同完成 BIM 的实施。

某工程项目实施施工阶段中各参与方职责划分见表 6.3。

某工程各参与方职责划分 **表 6.3**

施工阶段	甲方	设计方	总包 BIM	分包
低区（1-36 层）结构施工阶段	监督 BIM 实施计划的进行；签订分包管理办法	与甲方、总包方配合，进行图纸深化，并进行图纸签认	模型维护，方案论证，技术重难点的解决	配合总包 BIM 对各自专业进行深化和模型交底
高区（36 层以上）结构施工阶段				
装饰装修机电安装施工阶段	监督 BIM 实施计划的进行；签订分包管理办法，进行模型确认	与甲方、总包方配合，进行图纸深化，并进行图纸签认	施工工艺模型交底，工序搭接，样板间制作	按照模型交底进行施工
系统联动调试、试运行	模型交付	竣工图纸的确认	模型信息整理、模型交付	模型确认

在对项目各参与方职责划分后，根据相应职责创建“告示板”式团队协作平台，项目组织中的BIM成员根据权限和组织构架加入协同平台，在平台上创建代办事项、创建任务，并可做任务分配，也可对每项任务创建一个卡片，可以包括活动、附件、更新、沟通内容等信息。团队人员可以上传各自创建的模型，也可随时浏览其他团队成员上传的模型，发布意见，进行便捷的交流，并使用列表管理方式，有序地组织模型的修改、协调，支持项目顺利进行（如图6.3-3所示）。

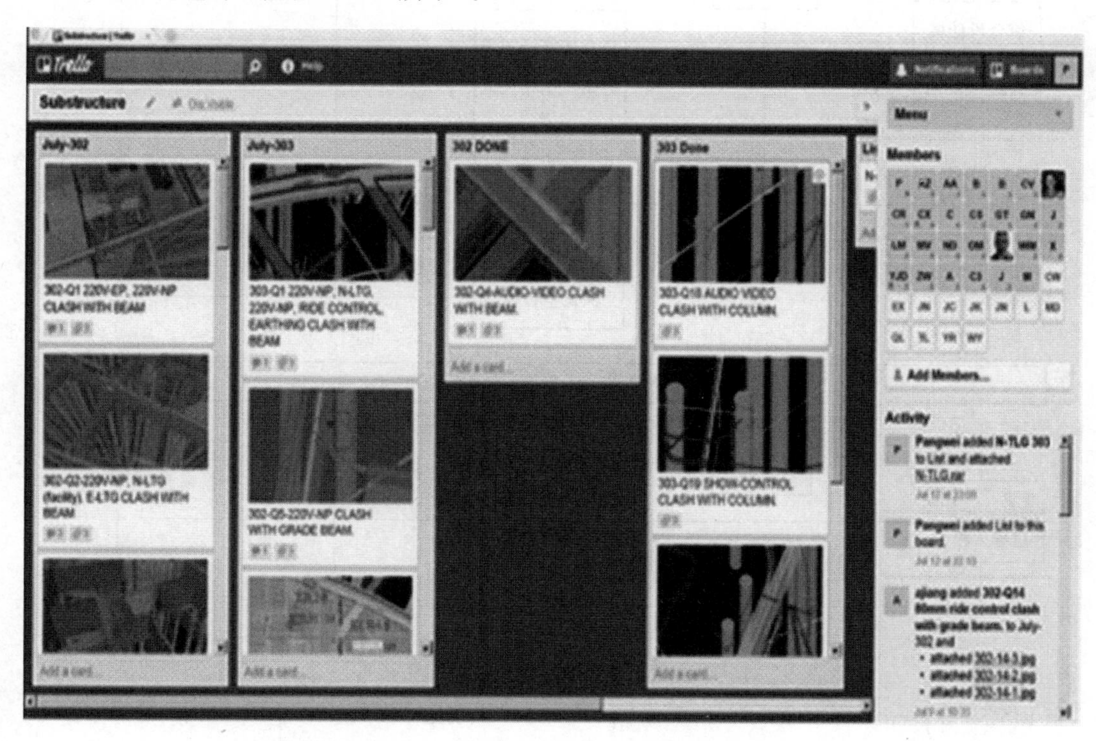

图6.3-3 “告示板”式团队协作平台

3. 基于协同平台的流程管理

项目实施过程中，除了让每个项目参与者明晰各自的计划和任务外，还应让他了解整个项目模型建立的状况、协同人员的动态、提出问题及表达建议的途径。从而使项目各参与方能够更好的安排工作进度，实现与其他参与方的高效对接，避免不必要的工期延误。

某项目管理的BIM协同工作流程如图6.3-4所示。

4. 会议沟通协调

基于协同平台可以使各参与方能够更好地把握各自相应的工作任务，但项目管理实施过程中仍还会存在各种问题需要沟通解决，协同平台只能解决项目管理中的部分内容，故还需要各参与方定期组织会议进行直接沟通协调。协调会议由BIM专职负责人与项目总工每周定期召开BIM例会，会议将由甲方、监理、总包、分包、供应商等各相关单位参加。会议将生成相应的会议纪要，并根据需要延伸出相应的图纸会审、变更洽商或是深化图纸等施工资料，由专人负责落实。例会上应协调以下内容：

（1）进行模型交底，介绍模型的最新建立和维护情况；

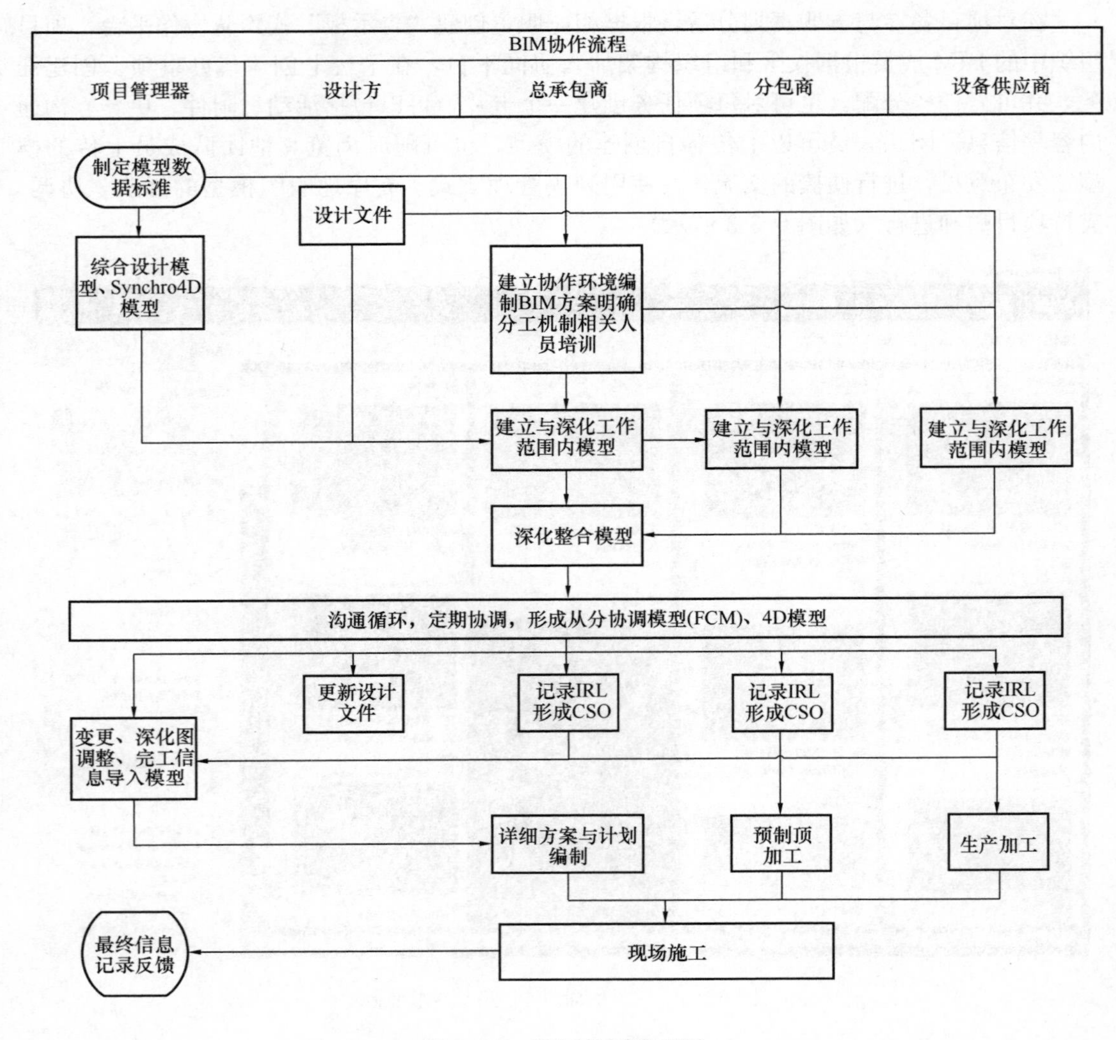

图 6.3-4 BIM 协同流程图

(2) 通过模型展示，实现对各专业图纸的会审，及时发现图纸问题；

(3) 随着工程的进度，提前确定模型深化需求，并进行深化模型的任务派发、模型交付以及整合工作，对深化模型确认后出具二维图纸，指导现场施工；

(4) 结合施工需求进行技术重难点的 BIM 辅助解决，包括相关方案的论证，施工进度的 4D 模拟等，让各参与单位在会议上通过模型对项目有一个更为直观、准确的认识，并在图纸会审、深化模型交底、方案论证的过程中，快速解决工程技术重难点。

课 后 习 题

一、单项选择题

1. 下列哪个选项不属于协同平台的功能。（ ）

A. 建筑模型信息存储功能　　B. 具有图形编辑平台

C. 兼容建筑专业应用软件　　D. 质量控制功能

2. 下列哪个选项符合 BIM 时代的协同方式(　　)

A. 各专业将本专业的信息条件以电子版和打印出的纸质文件的形式发送给接受者

B. 过程是单向进行的，并且是阶段性的

C. 采用参考链接文件的形式

D. 项目采用可视化、参数化、动态化协同管理

3. 基于 BIM 技术的(　　)功能可对技术标的表现带来很大的提升，能够更好地实现对方案的展示。

A. 信息化　　B. 集成

C. 3D　　D. 协同

参考答案:

1. D　2. D　3. C

二、多项选择题

下列选项属于项目管理的特点的是(　　)

A. 普遍性　　B. 独特性

C. 组织的临时性和开放性　　D. 可逆性

E. 集成性

参考答案:

ABCE

参考文献

[1] 刘占省，赵雪锋．BIM技术与施工项目管理[M]．北京：中国电力出版社，2015.

[2] 王辉．建设工程项目管理[M]．北京：北京大学出版社，2014.

[3] 中华人民共和国建设部．GB/T50326—2001．建设工程项目管理规范[S]．北京：中国建筑工业出版社，2002.

[4] 张建平，李丁，林佳瑞，颜钢文．BIM在工程施工中的应用[J]．施工技术，2012，16：10-17.

[5] 张建平．基于BIM和4D技术的建筑施工优化及动态管理[J]．中国建设信息，2010，02：18-23.

[6] 刘占省，赵明，徐瑞龙．BIM技术在我国的研发及工程应用[J]．建筑技术，2013，10：893-897.

[7] 刘占省 赵明 徐瑞龙 王泽强．BIM技术在我国的研发及应用[N]．建筑时报，2013-11-11004.

[8] 刘占省，王泽强，张桐睿，徐瑞龙．BIM技术全寿命周期一体化应用研究[J]．施工技术，2013，18：91-95.

[9] 刘占省，赵明，徐瑞龙．BIM技术在建筑设计、项目施工及管理中的应用[J]．建筑技术开发，2013，03：65-71.

[10] 何关培．BIM总论[M]．北京：中国建筑工业出版社，2011.

[11] 何关培，李刚．那个叫BIM的东西究竟是什么[M]．北京：中国建筑工业出版社，2011.

[12] 丁士昭．建设工程信息化导论[M]．北京：中国建筑工业出版社，2005.

[13] 王要武．工程项目信息化管理——Autodesk Buzzsaw[M]．北京：中国建筑工业出版社，2005.

[14] 张建平．信息化土木工程设计——Autodesk Civil 3D[M]．北京：中国建筑工业出版社，2005.

[15] 张建平，郭杰，王盛卫，徐正元．基于IFC标准和建筑设备集成的智能物业管理系统[J]．清华大学学报(自然科学版)．2004(10)：940-942，946.

[16] 肖伟，胡晓非，胡端．建筑行业的挑战与BLM/BIM的革新及运用[J]．中国勘察设计．2008(1)：68-70.

[17] 倪江波，赵昕．中国建筑施工行业信息化发展报告(2015)BIM深度应用与发展[M]．北京：中国城市出版社，2015.

[18] 付勇攀，王竞超，赵雪锋，刘占省，曾卫军，张亮亮．BIM在叶盛黄河大桥施工安全管理中的应用[J]．建筑技术，2017，48(11)：1142-1144.

[19] 刘占省，韩泽斌，张禹，徐瑞龙．基于BIM技术的预制装配式风电塔架数值模拟[J]．建筑技术，2017，48(11)：1131-1134.

[20] 刘占省，张禹，郑媛元，徐瑞龙．装配式风电塔架钢混连接段力学及可靠性研究[J]．建筑技术，2017，48(11)：1135-1138.

[21] 张晓东，仲青，吴明庆．基于工程量清单计价模式下的已竣工工程数据库建设[J]．建筑技术，2017，48(11)：1227-1230.

[22] 余军，刘占省，孙佳佳．基于BIM的首都机场急救中心专项管理平台研发与应用[J]．建筑技术，2017，48(09)：976-979.

[23] 周哲敏．BIM技术在国内外的发展及使用情况研究[A]．天津大学、天津市钢结构学会．第十七届全国现代结构工程学术研讨会论文集[C]．天津大学、天津市钢结构学会，2017：7.

[24] 杜艳超．三维协同设计与管理工作流程研究[D]．吉林建筑大学，2017.

[25] 张红艳．基于BIM的施工质量管理研究[J]．能源技术与管理，2017，42(06)：196-199.

[26] 许多．BIM技术下预制装配式混凝土的结构设计分析[J/OL]．工程技术研究，2017(12)：219-220

[2017-12-27]https：//doi. org/10. 19537/j. cnki. 2096-2789. 2017. 12. 128.
[27] 高明星 . BIM 的建筑结构施工图设计研究[J]. 绿色环保建材，2017(12)：79.
[28] 王银虎 . 关于建筑结构设计中 BIM 技术的应用探究[J]. 绿色环保建材，2017(12)：57.
[29] 张敏，李晓丹，李忠富 . 国际主要 BIM 开源软件的发展现状综合分析[J/OL]. 工程管理学报，2017(06)：1-5[2017-12-27]. https：//doi. org/10. 13991/j. cnki. jem. 2017. 06. 004.
[30] 张柯杰 1，苏振民 1，金少军 2. 基于 BIM 与 AR 的施工质量活性系统管理模型构建研究[J/OL]. 工程管理学报，2017（06）：1-5 [2017-12-27]. https：//doi. org/10. 13991/j. cnki. jem. 2017. 06. 022.
[31] 王优玲 . 我国全面推进装配式建筑发展[N]. 中国质量报，2017-12-19(005).
[32] 董莉莉，谢月彬，王君峰 . 用于运维的桥梁 BIM 模型交付方案——以港珠澳跨海大桥项目为例[J/OL]. 土木工程与管理学报，2017(06)：45-50＋56[2017-12-27]. https：//doi. org/10. 13579/j. cnki. 2095-0985. 2017. 06. 008.
[33] 钟炜，李粒萍 . BIM 工程项目管理绩效评价指标体系研究[J]. 价值工程，2018，37(02)：40-43.
[34] 杨理 . 基于 BIM 技术的高层建筑施工管理分析[J]. 建材与装饰，2017(50)：160-161.
[35] 杨红岩，苏亚武，刘鹏，陈健，王海龙 . 信息化在天津周大福金融中心项目施工管理中的应用[J]. 施工技术，2017，46(23)：4-6＋13.
[36] 苏亚武，杨红岩，齐磊，康晋宇，杨明龙 . 基于 BIM 的 4D 计划管理在超高层项目中的应用[J]. 施工技术，2017，46(23)：7-9.
[37] 吴翠兰 . 工程项目全面造价管理研究[J]. 价值工程，2017，36(34)：20-22.
[38] 马恭权 . 建筑施工管理中 BIM 技术的应用[J]. 江西建材，2017(22)：259-260.
[39] 李战锋 . 基于 BIM 建筑工程项目进度-成本协同管理系统框架构建[J]. 绿色环保建材，2017(11)：189.
[40] 陈斌 . 建筑施工管理的影响因素与对策分析[J]. 工程技术研究，2017(11)：152＋158.
[41] 黄琛 . 基于 BIM 的建筑电气安装工程物料管理探讨[J]. 工程经济，2017，27(11)：17-21.
[42] 孙建诚，李永鑫，王新单 . BIM 技术在公路设计中的应用[J]. 重庆交通大学学报(自然科学版)，2017，36(11)：23-27.
[43] 王凤起 . BIM 技术应用发展研究报告[J]. 建筑技术，2017，48(11)：1124-1126.
[44] 张晓东，仲青，吴明庆 . 基于工程量清单计价模式下的已竣工工程数据库建设[J]. 建筑技术，2017，48(11)：1227-1230.
[45] 杜艳超 . 三维协同设计与管理工作流程研究[D]. 吉林建筑大学，2017.
[46] 张泳，付君，王全凤 . 建筑信息模型的建设项目管理[J]. 华侨大学学报(自然科学版). 2008(3)：424-426.
[47] 孔嵩 . 建筑信息模型 BIM 研究[J]. 建筑电气，2013(04)：27-31.
[48] 冯剑 . 业主基于 BIM 技术的项目管理成熟度模型研究[D]. 昆明理工大学，2014.
[49] 寿文池 . BIM 环境下的工程项目管理协同机制研究[D]. 重庆大学，2014.
[50] 赵灵敏 . 基于 BIM 的建设工程全寿命周期项目管理研究[D]. 山东建筑大学，2014.
[51] 孙悦 . 基于 BIM 的建设项目全生命周期信息管理研究[D]. 哈尔滨工业大学，2011.
[52] 彭正斌 . 基于 BIM 理念的建设项目全生命周期应用研究[D]. 青岛理工大学，2013.
[53] 同济大学工程管理研究所 . http：//www. ripam. com. cn.
[54] 戚安邦 . 工程项目全面造价管理[M]. 天津：南开大学出版社，2000.
[55] 丁荣贵 . 项目管理：项目思维与管理关键[M]. 北京：机械工业出版社，2004.
[56] 李明友 . 中国建设项目全寿命成本管理现状分析与实践研究[J]. 建筑经济，2007，(3)：33-35.
[57] 陈光，成虎 . 建设项目全寿命期目标体系研究[J]. 土木工程学报，2004，37(10)：87-91.

[58] 张亚莉，杨乃定，杨朝君．项目的全寿命周期风险管理的研究[J]. 科学管理研究，2004，22(2)：27-30.

[59] 黄继英，海燕．试论全寿命周期设计技术[J]. 矿山机械，2006，34(4)：131-132.

[60] 甄兰平，邰惠鑫．面向全寿命周期的节面向全寿命周期的节能建筑设计方法研究[J]. 建筑学报，2003，(3)：56-57.

[61] 刘占省．由 500m 口径射电望远镜(FAST)项目看建筑企业 BIM 应用[J]. 建筑技术开发，2015，04：16-19.

[62] 刘占省．PW 推动项目全生命周期管理[J]. 中国建设信息化，2015，Z1：66-69.

[63] 庞红，向往. BIM 在中国建筑设计的发展现状[J]. 建筑与文化，2015(01)：158-159.

[64] 柳建华. BIM 在国内应用的现状和未来发展趋势[J]. 安徽建筑，2014(06)：15-16.

[65] 刘占省　赵明 徐瑞龙 王泽强．推广 BIM 技术应解决的问题及建议[N]. 建筑时报，2013-11-28004.

[66] Raymond D. Crotty. The Impact Of Building Information Modeling[M]. 2012.

[67] WillemKymmell. Building Information Modeling[M]. 2008.

[68] 张春霞. BIM 技术在我国建筑行业的应用现状及发展障碍研究[J]. 建筑经济，2011(09)：96-98.

[69] 贺灵童. BIM 在全球的应用现状[J]. 工程质量，2013，31(03)：12-19.

[70] National Building Information Modeling Standard[S]. National Institute of Building Scienc-es，2007.

[71] 何清华，钱丽丽，段运峰，李永奎. BIM 在国内外应用的现状及障碍研究[J]. 工程管理学报，2012，26(01)：12-16.

[72] 赵源煜. 中国建筑业 BIM 发展的阻碍因素及对策方案研究[D]. 北京：清华大学，2012.

[73] Timo Hartmann，Martin Fischer. "Applications ofBIM and Hurdles for Widespread Adoption of BIM". AISC-ACCL eConstruction Roundtable EventReport. CIFE Working Paper. 2007.

[74] 杨德磊．国外 BIM 应用现状综述[J]. 土木建筑工程信息技术，2013，05(06)：89-94+100.

[75] 陈花军. BIM 在我国建筑行业的应用现状及发展对策研究[J]. 黑龙江科技信息，2013(23)：278-279.

[76] Garcia Carmency，Garcia German，Sarria Fernando. Echeverry Dieqo. Internet-based solutions to the fragmentation of the construction process[A]. Congress on Computing in Civil Engineering Proceed-ings[C]. 1998：573-576.

[77] Wang Shengwei，XieJunlong. Integrating Building Management System and facilities management on the Internet[J]. Automation in Construction. 2002. 11(6)：707-715.

[78] 张建平，曹铭，张洋等．基于 IFC 标准和工程信息模型的建筑施工 4D 管理系统[C]. //第 14 届全国结构工程学术会议论文集．166-175.

[79] 张建平，张洋，张新等．基于 IFC 的 BIM 三维几何建模及模型转换[J]. 土木建筑工程信息技术，2009，01(01)：40-46.

[80] 邱奎宁，王磊．IFC 标准的实现方法[J]. 建筑科学，2004，03：76-78.

[81] IFC-based Product Model Exchange [R]. CIFE Summer Program 2001. Stanford University CA. September 13，2001.

[82] 杨宝明．建筑信息模型 BIM 与企业资源计划系统 ERP[J]. 施工技术．2008(6)：31-33.

[83] 王荣香，张帆．谈施工中的 BIM 技术应用[J]. 山西建筑，2015(03)：93-93，94.

[84] 李犁，邓雪原．基于 BIM 技术建筑信息标准的研究与应用[J]. 四川建筑科学研究，2013，39(04)：395-398.

[85] 吴双月．基于 BIM 的建筑部品信息分类及编码体系研究[D]. 北京交通大学，2015.

[86] Zhang Xin，Chi Tianhe，Chen Huabin，Zhao Hongrui. Research on Electronic Government Oriented

Geographic Information Service System[M]. International Geoscience and Remote Sensing Symposium (IGARSS). 2003 (6)：3796-3798.

[87] 刘占省，赵明，徐瑞龙. BIM技术建筑设计、项目施工及管理中的应用[J]. 建筑技术开发，2013，40(03)：65-71.

[88] 甘明，姜鹏，刘占省，徐瑞龙，朱忠义. BIM技术在500m口径射电望远镜(FAST)项目中的应用[J]. 铁路技术创新，2015，03：94-98.

[89] Zarzycki，A. Exploring Parametric BIM as a Conceptual Tool for Design and Building Technology Teaching[Z]. SimAUD，2010.

[90] 邵韦平. 数字化背景下建筑设计发展的新机遇—关于参数化设计和BIM技术的思考与实践[J]. 建筑设计管理，2011，03(28)：25-28.

[91] 马锦姝，刘占省，侯钢领等. 基于BIM技术的单层平面索网点支式玻璃幕墙参数化设计[C]. //张可文. 第五届全国钢结构工程技术交流会论文集，珠海，2014. 北京：2014. 153-156.

[92] 张桦. 建筑设计行业前沿技术之一：基于BIM技术的设计与施工[J]. 建筑设计管理，2014，01：14-21+28.

[93] 张建新. 建筑信息模型在我国工程设计行业中应用障碍研究[J]. 工程管理学报，2010，04：387-392.

[94] 欧阳东，李克强，赵瑷琳. BIM技术——第二次建筑设计革命[J]. 建筑技艺，2014，02：26-29.

[95] BIM技术在计算机辅助建筑设计中的应用初探[D]. 重庆大学，2006.

[96] 秦军. 建筑设计阶段的BIM应用[J]. 建筑技艺，2011，Z1：160-163.

[97] 梁波. 基于BIM技术的建筑能耗分析在设计初期的应用研究[D]. 重庆大学，2014.

[98] 王慧琛. BIM技术在绿色公共建筑设计中的应用研究[D]. 北京工业大学，2014.

[99] 罗智星，谢栋. 基于BIM技术的建筑可持续性设计应用研究[J]. 建筑与文化，2010，02：100-103.

[100] 翟建宇. BIM在建筑方案设计过程中的应用研究[D]. 天津大学，2014.

[101] 尹航. 基于BIM的建筑工程设计管理初步研究[D]. 重庆大学，2013.

[102] 陈强. 建筑设计项目应用BIM技术的风险研究[J]. 土木建筑工程信息技术，2012，01：22-31.

[103] 程斯茉. 基于BIM技术的绿色建筑设计应用研究[D]. 湖南大学，2013.

[104] 李甜. BIM协同设计在某建筑设计项目中的应用研究[D]. 西南交通大学，2013.

[105] 梁道. BIM在中国建筑设计中的应用探讨[D]. 太原理工大学，2015.

[106] 杨佳. 运用BIM软件完成绿色建筑设计[J]. 工程质量，2013，02：55-58.

[107] 林佳瑞，张建平，何田丰等. 基于BIM的住宅项目策划系统研究与开发[J]. 土木建筑工程信息技术，2013，05(01)：22-26.

[108] 王勇，张建平. 基于建筑信息模型的建筑结构施工图设计[J]. 华南理工大学学报(自然科学版)，2013，41(3)：76-82.

[109] 徐迪，基于Revit的建筑结构辅助建模系统开发[J]. 土木建筑工程信息技术，2012，4(03)：71-77.

[110] 齐聪，苏鸿根. 关于Revit平台工程量计算软件的若干问题的探讨[J]. 计算机工程与设计. 2008(14)：3760-3762.

[111] 麦格劳-希尔建筑信息公司. 建筑信息模型——设计与施工的革新，生产与效率的提升[R]. 2009.

[112] 刘占省，武晓凤，张桐睿等. 徐州体育场预应力钢结构BIM族库开发及模型建立[C]. //2013年全国钢结构技术学术交流会论文集. 北京：2013.

[113] 张建平，韩冰，李久林等. 建筑施工现场的4D可视化管理[J]. 施工技术，2006，35(10)：

36-38.
[114] 陈科宇，刘占省，张桐睿，徐瑞龙.Navisworks在徐州体育场施工动态模拟中的应用[A]. 天津大学.第十三届全国现代结构工程学术研讨会论文集[C]. 天津大学，2013：7.
[115] 刘占省，马锦姝，卫启星，徐瑞龙.BIM技术在徐州奥体中心体育场施工项目管理中的应用研究[J]. 施工技术，2015，06：35-39.
[116] 刘占省，李斌，王杨，卫启星.BIM技术在多哈大桥施工管理中的应用[J]. 施工技术，2015，12：76-80.
[117] 卢岚，杨静，秦嵩等.建筑施工现场安全综合评价研究[J]. 土木工程学报，2003，36(9)：46-50，82.
[118] 刘占省，李斌，马东全，马锦姝.BIM技术在钢网架结构施工过程中的应用[A]. 天津大学、天津市钢结构学会.第十五届全国现代结构工程学术研讨会论文集[C]. 天津大学、天津市钢结构学会，2015：6.
[119] 徐瑞龙，刘占省，杨波，马锦姝.BIM技术在发电站数字化管理中的应用概述[A]. 天津大学、天津市钢结构协会.第十四届全国现代结构工程学术研讨会论文集[C]. 天津大学、天津市钢结构协会，2014：6.
[120] 张建平，马天一.建筑施工企业战略管理信息化研究[J]. 土木工程学报，2004，37(12)：81-86.
[121] 张建平，李丁，林佳瑞等.BIM在工程施工中的应用[J]. 施工技术，2012，41(16)：10-17.
[122] 张桐睿，刘占省，陈科宇，徐瑞龙.基于BIM的参数化辅助索膜结构找形研究[A]. 天津大学.第十三届全国现代结构工程学术研讨会论文集[C]. 天津大学，2013：4.
[123] 王慧琛，李炎锋，赵雪锋等.BIM技术在地下建筑建造中的应用研究——以地铁车站为例[J]. 中国科技信息，2013(15)：72-73.
[124] 张建平，梁雄，刘强等.基于BIM的工程项目管理系统及其应用[J]. 土木建筑工程信息技术，2012(04)：1-6.
[125] 刘占省，马锦姝，陈默.BIM技术在北京市政务服务中心工程中的研究与应用[J]. 城市住宅，2014，06：36-39.
[126] 刘占省 徐瑞龙.BIM在徐州体育场钢结构施工中大显身手[N]. 建筑时报，2015-03-05004.
[127] 王红兵，车春鹂.建筑施工企业管理信息系统[M]. 北京：电子工业出版社，2006.3
[128] 张建平，刘强，余芳强等.面向建筑施工的BIM建模系统研究与开发[C]. //第十五届全国工程设计计算机应用学术会议论文集.2010：324-329.
[129] 刘占省，马锦姝，徐瑞龙等. 基于BIM的预制装配式住宅信息管理平台研发与应用[J]. 建筑结构学报，2014，35(增刊2)：65-72.
[130] 张建平，范喆，王阳利等.基于4D-BIM的施工资源动态管理与成本实时监控[J]. 施工技术，2011，40(04)：37-40.
[131] 刘祥禹，关力罡.建筑施工管理创新及绿色施工管理探索[J]. 黑龙江科技信息，2012(05)：158-158.
[132] 李占仓，刘占省. 基于SOCKET技术的远程实时监测系统研究[C]. //第十三届全国现代结构工程学术研讨会论文集，徐州，2013. 徐州：2013.794-799.
[133] USCG. BIM user guides-presentation from the 2nd congress on digital collaboration in the building industry. AIA Buiding Connections. 2005.
[134] 张建平，胡振中.基于4D技术的施工期建筑结构安全分析研究[C]. //第17届全国结构工程学术会议论文集.2008：206-215.
[135] 林佳瑞，张建平等.基于4D-BIM与过程模拟的施工进度—资源均衡[J]. 第十七届全国工程建

设计算机应用大会论文集，2014.

[136] 李久林，张建平，马智亮等. 国家体育场(鸟巢)总承包施工信息化管理[J]. 建筑技术，2013，44(10)：874-876.

[137] 张建平，郭杰，吴大鹏等．基于网络的建筑工程 4D 施工管理系统[C]. //计算机技术在工程建设中的应用．2006：495-500.

[138] 程朴，张建平，江见鲸等．施工现场管理中的人工智能技术应用研究[C]. //全国交通土建及结构工程计算机应用学术研讨会论文集．2001：76-80.

[139] 王荣香，张帆．谈施工中的 BIM 技术应用[J]. 山西建筑，2015(03)：93-93，94.

[140] Christiansson，P.，Nashwan，D. and Kjeld，S.. Virtual Buildings(VB) and Tools to Manage Construction Process Operations. Conference Proceedings-distributing knowledge in building. CIB w78 conference. 2002.

[141] 张建平，余芳强，李丁等．面向建筑全生命期的集成 BIM 建模技术研究[J]. 土木建筑工程信息技术，2012(01)：6-14.

[142] 过俊，张颖．基于 BIM 的建筑空间与设备运维管理系统研究[J]. 土木建筑工程信息技术，2013，03：41-49+62.

[143] 汪再军．BIM 技术在建筑运维管理中的应用[J]. 建筑经济，2013，09：94-97.

[144] 张睿奕．基于 BIM 的建筑设备运行维护可视化管理研究[D]. 重庆大学，2014.

[145] 杨子玉．BIM 技术在设施管理中的应用研究[D]. 重庆大学，2014.

[146] 鞠明明，李少伟，周剑思，张敏杰．浅谈 BIM 融合入 IBMS 的建筑运维管理[J]. 绿色建筑，2015，01：48-50.

[147] 施晨欢，王凯，李嘉军，刘翀，翟韦．基于 BIM 的 FM 运维管理平台研究——申都大厦运维管理平台应用实践[J]. 土木建筑工程信息技术，2014，06：50-57.

[148] 陈兴海，丁烈云．基于物联网和 BIM 的建筑安全运维管理应用研究——以城市生命线工程为例[J]. 建筑经济，2014，11：34-37.

[149] 胡振中，彭阳，田佩龙．基于 BIM 的运维管理研究与应用综述[J]. 图学学报，2015，05：802-810.

[150] 高镝．BIM 技术在长效住宅设计运维中的应用研究[J]. 山西建筑，2014，07：3-4.

[151] Eastman，C. M.. Life cycle requirements for building product models. Construction information digital library. 1988

[152] 王代兵，佟曾．BIM 在商业地产项目运维管理中的应用研究[J]. 住宅科技，2014，03：58-60.

[153] 佟曾，王代兵．BIM 在商业地产项目运维管理中的应用研究[J]. 中国住宅设施，2014，07：98-99.

[154] 武大勇．基于云计算的 BIM 建筑运营维护系统设计及挑战[J]. 土木建筑工程信息技术，2014，05：46-52.

[155] 吴强．BIM 模型在物业管理及设备运维中的应用[J]. 中国物业管理，2015，05：42-43.

附件　建筑信息化 BIM 技术系列岗位专业技能考试管理办法

北京绿色建筑产业联盟文件

联盟　通字　【2018】09 号

通　知

各会员单位，BIM 技术教学点、报名点、考点、考务联络处以及有关参加考试的人员：

根据国务院《2016—2020 年建筑业信息化发展纲要》《关于促进建筑业持续健康发展的意见》（国办发［2017］19 号），以及住房和城乡建设部《关于推进建筑信息模型应用的指导意见》《建筑信息模型应用统一标准》等文件精神，北京绿色建筑产业联盟组织开展的全国建筑信息化 BIM 技术系列岗位人才培养工程项目，各项培训、考试、推广等工作均在有效、有序、有力的推进。为了更好地培养和选拔优秀的实用性 BIM 技术人才，搭建完善的教学体系、考评体系和服务体系。我联盟根据实际情况需要，组织建筑业行业内 BIM 技术经验丰富的一线专家学者，对于本项目在 2015 年出版的 BIM 工程师培训辅导教材和考试管理办法进行了修订。现将修订后的《建筑信息化 BIM 技术系列岗位专业技能考试管理办法》公开发布，2018 年 6 月 1 日起开始施行。

特此通知，请各有关人员遵照执行！

附件：建筑信息化 BIM 技术系列岗位专业技能考试管理办法　全文

二〇一八年三月十五日

附件：

建筑信息化 BIM 技术系列岗位专业技能考试管理办法

根据中共中央办公厅、国务院办公厅《关于促进建筑业持续健康发展的意见》（国发办［2017］19 号）、住建部《2016—2020 年建筑业信息化发展纲要》（建质函［2016］183 号）和《关于推进建筑信息模型应用的指导意见》（建质函［2015］159 号），国务院《国家中长期人才发展规划纲要（2010—2020 年）》《国家中长期教育改革和发展规划纲要（2010—2020 年）》，教育部等六部委联合印发的《关于进一步加强职业教育工作的若干意见》等文件精神，北京绿色建筑产业联盟结合全国建设工程领域建筑信息化人才需求现状，参考建设行业企事业单位用工需要和工作岗位设置等特点，制定 BIM 技术专业技能系列岗位的职业标准、教学体系和考评体系，组织开展岗位专业技能培训与考试的技术支持工作。参加考试并成绩合格的人员，由工业和信息化部教育与考试中心（电子通信行业职业技能鉴定指导中心）颁发相关岗位技术与技能证书。为促进考试管理工作的规范化、制度化和科学化，特制定本办法。

一、岗位名称划分

1. BIM 技术综合类岗位：

BIM 建模技术，BIM 项目管理，BIM 战略规划，BIM 系统开发，BIM 数据管理。

2. BIM 技术专业类岗位：

BIM 技术造价管理，BIM 工程师（装饰），BIM 工程师（电力）

二、考核目的

1. 为国家建设行业信息技术（BIM）发展选拔和储备合格的专业技术人才，提高建筑业从业人员信息技术的应用水平，推动技术创新，满足建筑业转型升级需求。

2. 充分利用现代信息化技术，提高建筑业企业生产效率、节约成本、保证质量，高效应对在工程项目策划与设计、施工管理、材料采购、运营维护等全生命周期内进行信息共享、传递、协同、决策等任务。

三、考核对象

1. 凡中华人民共和国公民，遵守国家法律、法规，恪守职业道德的。土木工程类、工程经济类、工程管理类、环境艺术类、经济管理类、信息管理与信息系统、计算机科学与技术等有关专业，具有中专以上学历，从事工程设计、施工管理、物业管理工作的社会企事业单位技术人员和管理人员，高职院校的在校大学生及老师，涉及 BIM 技术有关业务，均可以报名参加 BIM 技术系列岗位专业技能考试。

2. 参加 BIM 技术专业技能和职业技术考试的人员，除符合上述基本条件外，还需具备下列条件之一：

（1）在校大学生已经选修过 BIM 技术有关岗位的专业基础知识、操作实务相关课程的；或参加过 BIM 技术有关岗位的专业基础知识、操作实务的网络培训；或面授培训，或实习实训达到 140 学时的。

（2）建筑业企业、房地产企业、工程咨询企业、物业运营企业等单位有关从业人员，参加过BIM技术基础理论与实践相结合的系统培训和实习达到140学时，具有BIM技术系列岗位专业技能的。

四、考核规则

1. 考试方式

（1）网络考试：不设定统一考试日期，灵活自主参加考试，凡是参加远程考试的有关人员，均可在指定的远程考试平台上参加在线考试，卷面分数为100分，合格分数为80分。

（2）大学生选修学科考试：不设定统一考试日期，凡在校大学生选修BIM技术相关专业岗位课程的有关人员，由各院校根据教学计划合理安排学科考试时间，组织大学生集中考试。卷面分数为100分，合格分数为60分。

（3）集中考试：设定固定的集中统一考试日期和报名日期，凡是参加培训学校、教学点、考点考站、联络办事处、报名点等机构进行现场面授培训学习的有关人员，均需凭准考证在有监考人员的考试现场参加集中统一考试，卷面分数为100分，合格分数为60分。

2. 集中统一考试

（1）集中统一报名计划时间：（以报名网站公示时间为准）

夏季：每年4月20日10：00至5月20日18：00。

冬季：每年9月20日10：00至10月20日18：00。

各参加考试的有关人员，已经选择参加培训机构组织的BIM技术培训班学习的，直接选择所在培训机构报名，由培训机构统一代报名。网址：www.bjgba.com（建筑信息化BIM技术人才培养工程综合服务平台）

（2）集中统一考试计划时间：（以报名网站公示时间为准）

夏季：每年6月下旬（具体以每次考试时间安排通知为准）。

冬季：每年12月下旬（具体以每次考试时间安排通知为准）。

考试地点：准考证列明的考试地点对应机位号进行作答。

3. 非集中考试

各高等院校、职业院校、培训学校、考点考站、联络办事处、教学点、报名点、网教平台等组织大学生选修学科考试的，应于确定的报名和考试时间前20天，向北京绿色建筑产业联盟测评认证中心BIM技术系列岗位专业技能考评项目运营办公室提报有关统计报表。

4. 考试内容及答题

（1）内容：基于BIM技术专业技能系列岗位专业技能培训与考试指导用书中，关于BIM技术工作岗位应掌握、熟悉、了解的方法、流程、技巧、标准等相关知识内容进行命题。

（2）答题：考试全程采用BIM技术系列岗位专业技能考试软件计算机在线答题，系统自动组卷。

（3）题型：客观题（单项选择题、多项选择题），主观题（案例分析题、软件操作题）。

（4）考试命题深度：易30％，中40％，难30％。

5. 各岗位考试科目

序号	BIM技术系列岗位专业技能考核	考核科目			
		科目一	科目二	科目三	科目四
1	BIM建模技术岗位	《BIM技术概论》	《BIM建模应用技术》	《BIM建模软件操作》	
2	BIM项目管理岗位	《BIM技术概论》	《BIM建模应用技术》	《BIM应用与项目管理》	《BIM应用案例分析》
3	BIM战略规划岗位	《BIM技术概论》	《BIM应用案例分析》	《BIM技术论文答辩》	
4	BIM技术造价管理岗位	《BIM造价专业基础知识》	《BIM造价专业操作实务》		
5	BIM工程师（装饰）岗位	《BIM装饰专业基础知识》	《BIM装饰专业操作实务》		
6	BIM工程师（电力）岗位	《BIM电力专业基础知识与操作实务》	《BIM电力建模软件操作》		
7	BIM系统开发岗位	《BIM系统开发专业基础知识》	《BIM系统开发专业操作实务》		
8	BIM数据管理岗位	《BIM数据管理业基础知识》	《BIM数据管理专业操作实务》		

6. 答题时长及交卷

客观题试卷答题时长120分钟，主观题试卷答题时长180分钟，考试开始60分钟内禁止交卷。

7. 准考条件及成绩发布

（1）凡参加集中统一考试的有关人员应于考试时间前10天内，在www.bjgba.com（建筑信息化BIM技术人才培养工程综合服务平台）打印准考证，凭个人身份证原件和准考证等证件，提前10分钟进入考试现场。

（2）考试结束后60天内发布成绩，在www.bjgba.com平台查询成绩。

（3）考试未全科目通过的人员，凡是达到合格标准的科目，成绩保留到下一个考试周期，补考时仅参加成绩不合格科目考试，考试成绩两个考试周期有效。

五、技术支持与证书颁发

1. 技术支持：北京绿色建筑产业联盟内设BIM技术系列岗位专业技能考评项目运营办公室，负责构建教学体系和考评体系等工作；负责组织开展编写培训教材、考试大纲、题库建设、教学方案设计等工作；负责组织培训及考试的技术支持工作和运营管理工作；负责组织优秀人才评估、激励、推荐和专家聘任等工作。

2. 证书颁发及人才数据库管理

（1）凡是通过BIM技术系列岗位专业技能考试，成绩合格的有关人员，专业类可以获得《职业技术证书》，综合类可以获得《专业技能证书》，证书代表持证人的学习过程和考试成绩合格证明，以及岗位专业技能水平。

（2）工业和信息化部教育与考试中心（电子通信行业职业技能鉴定指导中心）颁发证书，并纳入工业和信息化部教育与考试中心信息化人才数据库。

六、考试费收费标准

1. BIM 技术综合类岗位考试收费标准：BIM 建模技术 830 元/人，BIM 项目管理 950 元/人，BIM 系统开发 950 元/人，BIM 数据管理 950 元/人，BIM 战略规划 980 元/人（费用包括：报名注册、平台数据维护、命题与阅卷、证书发放、考试场地租赁、考务服务等考试服务产生的全部费用）。

2. BIM 技术专业类岗位考试收费标准：BIM 工程师（装饰）等各个专业类岗位 830 元/人（费用包括：报名注册、平台数据维护、命题与阅卷、证书发放、考试场地租赁、考务服务等考试服务产生的全部费用）。

七、优秀人才激励机制

1. 凡取得 BIM 技术系列岗位相关证书的人员，均可以参加 BIM 工程师“年度优秀工作者”评选活动，对工作成绩突出的优秀人才，将在表彰颁奖大会上公开颁奖表彰，并由评委会颁发“年度优秀工作者”荣誉证书。

2. 凡主持或参与的建设工程项目，用 BIM 技术进行规划设计、施工管理、运营维护等工作，均可参加“工程项目 BIM 应用商业价值竞赛”BVB 奖（Business Value of BIM）评选活动，对于产生良好经济效益的项目案例，将在颁奖大会上公开颁奖，并由评委会颁发“工程项目 BIM 应用商业价值竞赛”BVB 奖获奖证书及奖金，其中包括特等奖、一等奖、二等奖、三等奖、鼓励奖等奖项。

八、其他

1. 本办法根据实际情况，每两年修订一次，同步在www.bjgba.com平台进行公示。本办法由 BIM 技术系列岗位专业技能人才考评项目运营办公室负责解释。

2. 凡参与 BIM 技术系列岗位专业技能考试的人员、BIM 技术培训机构、考试服务与管理、市场传推广、命题判卷、指导教材编写等工作的有关人员，均适用于执行本办法。

3. 本办法自 2018 年 6 月 1 日起执行，原考试管理办法同时废止。

北京绿色建筑产业联盟

（BIM 技术系列岗位专业技能人才考评项目运营办公室）

二〇一八年三月